DIE NEUE BREHM-BÜCHEREI

203

Der Karpfen

Cyprinus carpio

6., überarbeitete und erweiterte Auflage von 2008

Werner Steffens

unter Mitwirkung von
Robert Arlinghaus

Die Neue Brehm-Bücherei Bd. 203
VerlagsKG Wolf · Nachdruck 2014

VerlagsKGWolf

mit 113 Abbildungen, 47 Tabellen und 2 Farbtafeln

Titelbild: Karpfenporträt
Aufnahme: W. Steffens

ISSN: 0138-1423
ISBN: 978-3-89432-649-4

Satz und Layout: Alf Zander
Druck und Bindung: Westarp & Partner Digitaldruck · www.unidruck7-24.de

Vorwort zur 6. Auflage

Die erste Auflage dieses Buches über den Karpfen erschien 1958. Ihr folgten in den Jahren 1962, 1969, 1975 und 1980 weitere Auflagen, was deutlich macht, dass breites Interesse daran besteht, diesen Fisch näher kennen zu lernen und sich über seine Biologie, seine Zucht, seinen Fang und seine wirtschaftliche Bedeutung zu informieren. Das Buch wendet sich in erster Linie an Fischer, Fischzüchter und Angler, darüber hinaus aber auch an Liebhaber von Gartenteichen und Naturfreunde sowie an alle, die sich mit der Lebewelt der Gewässer verbunden fühlen.

Im Laufe der Zeit konnten immer wieder neue Erkenntnisse Eingang in das Buch finden, die zur Aktualisierung seines Inhaltes beitrugen. Es wird aber heute trotz moderner Technik zunehmend schwieriger, die sich ständig vermehrende Literaturflut in ihrem gesamten Umfang zu berücksichtigen. Ich war zudem darum bemüht, den Umfang dieser Monografie nicht all zu stark anwachsen zu lassen. Im Literaturverzeichnis ist insbesondere Schrifttum enthalten, das in früheren Auflagen noch nicht berücksichtigt werden konnte. In Hinblick auf zahlreiche ältere Literaturangaben sei auf die 5. Auflage dieses Buches verwiesen.

Bei der Vorbereitung dieser 6., gründlich überarbeiteten Auflage wurde ich von verschiedenen Kollegen tatkräftig unterstützt, denen ich dafür sehr dankbar bin. Besonders hervorheben möchte ich an dieser Stelle Herrn Dr. Joachim Herms, der mir aufgrund seiner langjährigen beruflichen Erfahrungen wertvolle Hinweise zum Kapitel Krankheiten geben konnte. Herr Dipl.-Fischereiing. Ronald Menzel gewährte mir fachliche Beratung, von Herrn Wulf Plickat stammen Angaben zu den Angelgeräten, Herr Bernhard Teichfischer unterstützte mich durch die Überlassung von Koifotos. Mit Juniorprofessor Dr. Robert Arlinghaus konnte ich einen ehemaligen Schüler als Autor für Kapitel 9 gewinnen, der auf dem Gebiet des Karpfenangelns ein anerkannter Fachmann ist und den eine große Leidenschaft mit dieser Fischart verbindet. Besonderen Dank schulde ich meiner Familie für ihr nie erlahmendes Verständnis. Vor allem meine Frau erwies mir wesentliche Hilfe und Unterstützung bei meiner Arbeit. Dem Verlag danke ich dafür, dass der Öffentlichkeit nun nach längerer Zeit wieder eine gut ausgestattete Neuauflage vorgelegt werden kann, von der ich hoffe, dass sie sich ebenso wie ihre Vorgänger als anregende und nützliche Lektüre erweist.

Berlin, Frühjahr 2008 WERNER STEFFENS

Inhaltsverzeichnis

1 Einleitung

Der Karpfen zählt nicht nur in Deutschland und vielen anderen europäischen Ländern, sondern auch im Weltmaßstab zu den wichtigsten Süßwasserfischen. Es gibt heute keinen Erdteil, in dem der Karpfen nicht zu finden wäre. In Karpfenteichen wird er als wertvoller Speisefisch aufgezogen, Berufsfischer fangen ihn in Seen und Flüssen, für viele Freizeitfischer ist er ein begehrtes Angelobjekt, und nicht zuletzt sind bunte Farbkarpfen (Koi) in wachsendem Umfang die Zierde vieler Gartenteiche und der Stolz ihrer Besitzer.

Bei einer landesweiten Umfrage des Deutschen Anglerverbandes wurde der Karpfen zum beliebtesten Speisefisch des 20. Jahrhunderts in Deutschland gewählt. Das veranlasste den prominenten Schriftsteller und Goethepreisträger Siegfried Lenz im Oktober 1999 zu einer Laudatio auf den Jahrhundertfisch. In launiger Form ging er darin auf die Lebensgeschichte des Karpfens ein und äußerte seine große Sympathie für den Freund unter den Schuppenträgern.

Am stärksten verbreitet ist der Karpfen jedoch nicht in Europa, sondern in Asien. In China spielt er seit langem eine überragende Rolle als Wirtschaftsfisch und Lieferant von tierischem Eiweiß. Nach der FAO-Statistik wurden in diesem Land im Jahr 2003 mehr als 2 Millionen t Karpfen aufgezogen, was reichlich zwei Dritteln des weltweiten Aufkommens an dieser Fischart entspricht.

Der Mensch ist es gewesen, der den Karpfen über die ganze Erde verbreitete, weil er seine Eigenschaften schätzen lernte. Zweifellos wird der Karpfen auch in Zukunft einer der wichtigsten Süßwasserfische bleiben, der dem Menschen Nutzen und Freude vermitteln kann.

2 Name und systematische Stellung

Wie bei vielen anderen Tieren geht die wissenschaftliche Bezeichnung unseres Karpfens auf den schwedischen Naturforscher LINNÉ (1707 bis 1778) zurück. Da das Jahr der Benennung ebenfalls Bedeutung hat (für LINNÉ ist die 10. Ausgabe seines Werkes »Systema Naturae« maßgeblich), lautet der genaue wissenschaftliche Name des Karpfens: *Cyprinus carpio* (LINNAEUS 1758).

Der lateinische Gattungsname *Cyprinus* dürfte aus dem Griechischen stammen (κυπριvος - kyprinos) und wird meist mit dem Beinamen der Aphrodite, κύπρις (kypris), d.h. die Zyprische, in Verbindung gebracht. Nach den Erzählungen des griechischen Dichters Hesiod von der Weltentstehung entstieg Aphrodite, die Göttin der Liebe, der Fruchtbarkeit und der Schönheit (die Römer nannten diese Göttin Venus) an der südwestlichen Küste von Zypern zwischen Pafos und Lemesos bei markanten Uferfelsen

Abb. 1: An dieser Stelle der Küste Zyperns entstieg der Sage nach die Namensgeberin des Karpfens, Aphrodite, die Zyprische, dem Schaum des Meeres (Foto: W. STEFFENS).

dem Schaum des Meeres (Abb. 1). Der Gattungsname des Karpfens könnte daher als Hinweis auf seine große Fruchtbarkeit angesehen werden, eine Eigenschaft, die er allerdings mit vielen anderen Fischarten teilt.

Schwerer fällt die Erklärung des Artnamens *carpio.* Möglicherweise ist er keltischen Ursprungs. Die Kelten besiedelten den Donauraum, der heute das Territorium von Ostösterreich, der Slowakei und Ungarn umfasst. Aus dem ursprünglichen Wort karpo oder karfo könnte sich dann unter römischem Einfluss der heutige Artname *carpio* entwickelt haben. Seine Deutung vom griechischen καρπός (karpos - Frucht) her ist zwar bequem, aber nicht nachweisbar richtig.

Die große Veränderlichkeit der äußeren Gestalt des Karpfens führte dazu, dass er verschiedentlich neue wissenschaftliche Bezeichnungen erhielt. Nachdem sich aber herausgestellt hatte, dass stets dieselbe Art gemeint war, mussten sie wieder fallengelassen werden. *Cyprinus cirrosus, Cyprinus nudus, Cyprinus macrolepidotus, Cyprinus elatus, Cyprinus regina, Cyprinus hungaricus, Cyprinus flavipinnis, Cyprinus acuminatus, Carpio vulgaris* und *Cyprinus rex cyprinorum* waren z.B. solche Benennungen (Baruš et al. 2002). Sie beziehen sich u.a. teils auf die Beschuppung (*C. nudus, C. macrolepidotus*), teils auch auf die Körperform (*C. elatus, C. acuminatus*) und haben heute nur noch historischen Wert. Einige Darstellungen des Karpfens aus älterer Zeit sind in den Abb. 2 bis 5 wiedergegeben.

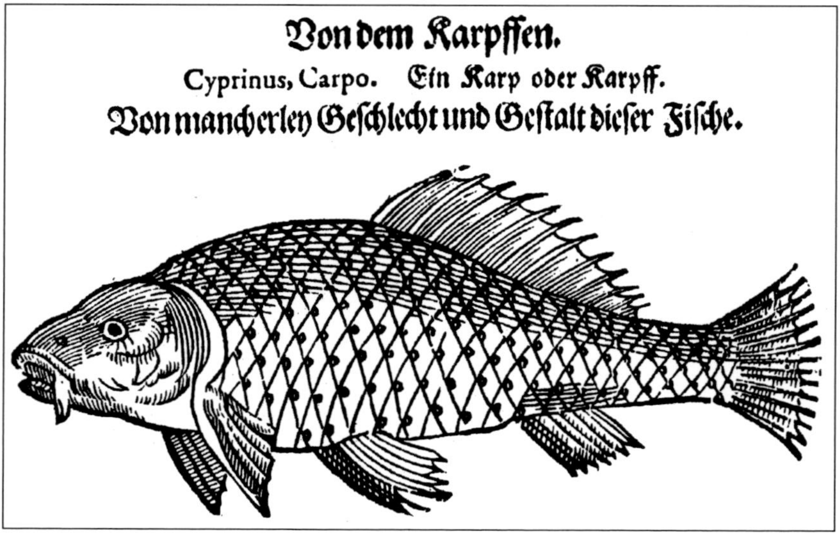

Abb. 2: Karp oder Karpff. Nach Gesner (1670).

Abb. 3: Wildkarpfen im Strom. Nach einem Gemälde von Maruyama Õkyo (1733-1795), Japan, mehrfarbig auf Seide.

Abb. 4: Schuppenkarpfen. Nach einem kolorierten Kupferstich aus Bloch (1783).

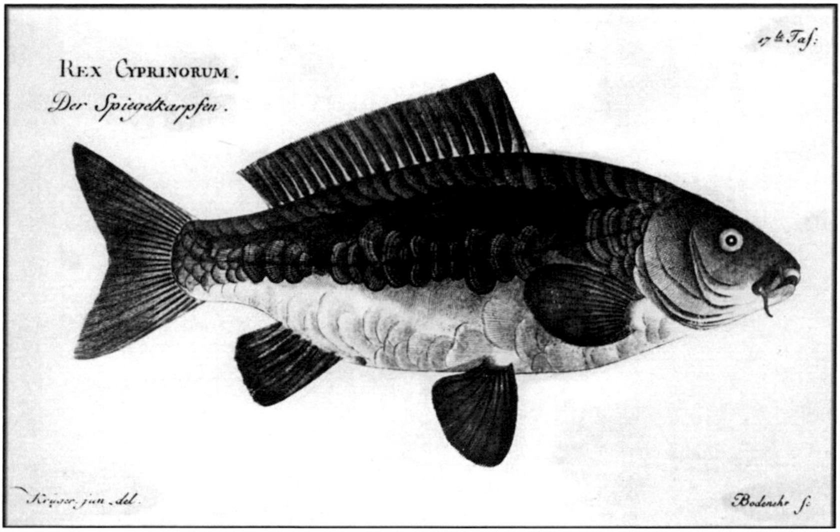

Abb. 5: Spiegelkarpfen. Nach einem kolorierten Kupferstich aus BLOCH (1783).

Bei dem deutschsprachigen Namen Karpfen besteht eine enge sprachliche Verwandtschaft zum lateinischen *carpio.* Das Wort ist althochdeutschen Ursprungs (karpho) und leitet sich wahrscheinlich vom spätlateinischen carpa ab, mit dem der Fisch im 6. Jahrhundert als Donaubewohner belegt ist.

Auch im deutschsprachigen Raum gibt oder gab es für die Art eine große Anzahl weiterer Namen (größtenteils Zusammensetzungen), die oft Eigentümlichkeiten des Körperbaues oder des Vorkommens berücksichtigen. So finden wir neben Karpen und Karpf Bezeichnungen wie Leder-, Nackt-, Zeil-, Spiegel-, Schuppenkarpfen, Flußgründling und Seebinkel. Der Trivialname für einen sterilen Karpfen ist Laimer. Als Zwicke wurde früher ein kastrierter Karpfen bezeichnet.

Interessant ist, dass das Wort *carpio* nicht nur in dem deutschsprachigen Namen Karpfen wiederzuerkennen ist, sondern ebenfalls in vielen ausländischen Bezeichnungen, wie die nachstehende Liste zeigt.

Albanisch:	krapi	Persisch (Farsi):	kapour mamouli
Bulgarisch:	шаран (scharan)	Polnisch:	karp
Burmesisch:	nga-hpein	Portugiesisch:	carpa
Chinesisch:	li yue	Rumänisch:	crap
Dänisch:	karpe	Russisch:	Zuchtform: карп (karp)
Englisch:	common carp		Wildform: сазан (sasan)
Finnisch:	karppi	Schwedisch:	karp
Flämisch:	karpel	Serbokroatisch:	šaran
Französisch:	carpe	Singhalesisch:	kappeya
Gälisch:	carbän	Slowakisch:	kapor
Griechisch:	κυπϱτνος (kyprinos)	Slowenisch:	krap
Hebräisch:	karpion	Spanisch:	carpa
Italienisch:	carpa	Thai:	pla nai
Japanisch:	koi, magoi, nishikigoi	Tschechisch:	kapr
Kirgisisch:	kalynshyr	Türkisch:	sazan
Luxemburgisch:	karp	Ukrainisch:	карп (karp), короп (korop)
Malayisch:	lee koh	Ungarisch:	ponty
Mazedonisch:	krap	Vietnamesisch:	ca chep
Niederländisch:	karper		
Norwegisch:	karpe		

Die Stellung des Karpfens im System der Fische wird durch folgende Übersicht veranschaulicht:

Klasse:	Pisces	Fische
Unterklasse:	Osteichthyes	Echte Fische
Überordnung:	Teleostei	Knochenfische
Ordnung:	Ostariophysi	Karpfenartige
Unterordnung:	Cyprinoidea	Karpfenähnliche
Familie:	Cyprinidae	Karpfenfische
Gattung:	*Cyprinus*	
Art:	*Cyprinus carpio*	

Die Ordnung Ostariophysi umfasst Knochenfische mit bauchständigen Bauchflossen. Die Schwimmblase steht durch die Weberschen Knöchelchen mit dem Ohrlabyrinth in Verbindung und hat einen offenen Luftgang zum Darm (siehe Abb. 14 und 18), der jedoch nur bei der ersten Füllung der Schwimmblase in der Jugend von Bedeutung ist.

Alle Angehörigen der Familie Cyprinidae (so benannt nach dem Karpfen als ihrem wichtigsten Vertreter) zeichnen sich durch ein zahnloses Maul aus. Dafür tragen die paarigen unteren Schlundknochen zahnartige Gebilde (Schlundzähne). Diese sind in Form und Zahl bei den einzelnen Arten sehr unterschiedlich und haben für die Bestimmung großen Wert. Fettflossen sind nicht vorhanden.

Ob zur Gattung *Cyprinus* möglicherweise 3 Arten gehören (Nikolski 1957), von denen 2 nur in chinesischen Gewässern leben sollen, dürfte sehr fraglich sein (Bănărescu et al. 2002). Unsere Kenntnisse sind in dieser Hinsicht noch zu mangelhaft. Weltweite Verbreitung hat jedenfalls lediglich *Cyprinus carpio*, und auch in Mitteleuropa ist der Karpfen der einzige Vertreter seiner Gattung.

Die Art *Cyprinus carpio* lässt sich kurz so charakterisieren: Die Rückenflosse ist lang, neben 2 bis 4 Hartstrahlen hat sie 15 bis 23 Weichstrahlen. Am Maul befinden sich 2 Paar Bartfäden. Die Seitenlinie enthält (beim Schuppenkarpfen) meist 34 bis 40 Schuppen, in Ausnahmefällen können es auch weniger oder mehr sein. Oberhalb und unterhalb der Seitenlinie stehen jeweils 5 bis 7 Reihen von Schuppen. Die Schlundzähne sind in 3 Reihen angeordnet, auf jedem Schlundknochen sitzen auf der inneren Reihe 3 Zähne, auf der mittleren 1 und auf der äußeren ebenfalls 1 Zahn. Das lässt sich als Schlundzahnformel so ausdrücken: 1·1·3-3·1·1 (Abb. 6). Bei bestimmten Beschuppungstypen, z.B. Zeil- und Nacktkarpfen, ist die Zahl der Rückenflossenstrahlen und der Schlundzähne oftmals reduziert (vgl. Kapitel 6.2).

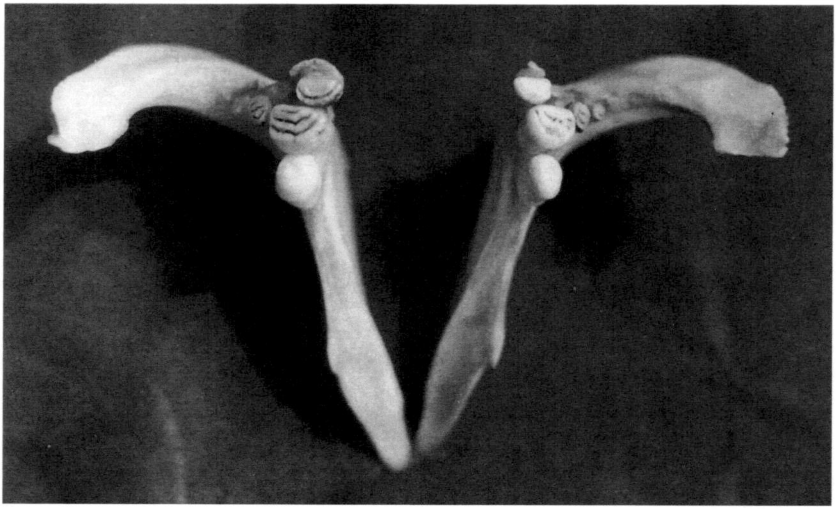

Abb. 6: Schlundknochen eines Karpfens, Zahnformel 1·1·3-3·1·1 (Foto: W. Steffens).

Der Karpfen weist im Diploidsatz 100 Chromosomen auf (Abb. 7). An Keim- und Körperzellen beider Geschlechter wurden die gleichen Ergebnisse erzielt. 20 Chromosomen sind metazentrisch, 32 submetazentrisch und subtelozentrisch und 48 acrozentrisch und telozentrisch. Die Zahl der Arme beträgt 152 (LABAT et al. 1983). Ein heteromorphes Chromosomenpaar ist nicht vorhanden. Bemerkenswert ist die Tatsache, dass viele andere Cypriniden nur etwa halb so viele Chromosomen (48 bis 50) aufweisen wie der Karpfen (und der Giebel). Das gilt z.B. für die Schleie (*Tinca tinca*), die 48 Chromosomen besitzt, sowie für Blei (*Abramis brama*), Rotfeder (*Scardinius erythrophthalmus*), Barbe (*Barbus barbus*), Hasel (*Leuciscus leuciscus*), Elritze (*Phoxinus phoxinus*) und Gründling (*Gobio gobio*), bei denen 50 Chromosomen festgestellt wurden. OHNO et al. (1967) fanden bei zwei Barbenarten (*Barbus tetrazona* und *Barbus fasciatus*) diploide Chromosomensätze von 50 bis 52 sowie DNS-Werte (bezogen auf Placentalia) von 20 bis 22%, während Karpfen und Goldfisch solche von 50 bis 52% aufweisen. Es ist daher anzunehmen, dass Karpfen und Goldfisch tetraploide Cyprinidenarten sind. Dieser Polyploidiegrad könnte eine Erklärung für die Leistungsfähigkeit des Karpfens sein.

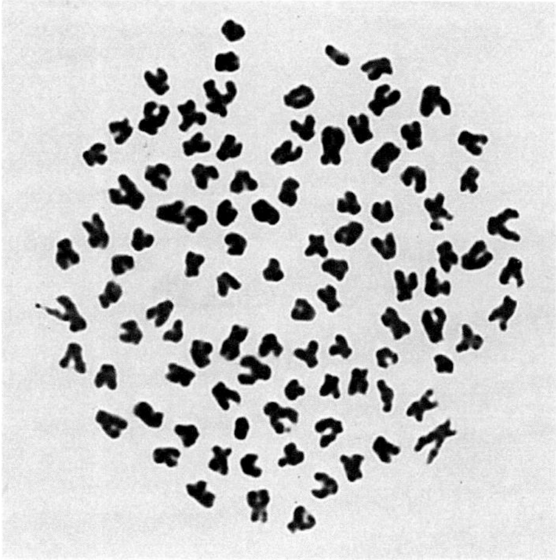

Abb. 7: Metaphasechromosomen einer Keimzelle des männlichen Karpfens (2n = 100). Vergr. x 2400 (nach OJIMA und HITOTSUMACHI 1967).

Nach KIRPIČNIKOV (1967) lässt sich der Wildkarpfen in eine Reihe von mehr oder weniger deutlich gegeneinander abgegrenzte Unterarten aufgliedern:

1. Europäisch-transkaukasischer Karpfen (*Cyprinus carpio carpio*),
2. Mittelasiatischer Karpfen (*Cyprinus carpio aralensis*),
3. Fernöstlicher oder Amuro-chinesischer Karpfen (*Cyprinus carpio haematopterus*),
4. Nordvietnamesischer Karpfen (*Cyprinus carpio viridiviolaceus* = *C. c. fossicola*).

Die Unterarten differieren vor allem in der Zahl der Weichstrahlen der Rückenflosse, der Anzahl der Schuppen in der Seitenlinie, der Zahl der Kiemendornen, der Wirbelzahl, dem Augendurchmesser und der Bartfadenlänge, jedoch kommen auch ökologische und physiologische Unterschiede vor. Der Mittelasiatische Karpfen nimmt eine Zwischenstellung zwischen der europäisch-transkaukasischen und der fernöstlichen Unterart ein. Der nordvietnamesische Karpfen hat verhältnismäßig viele Weichstrahlen in der Rückenflosse, jedoch weniger Schuppen in der Seitenlinie und weniger Wirbel (32 bis 35). Sein Augendurchmesser ist im Verhältnis zum Kopf ziemlich groß, die Bartfäden sind relativ lang. Die Unterschiede zwischen der nordvietnamesischen Unterart und allen anderen Unterarten sind verhältnismäßig stark ausgeprägt. Der fernöstliche Karpfen ist besonders gutwüchsig und kälteresistent.

Aufgrund der Ausführungen von Baruš et al. (2002) lassen sich nur drei Unterarten des Karpfens unterscheiden:

- Europäisch-mittelasiatischer Karpfen (*C. c. carpio*),
- Ostasiatischer Karpfen (*C. c. haematopterus*),
- Südasiatischer Karpfen (*C. c. viridiviolaceus*).

Der als mögliche weitere Unterart postulierte Indonesische Karpfen dürfte nicht autochthon, sondern auf Einfuhren aus europäischen und asiatischen Ländern zurückzuführen sein.

Demgegenüber hält es Balon (1995) aufgrund der großen Variabilität morphologischer Merkmale nicht für angebracht, Unterarten des Karpfens zu differenzieren. Andererseits kann mit Sicherheit davon ausgegangen werden, dass sich zwischen verschiedenen Populationen des Karpfens in seinem großen eurasischen Verbreitungsgebiet genetische Unterschiede herausgebildet haben. Einflüsse von Domestikation und Umsetzungen (z.B. Importe europäischer Karpfen nach Asien) erschweren die Beurteilung und unterstreichen die Notwendigkeit eingehender molekulargenetischer Analysen.

Aus Untersuchungen über den Allozympolymorphismus, die Mikrosatellitenvariabilität und die Variation der Mitochondrien-Desoxyribonucleinsäure bei 31 wilden und domestizierten Populationen aus Europa und Asien geht hervor, dass die Domestikation zu einem Verlust an genetischer Variabilität führt. Nach den untersuchten genetischen Markern lässt sich die europäische Unterart *C. carpio carpio* deutlich von der ost-südostasiatischen Unterart *C. carpio haematopterus* abgrenzen. Für den mittelasiatischen Karpfen (*C. carpio aralensis*) ist dagegen kein Unterartenstatus gerechtfertigt. Er ist nahe mit dem europäischen Karpfen verwandt und dürfte mit ihm von einem gemeinsamen Vorfahren abstammen (Kohlmann & Kersten 1999, Kohlmann et al. 2003).

Im europäischen Gebiet ist der Karpfen für den Laien am ehesten mit den nahe verwandten Arten der Gattung *Carassius*, nämlich Karausche (*Carassius carassius*) und Giebel (*Carassius auratus gibelio*) zu verwechseln. Beide Fischarten haben im Gegensatz zum Karpfen jedoch keine Bartfäden. Auch Goldkarpfen und Goldfische (*Carassius auratus*) sind demzufolge leicht daran zu unterscheiden, dass letztere keine Barteln besitzen.

3 Karpfenhybriden

Hybriden zwischen dem Karpfen und anderen Fischarten sind in der freien Natur selten. Andererseits wurden von fischereiwissenschaftlicher Seite aber verschiedentlich Kreuzungsversuche durchgeführt, um experimentell Hybriden mit dem Karpfen zu erzeugen und ihre Leistungsfähigkeit zu prüfen. Wirtschaftliche Bedeutung haben derartige Bastarde oder deren Rückkreuzungen bis heute noch nicht erlangt. Für die Methode der entfernten Hybridisation, unter der die Kreuzung verschiedener Arten oder Gattungen verstanden wird, kommen in erster Linie relativ nahe miteinander verwandte Arten in Betracht.

Der bekannteste Hybride des Karpfens mit einer anderen Fischart dürfte die Karpfkarausche (*Cyprinus carpio* x *Carassius carassius*) sein. Dieser Bastard ist schon recht lange bekannt und wurde früher sogar als eigene Art (*Cyprinus kollari*) angesehen. Mit Hilfe von Hypophyseninjektionen und künstlicher Besamung lassen sich die Fische in beiden Richtungen verhältnismäßig leicht miteinander kreuzen. Die embryonale und postembryonale Entwicklung scheint ohne größere Komplikationen zu verlaufen. In der F_1-Generation gibt es Fische, die mehr dem Karpfen ähneln, und Fische, die eine gewisse Karauschenähnlichkeit aufweisen. Daneben kommen aber auch Hybriden vor, die in vielen Merkmalen eine intermediäre Stellung zwischen Karpfen und Karausche einnehmen. Die Bartfäden sind in der Regel klein, ihre Zahl beträgt in den meisten Fällen 4, es treten aber auch Karpfkarauschen auf, die nur 2 oder keine Bartfäden besitzen. Die Schlundzähne sind in Zahl und Anordnung sehr veränderlich (meist 1·4-4·1, aber auch 2·4-4·2). Das Wachstum der Bastarde ist bedeutend besser als das der Karausche, hinter dem Karpfen bleiben sie jedoch, vor allem in höherem Alter, zurück. Ein in Nottinghamshire gefangener 2kg schwerer Hybride war zunächst für eine besonders große Karausche gehalten worden, bis sich herausstellte, dass es ein Bastard war. Er hatte ein Paar rudimentäre Barteln. Auch viele andere Merkmale waren intermediär. Nur in Ausnahmefällen sind die Hybriden fruchtbar, fertile Milchner sind noch seltener als fertile Rogener (Lieder 1957). Nach den Untersuchungen von Kafuku (1968) sind insbesondere im männlichen Geschlecht nur die Fische fortpflanzungsfähig, die phänotypisch dem Karpfen gleichen. Adumua-Bossman & Keiz (1971) beobachteten bei 20% der von ihnen in beiden Kreuzungsrichtungen erzeugten Bastarde im Alter von 3 Jahren vollentwickelte Gonaden, wobei auf jedes Geschlecht etwa die Hälfte der Fische entfiel. Die gewonnenen Spermien waren bewegungsfähig.

Es ist auch bereits gelungen, Karpfkarauschen untereinander zu vermehren, und zwar konnten sowohl von den Hybriden Karpfen ♀ x Karausche ♂ als auch von den Hybriden Karausche ♀ x Karpfen ♂ Nachkommen gewonnen werden (Kafuku & Matsushima 1968). Nikoljukin (1972) führte Rückkreuzungen von Karpfkarauschen mit beiden Ausgangsarten durch. Nur wenige Nachkommen waren bei der Verpaarung Karausche ♀ x Karpfkarausche ♂ zu erhalten. Hohe Verluste traten hier schon am Anfang der Embryonalentwicklung auf. Erfolgreicher war die Kreuzung Karpfkarausche ♀ x Spiegelkarpfen ♂. Diese Rückkreuzungshybriden erreichten am Ende des ersten Sommers 28g Stückmasse. Im zweiten Jahr wurden sie gemeinsam mit gleichalten Spiegelkarpfen aufgezogen, deren Anfangsmasse 29,5g betrug. Die vollbeschuppten Hybriden hatten geringere Verluste und kamen bis zum Herbst auf 493g, die Karpfen auf 477g. Die Schlundzahnformel war meist 1·1·3-3·1·1, es kamen aber auch Fische mit der Formel 1·4-4·1 vor.

Eine sehr enge Verwandtschaft besteht ebenfalls zwischen dem Karpfen und dem Giebel (*Carassius auratus gibelio*), der übrigens die gleiche Chromosomenzahl wie der Karpfen hat (Ojima et al. 1966). Natürliche Hybriden zwischen beiden Arten sind vereinzelt gefunden worden. 1959 konnte ein derartiges Exemplar in einem sonst aus Giebeln und Wildkarpfen bestehenden Fang im Balchaschsee erbeutet werden. Der Fisch war dreijährig und weiblichen Geschlechts, hatte die Schlundzahnformel 1·4-4·1 und wies 37 Schuppen in der Seitenlinie auf (Serov 1966). Auch in mehreren Gewässern Victorias (Australien) wurden natürlich vorkommende Hybriden zwischen den beiden Arten gefunden, die ein intermediäres Aussehen hatten, jedoch allgemein etwas mehr Ähnlichkeit mit dem Karpfen besaßen (Hume et al. 1983).

Kreuzungen zwischen Karpfen und Schleie (*Cyprinus carpio x Tinca tinca*) konnte zuerst Probst (1937) erzeugen (Abb. 8). Mit Schleiensperma befruchtete Karpfeneier entwickelten sich zu einem großen Teil normal und schlüpften gut. Infolge verschiedener Missbildungen konnten zahlreiche Larven nicht zur Nahrungsaufnahme übergehen und verhungerten. Von in einen Teich ausgesetzten Hybriden lebten nach 6 Wochen noch 8%. Die reziproke Kreuzung (Schleie ♀ x Karpfen ♂) hatte ein wesentlich schlechteres Ergebnis. Die wenigen geschlüpften Hybriden waren durchweg verkrüppelt und gingen in der Mehrzahl bereits nach einigen Tagen ein. Auch in den Versuchen von Bakos et al. (1978) brachte die Kreuzung Karpfen ♀ x Schleie ♂ Erfolg, in umgekehrter Richtung war das jedoch nicht der Fall. Viktorovskij

Abb. 8: Hybride zwischen einem weiblichen Spiegelkarpfen und einer männlichen Schleie, Länge 10cm (Foto: Rys).

(1966) stellte fest, dass Hybriden zwischen Karpfen ♀ und Schleie ♂ gleichaltrigen Karpfen im Wachstum nur wenig nachstanden. Auch morphologisch waren die Hybriden dem Muttertier sehr ähnlich. Deutliche Unterschiede ließen sich jedoch in der Zahl der Kiemendornen und der Zahl der Schuppen in sowie ober- und unterhalb der Seitenlinie beobachten.

Von rumänischer Seite (Cristian et al. 1965) wurden Kreuzungsversuche zwischen Karpfen und Plötze (*Rutilus rutilus*) in beiden Richtungen sowie zwischen Karpfen ♂ und Aland (*Idus idus*) ♀ und ferner zwischen Karpfen ♂ und einem bis zur Geschlechtsreife aufgezogenen Hybriden *Rutilus rutilus* x *Idus idus* ♀ durchgeführt. In allen Fällen traten erhebliche Entwicklungsstörungen auf. Nur ein geringer Prozentsatz der Eier kam zum Schlüpfen, die Larven waren meist verkrüppelt und überlebten höchstens einige Tage.

Großes Interesse wurde den Hybriden zwischen dem Karpfen und den pflanzenfressenden Cypriniden entgegengebracht (Makeeva & Suchanova 1966). Nur sehr begrenzten Erfolg ergab die Kreuzung zwischen Karpfen ♀ und Graskarpfen (*Ctenopharyngodon idella*) ♂. Der Anteil missgebildeter Embryonen war in den vorgenommenen Versuchen mit 80 bis 90% allerdings beträchtlich. Auch Nachkommen der reziproken Kreuzung

Abb. 9: Die Kreuzung zwischen einem weiblichen Spiegelkarpfen (links oben) und einem männlichen Silberkarpfen (rechts oben) ergibt einen gutwüchsigen vollbeschuppten Hybriden (Foto: J. Bakos).

konnten bis zum einsömmerigen Fisch aufgezogen werden. Sie hatten große Ähnlichkeit mit dem Muttertier, so dass noch ungeklärt ist, ob hier echte Hybridisation oder Gynogenese (lediglich Aktivierung, aber keine Befruchtung des Eies durch die Samenzelle) vorliegt (Aliev 1967).

Die Kreuzung zwischen Karpfen ♀ und Silberkarpfen (*Hypophthalmichthys molitrix*) ♂ brachte recht positive Ergebnisse. Makeeva (1968) beobachtete nur 15 bis 20% missgebildete Embryonen. Die Hybriden haben intermediären Charakter. Die Schlundzähne stehen in 2 Reihen, ihre Formel ist meist 1·4-4·1 (Silberkarpfen 4-4). Es ist nur ein Bartelpaar vorhanden, die Kiemendornen sind länger und zahlreicher als beim Karpfen. Im Alter von zwei Monaten waren die Hybriden 39mm lang, die Karpfen wiesen eine Länge von 110mm und die Silberkarpfen eine Länge von 54mm auf (Makeeva & Verigin 1974). Bakos (1973) stellte bei den Hybriden Karpfen ♀ x Silberkarpfen ♂ ein sehr gutes Wachstum fest, das dem der Karpfen entsprach (Abb. 9). Die Fische waren steril. Als nicht lebensfähig erwiesen sich die Hybriden Silberkarpfen ♀ x Karpfen ♂.

Bei der Kreuzung Karpfen ♀ x Marmorkarpfen (*Aristichthys nobilis*) ♂, die ebenso wie die bisher geschilderten Hybridisationen mit chinesischen Cypriniden mit Hilfe von Hypophyseninjektionen und künstlicher Besamung vorgenommen wurde, konnten zahlreiche lebensfähige Nachkommen gewonnen werden. Der Hybridisationseffekt hängt offensichtlich in erheblichem Maß von den Umweltbedingungen ab. Einige Merkmale der Hybriden waren intermediär, andere morphometrische Werte unterschieden sich von denen der Ausgangsformen (Verigin & Makeeva 1972). Die Schlundzahnformel der Hybriden lautet 1·3-3·1. Beim Marmorkarpfen ist nur eine Zahnreihe vorhanden (4-4). Die reziproke Kreuzung Marmorkarpfen ♀ x Karpfen ♂ brachte keinen Erfolg. Obwohl die Befruchtungsrate gut war, entwickelten sich nur wenige Embryonen; fast alle starben infolge von Anomalien ab. Nur 0,01% der Larven überlebten. Diese Fische unterschieden sich äußerlich nicht vom Marmorkarpfen (Muttertier), so dass Gynogenese angenommen werden kann (Makeeva 1972).

Der Karpfen lässt sich auch mit dem indischen Cypriniden *Labeo rohita* bastardieren. Karpfeneier, die mit Sperma von *L. rohita* befruchtet wurden, entwickelten sich allerdings nur bis zum Morula-Stadium. Erfolgreich war dagegen die reziproke Kreuzung *Labeo rohita* ♀ x Karpfen ♂. Die Hybriden, die dem Karpfen sehr ähnlich waren, konnten bis zu einem Alter von über 2 Jahren in Teichen aufgezogen werden, waren aber offensichtlich steril (Alikunhi 1966).

Die Kreuzung zwischen dem Karpfen ♀ und *Tor tor* ♂, einem weiteren indischen Cypriniden, verlief ebenfalls erfolgreich (Kewalramini 1971).

Lebensfähige Nachkommen ließen sich auch bei den Kreuzungen Karpfen ♀ x *Hemiculter eigenmanni* ♂ und Karpfen ♀ x *Puntius conchonius* ♂ gewinnen (Rjabov 1975, 1978).

4 Wohnraum, Heimat und geografische Verbreitung

Der Karpfen findet sich in Seen, Teichen und langsam fließenden Strömen vieler Länder und Erdteile, vor allem wenn diese weichen Grund haben, pflanzenreich und wenigstens im Sommer einigermaßen warm sind. Er bewohnt auch schneller fließende Gewässer mit sandigem bis steinigem Boden (Ili, Amur und Darja). Für die Vermehrung wichtig sind dann jedoch Überschwemmungsflächen im Frühjahr, weil sonst keine Möglichkeit zum Ablaichen besteht.

In der Regel lebt der Karpfen im Süßwasser, er kommt aber auch im Brackwasser des Kaspischen, Schwarzen und Asowschen Meeres und des Aralsees vor. Salzgehalte von 9 bis 10‰, maximal sogar von 10 bis 12‰, können von größeren Fischen ertragen werden; tödlich wirken, zumindest nach einiger Zeit, Werte von 12 bis 14‰. Im Salton-See (Südostkalifornien) sollen Karpfen sogar bei 18,6‰ Salzgehalt vorkommen. Für Brut beträgt die obere Grenze etwa 4‰, für Jungfische etwa 6‰. Diese Salzgehalte wirken sich aber bereits hemmend auf das Wachstum aus. Zur Fortpflanzung darf der Salzgehalt des Wassers 2‰ nicht überschreiten (PRIVOL´NEV 1964, ŠTERMAN 1964, ASKEROV 1975). Auch im Ostseegebiet dringt der Karpfen bis in den ß-mesohalinen Bereich (5 bis 10‰) vor (NELLEN 1965). Aus Israel ist die Nutzung von Brackwasserteichen, deren Salzgehalt während der Vegetationsperiode durch Verdunstung des Wassers von etwa 2 bis auf 9‰ ansteigen kann, bekannt geworden. Dabei verschlechtert sich das Wachstum mit steigendem Salzgehalt, normal ist es bis etwa 5‰ (SOLLER et al. 1965, SARIG 1966). Aus Russland wurde ebenfalls über die Verwendung von Teichen mit stark salzhaltigem Wasser für die Karpfenvermehrung und -aufzucht berichtet. Da sich in den Laichteichen auf Salzboden keine Vegetation entwickelt, wurden hier künstliche Laichnester aus *Zostera* oder grün gefärbten Kunststoffnetzen ausgebracht.

Als ursprüngliche Heimat des Karpfens werden die warm-gemäßigten Regionen angesehen, die große Gebiete von Europa und Asien vom Schwarzen Meer bis nach China umfassen (THIENEMANN 1950). Die Grenzen dieses Gebietes sind nach OKADA (1960) 35° und 50° nördlicher Breite sowie 30° und 135° östlicher Länge. Nach KIRPIČNIKOV (1967) bewohnte der Karpfen im oberen Tertiär ein ununterbrochenes Verbreitungsgebiet in Eurasien. Während der Eiszeit schränkte sich dieses Gebiet wahrscheinlich stark ein. Nach dem Pleistozän dehnte sich das Vorkommen des Karpfens dann vom Kaspischen Meere her wieder aus. Unter den günstigen postglazialen Klimabedingungen drang die Art westlich bis zum Schwarzen Meer und in den Donauraum vor (Balon 1995).

Die heutige Verbreitung des Karpfens in Europa hat ihren Ausgang mit hoher Wahrscheinlichkeit vom Donausystem aus genommen (Bănărescu 1960). In Mittel- und Westeuropa ist der Karpfen in vorchristlicher Zeit offensichtlich nicht vorgekommen. Der römische Dichter Decimus Magnus Ausonius (310 bis 394) erwähnte den Karpfen nicht bei seiner Aufzählung der in der Mosel vorkommenden Fische. Bei ihrem Vormarsch lernten die Römer den Fisch kennen und verbreiteten ihn in den besetzten Gebieten. Ausgrabungen bei antiken römischen Siedlungen und Befestigungen sowie Berichte von Gaius Secundus Plinius dem Älteren (24 bis 79) belegen das. Theoderich der Große (475 bis 526) ließ Karpfen aus der Donau nach Ravenna bringen. Die Entwicklung der Teichwirtschaft hat wesentlich zum gegenwärtigen Vorkommen der Art in Mittel-, West- und Nordeuropa beigetragen (vgl. Kapitel 7.1).

Über die historische Verbreitung des Karpfens in Asien besteht noch keine endgültige Klarheit. Während es Balon (1995) für möglich hält, dass sich das Vorkommen des Karpfens postglazial nach Asien bis China hin ausdehnte, kamen Kohlmann et al. (2003) aufgrund ihrer genetischen Untersuchungen zu dem Schluss, dass die Abtrennung des fernöstlichen Karpfens (*C. c. haematopterus*) schon vor der Weichsel-Eiszeit erfolgte.

In heutiger Zeit ist der Karpfen durch menschlichen Einfluss weltweit verbreitet. Er kommt nicht nur in vielen europäischen Ländern und in großen Teilen Asiens vor, sondern wurde auch in Nord- und Südamerika, in Afrika und Australien eingeführt. Dabei handelt es sich allerdings in vielen Fällen nicht um die Wildform, häufig wurden domestizierte oder verwilderte Fische importiert und vermischten sich mit den örtlichen Beständen.

In Deutschland dominiert der Zuchtkarpfen, die in vielen natürlichen Gewässern lebenden Fische stammen überwiegend aus Besatz, der in Teichwirtschaften aufgezogen wurde. Einen besonderen Status hat offensichtlich ein Wildkarpfen-ähnlicher (verwilderter) Bestand im Rhein (Lelek 1987, Kohlmann & Kersten 1999). Hauptzentren der Karpfenteichwirtschaft sind Bayern, Sachsen und Brandenburg. In den Fängen der Angler nimmt der Karpfen in Deutschland die Spitzenposition ein (Arlinghaus 2004).

Auch die Tschechische Republik verfügt über eine traditionsreiche Karpfenzucht. Weit bekannt ist das Zuchtgebiet von Třeboň (Wittingau). Außer in Südböhmen gibt es größere Teichgebiete in Südmähren. Wie in Deutschland ist der Karpfen der wichtigste Angelfisch in diesem Land. In slowakischen

Gewässern kommt der Karpfen gleichfalls vor.

In Polen spielt die Karpfenzucht ebenso eine sehr bedeutsame Rolle. Große Teichgebiete liegen in Schlesien. Durch Besatzmaßnahmen sind Karpfen in zahlreichen natürlichen Gewässern verbreitet.

In Ungarn ist der Karpfen in den meisten Gewässern vorhanden. Beträchtliche Mengen werden im Plattensee gefangen. Daneben wird der Fisch in Teichwirtschaften gezüchtet. Karpfenzucht wird auch in Rumänien, Bulgarien, Kroatien und anderen südosteuropäischen Staaten betrieben. In vielen natürlichen Gewässern dieser Länder finden sich ebenfalls beachtliche Karpfenvorkommen. Besondere Bedeutung hat die Donau, die als Ausgangsgebiet für die Verbreitung des Karpfens in ganz Europa anzusehen ist. Auch in der griechischen Fauna ist der Karpfen vertreten.

In der Schweiz und in Österreich findet sich der Karpfen ebenfalls in zahlreichen natürlichen Gewässern. Österreich verfügt zudem über eine Reihe von Karpfenteichwirtschaften.

In Italien lebt der Karpfen heute in vielen Flüssen und Seen. Die größten Vorkommen gibt es in den in der Lombardei gelegenen oberitalienischen Seen Gardasee, Lago Maggiore und Comer See, die etwa die Hälfte des italienischen Gesamtertrages liefern.

In Spanien ist der Karpfen im Flussgebiet des Duero, Tajo, Guadiana, Guadalquivir, Jucar und Ebro sowie in der Lagune von Valencia heimisch. In den Fangerträgen der Flussfischerei nimmt er einen der vorderen Plätze ein. Auch in portugiesischen Gewässern leben Karpfen, sie werden unter anderem in den Seen von Fermentelos gefangen.

In Frankreich gibt es den Karpfen seit dem Mittelalter, und er wird hier auch in Teichwirtschaften aufgezogen. Zusammenhängende Teichgebiete liegen vor allem südlich von Orléans (Sologne), in der Touraine, nördlich von Lyon (Dombes) und in der Lorraine. In den Gewässern der Camargue ist der Karpfen die dominierende Fischart (Crivelli 1981).

Die Niederlande haben im IJsselmeer (300.000ha) ihr größtes Karpfenvorkommen. In diesem heute praktisch ausgesüßten See bringen Zander und Aale hohe Erträge. Neben anderen Cypriniden nimmt aber der Karpfenbestand laufend zu. Aus dem Gewässersystem des Anna Paulowna Polder (Noord Holland) wurde eine Karpfenpopulation bekannt, die sich genetisch von verschiedenen domestizierten Stämmen in Europa unterscheiden lässt und wahrscheinlich eine Wildkarpfen-ähnliche Form darstellt (Tanck et al. 2000).

Nach England soll der Fisch im 15. Jahrhundert eingeführt worden sein. Heute ist er auf den Britischen Inseln und in Irland zu finden und hat vor allem Bedeutung als Angelfisch.

In dem Maße, wie sich in den südeuropäischen Ländern die Lebensbedingungen für den Karpfen gegenüber Mitteleuropa günstiger gestalten, verschlechtern sich die Verhältnisse, je weiter wir nach Norden gelangen.

In Dänemark gedeiht der Fisch noch recht gut. Karpfen sollen hier seit etwa 1500 gezüchtet werden. Heute gibt es zwei kleine Teichwirtschaften, je eine in Jütland und Seeland. Auch in Skandinavien ist der Karpfen eingeführt worden. Wirtschaftliche Bedeutung hat er jedoch selbst in den südlichen Teilen von Norwegen und Schweden nicht erlangt. In Finnland wird der Fisch, wenn auch selten, in Küstennähe in der Ostsee gefangen.

In den baltischen Republiken ist der Karpfen ebenfalls vorhanden. Teichwirtschaften gibt es vor allem in Litauen.

In Russland, Weißrussland und der Ukraine kommt der Wildkarpfen teilweise in erheblichen Mengen vor und ist wirtschaftlich wichtig. Vorhanden ist er auch in Gewässern einiger weiterer Staaten im Süden Russlands (Kasachstan, Usbekistan, Turkmenistan, Tadschikistan, Aserbaidschan, Armenien, Kirgisistan und Georgien). Er lebt in den Becken des Schwarzen, Asowschen, Kaspischen Meeres und des Aralsees trotz des erhöhten Salzgehaltes dieser Meere sowie besonders in den Unterläufen von Dnepr, Don und Wolga. Die Flüsse der pazifischen Küste im Amurgebiet besiedelt er ebenfalls (*C. c. haematopterus*). Auch im westlichen Teil der Insel Sachalin kommen Wildkarpfen vor. Im Unterlauf und Delta der Wolga ist der Karpfen einer der wichtigsten Nutzfische. Im Talas-Becken, das ursprünglich sehr arm an Fischarten war, wurden Wildkarpfen erstmalig 1909, Zuchtkarpfen 1959 eingeführt. 1913 wurde der Wildkarpfen im Balchaschsee eingebürgert. Heute entfallen bereits 70% der Fangerträge auf ihn. Die reichliche Vermehrung in diesem See hat allerdings Übervölkerung und langsames Wachstum zur Folge. Im Issyk-Kul-See erfolgte die Akklimatisation des Karpfens 1957. Trotz des Salzgehaltes von 5,8‰ entwickelte sich sehr schnell ein starker Bestand, und schon 1959 war der Karpfen mit 20 bis 25% am Gesamtfang beteiligt. Auch in den Alakolseen wurde der Karpfen mit Erfolg eingebürgert. Seit 1932 und in stärkerem Umfang seit 1945 wurden Wildkarpfen aus dem Amurgebiet in Gewässer des Baikalbeckens gebracht. Wirtschaftliche Bedeutung haben sie hier bisher nicht erlangt.

Neben dem Fang des Wildkarpfens spielt die teichwirtschaftliche Zucht in Russland, der Ukraine und Weißrussland eine bedeutende Rolle. Insbesondere in der zweiten Hälfte des vergangenen Jahrhunderts wurden große Teichflächen neu geschaffen. In starkem Maße war man darum bemüht, den Fisch auch in ungünstigen Lagen zu akklimatisieren. Im Norden hat sich die Teichwirtschaft bis St. Petersburg und Tomsk (57° nördl. Breite) und im Osten bis Nowosibirsk und Krasnojarsk vorgeschoben. Heute liegen die Grenzen der Karpfenverbreitung bei 60° nördl. Breite und in Ostsibirien.

In Asien hat China das größte Karpfenvorkommen. Hier ist die Unterart *C. carpio haematopterus* vertreten. Der Wildkarpfen ist in vielen natürlichen

Gewässern weit verbreitet und spielt eine sehr beachtliche wirtschaftliche Rolle. Eine noch viel größere Bedeutung hat aber seit langem die Karpfenzucht, und China ist heute mit weitem Abstand der größte Karpfenerzeuger der Welt. Auf Taiwan gibt es ebenfalls Karpfen. 1964 wurden hier auch Fische aus Bayern importiert.

In der Mongolei kommt der fernöstliche Wildkarpfen in den Flussgebieten von Selenga, Orchon und Onon sowie einigen Seen, z.B. im Bujr-See im Osten des Landes, vor (Dulma 1979).

Über die Herkunft des Karpfens in Japan gibt es nur unzureichende Informationen. Das Land hat reiche Vorkommen an Wildkarpfen in nahezu allen natürlichen Gewässern mit Ausnahme der Gebirgsregionen. Daneben werden Karpfen seit Jahrhunderten in größerer Menge in Teichen gezüchtet. In den letzten beiden Jahrhunderten wurde Japan zum Ursprungsland der Farbkarpfen, die heute als Koi in aller Welt zu finden sind. Die ersten Farbmutationen traten zwischen 1804 und 1830 auf, im 20. Jahrhundert nahm die Koizucht großen Aufschwung (vgl. Kapitel 6.3). Kurz nach 1900 wurden auch Spiegelkarpfen aus Deutschland eingeführt und eingekreuzt. Dadurch wird erklärlich, dass genetische Merkmale des Koi teilweise für die Zugehörigkeit zu *C. carpio haematopterus*, teilweise aber für die Zugehörigkeit zu *C. carpio carpio* sprechen (Kohlmann et al. 2003).

Nach Thailand sind die ersten Karpfen wahrscheinlich 1914 aus China gekommen. Eine zuverlässige Bestätigung des Vorkommens datiert aus dem Jahre 1937. 1962 wurden japanische Karpfen eingeführt, da diese für die Aufzucht in Reisfeldern als besonders geeignet angesehen wurden. Die Karpfen in Laos und Kambodscha sind zweifellos chinesischer Abstammung. Sowohl in Thailand wie in den beiden zuletzt genannten Ländern gibt es inzwischen eine hochentwickelte Teichwirtschaft. In Malaysia wird heute ebenfalls, wenn auch in wesentlich geringerem Umfang, Karpfenzucht betrieben. Anfang des 20. Jahrhunderts fand der Fisch jedoch noch nicht als Bestandteil der Fauna Erwähnung.

Nach den Philippinen kam der Karpfen 1915 aus China. In Indonesien ist Java das fischereiliche Zentrum. Die Fischzucht soll dort im 17. Jahrhundert mit der buddhistischen Religion eingeführt worden sein. Die ersten Karpfen dürften ebenfalls aus China stammen. Später (1927) kamen auch europäische Fische dorthin. Das günstige Klima ermöglicht eine außerordentlich hohe Produktivität der Teiche und auch der teilweise zur Karpfenzucht verwendeten Reisfelder. In Nordkalimantan (Borneo) soll der Karpfen zu Zuchtzwecken Anfang der 30er Jahre des 20. Jahrhunderts eingebürgert worden sein. Die indonesische Teichwirtschaft hat heute einen enormen Umfang.

In Sri Lanka ist der Karpfen 1914 aus Deutschland eingeführt worden. 1949 kamen auch Fische aus Singapur. Der Karpfen ist hier heute ein wirtschaftlich wichtiger Süßwasserfisch, der in gewissem Umfang in Teichen aufgezogen wird (Brutanstalt Polonnaruwa).

Auch für Indien und seine östlichen und westlichen Nachbarregionen kann der Karpfen nicht als heimische Art gelten. Indien erhielt 1939 seine ersten Fische aus Sri Lanka, 1957 kamen Karpfen aus Thailand (Bangkok). Zwischen 1950 und 1960 breitete sich die Art stark aus. In folgende Staaten wurden Karpfen eingeführt: Kumaon (1947), Himachal Pradesh (1955), Kashmir (1956), Sikkim (1957), Punjab (1958), Madhya Pradesh (1959), Bihar (1960), Rajasthan (1960). Die Karpfenzucht hat gegenwärtig in diesem Land eine beträchtliche Bedeutung, Indien ist nach China der größte teichwirtschaftliche Karpfenproduzent. In Bangladesch waren 1953 noch keine Karpfen vorhanden, heute hat das Land eine gut entwickelte Teichwirtschaft. In Pakistan ist der Karpfen inzwischen ebenfalls eingeführt worden und wird auf seine Eignung als Zuchtfisch geprüft. Auch in Nepal werden Karpfen in Teichwirtschaften aufgezogen.

In der Türkei ist der Karpfen in vielen natürlichen Gewässern verbreitet und von erheblicher wirtschaftlicher Bedeutung. 60 bis 70% der Fänge in den großen Seen entfallen auf ihn. Heute wird er auch in Teichen gehalten.

Syrien erhielt seine ersten 50 Karpfen im März 1959 aus Ägypten. Inzwischen werden Fische in verschiedenen Teichwirtschaften aufgezogen.

Der Iran verfügt heute über eine erhebliche teichwirtschaftliche Karpfenproduktion. Im Irak wird seit 1959 Karpfenteichwirtschaft betrieben. In diesem Jahr wurden erstmals rötliche Schuppenkarpfen aus Japan und normalgefärbte Fische aus Indonesien (Punten) eingeführt. Im Dezember 1968 wurden Spiegelkarpfen aus Jugoslawien nach dem Irak importiert. Der Karpfen ist heute der wichtigste Zuchtfisch in diesem Land. Er wurde auch mit Erfolg in Seen, Talsperren und Flüssen (Euphrat und Tigris) ausgesetzt.

Israel bewohnt der Karpfen heute ebenfalls. Mit der Karpfenzucht wurde 1939 begonnen. Jahrelang wurden Fische aus Jugoslawien gekauft, die bei den dortigen guten Lebensbedingungen prächtig gediehen. 1952 wurden außerdem noch Karpfen aus Indonesien eingekreuzt. Heute kann Israel als ein führendes Land auf dem Gebiet der modernen Teichwirtschaft gelten.

Nach Ägypten kamen im Jahre 1934 als erste fremde Fische Schuppenkarpfen aus Indonesien. Am 28. Januar 1949 wurden dann 340 Spiegelkarpfen von 5 bis 30cm Länge aus Frankreich eingeführt, die sich in einer Versuchsteichwirtschaft bei Kairo gut akklimatisierten und ein vorzügliches Wachstum zeigten. Inzwischen werden erhebliche Mengen an Karpfen in Teichwirtschaften aufgezogen.

In Tunesien wurden in den Jahren 1965/66 Spiegelkarpfen aus Deutschland und Frankreich eingeführt (Rhouma 1975). Die Fische finden sowohl im Norden (Béja) als auch im Süden (Kébili, Douz) des Landes günstige Bedingungen.

In Marokko ist ebenfalls eine wenn auch gering entwickelte Karpfenzucht vorhanden.

In Südafrika wurden 1897 Karpfen eingeführt und in Stauteiche von Farmen ausgesetzt. Sie vermehrten sich hier sehr schnell, und eine große Anzahl von Staubecken und weite Flussstrecken sind jetzt von ihnen übervölkert. Das Trinkwasserbecken der Stadt Bethlehem in der Republik Südafrika wurde durch Karpfen in so starkem Maße verschmutzt, daß die Trinkwasserversorgung ernstlich gefährdet war. Es wurden daher große Fischmengen abgefischt und vergraben. Andererseits ist der Karpfen als Nahrungsmittel nicht unbeliebt, und als Zuchtfisch ist die Art hier sehr leistungsfähig. 1955 und 1959 wurden daher ein- und zweisömmerige Fische einer deutschen Teichwirtschaft nach Südafrika exportiert.

Simbabwe erhielt wahrscheinlich bereits vor 1920 seine ersten Karpfen. Verbürgt sind Einfuhren in den Jahren 1925, 1926 und 1938. Der Karpfen spielt hier u.a. in Stauseen eine Rolle als Angelobjekt und ist durchaus beliebt. Schwierigkeiten etwa infolge von Karpfeninvasionen in natürliche Gewässer gab es offensichtlich nicht.

In anderen afrikanischen Staaten wurde mit Versuchen zur Einbürgerung des Karpfens erst in der zweiten Hälfte des vergangenen Jahrhunderts begonnen. So wurden 1954 Schuppen- und Spiegelkarpfen aus Österreich (Kreuzungsprodukt zwischen bayerischen und jugoslawischen Stämmen) in eine Teichwirtschaft nach Nigeria gebracht. Der Betrieb liegt im nördlichen Teil des Landes in 1.080m Höhe, wo die Monatsmittel der Wassertemperaturen im Jahresverlauf zwischen 21 und 26°C schwanken. Das Wachstum ist dort hervorragend, die Teiche können in jedem Jahr zweimal hintereinander (je 6 Monate) zur Produktion von Speisekarpfen verwendet werden. Kamerun erhielt für erste Versuche mit Karpfen Fische aus Israel. Nach Ghana kamen die ersten Karpfen im Jahre 1962. Im Kongo soll die Art heute ebenfalls zu finden sein. In Uganda, d.h. unmittelbar am Äquator, wurden nach anfänglichen Bedenken 1957 erstmals Spiegelkarpfen aus Israel eingeführt. Die Fischzucht basierte bis dahin im Wesentlichen auf Buntbarsch-Arten und befindet sich noch am Anfang ihrer Entwicklung. In natürlichen Gewässern haben sich bis jetzt keine selbsterhaltenden Karpfenbestände gebildet. Als Teichfisch hat der Karpfen die Erwartungen, die man an ihn knüpfte, nicht voll erfüllt, wenn auch sein Wachstum sehr gut sein kann. Hohe Erträge lassen sich bei Mischbesatz mit *Tilapia*-Hybriden erzielen.

Auch auf Madagaskar gibt es heute Karpfen und Karpfenzucht. 1912 wurden erstmalig Spiegelkarpfen eingeführt. Die Fische werden in Teichen und auf Reisfeldern gehalten und haben eine gewisse wirtschaftliche Bedeutung erlangt.

In die USA wurde der Karpfen auf privater Basis schon 1831 importiert (Einfuhr aus Frankreich nach New York). In späteren Jahren entkamen auch einige Fische in den Hudson und vermehrten sich hier. Für Kalifornien wird angegeben, daß 1872 erstmals Karpfen aus Holstein eingeführt wurden. 1877 folgten Karpfen aus Japan. Im gleichen Jahr führte die United State Fish Commission Karpfen aus Deutschland ein (118 Schuppenkarpfen, 227 Spiegelkarpfen). Nach 1880 kamen weitere Transporte. Die Nachfrage nach Karpfen war zunächst sehr rege. Der Fisch wurde großzügig verbreitet und gesetzlich geschützt, so dass er bereits 1896 als Bestandteil der Fauna Nord- und Mittelamerikas erwähnt wird. Besonders häufig ist sein Vorkommen in den großen Strömen und Seen des nördlichen Teils der USA, aber auch in vielen anderen Staaten ist der Karpfen heute vertreten. 1906 waren die Fänge im Eriesee bereits so groß, dass die Fische zum Teil als Dünger auf den umliegenden Farmen verwendet wurden. Da der Karpfen bei reichlichem Vorkommen die Wasservegetation zerstört und starke Wassertrübung hervorruft, schlug die anfängliche Beliebtheit ins Gegenteil um. Zwar wird der Karpfen heute teilweise als Angelfisch genutzt und ist auch Gegenstand des Fanges der Berufsfischerei, im Allgemeinen wird er jedoch, besonders von den Anglern, als unerwünschte Art angesehen. Vielfach wurden kostspielige Ausrottungsprogramme durchgeführt, um später beliebtere Fischarten aussetzen zu können.

Auf Hawaii erfolgte die Einführung des Karpfens bereits vor 1900. Heute ist der Fisch auf allen größeren Inseln, insbesondere in Teichen, zu finden.

Ähnlich wie in den Vereinigten Staaten liegen die Verhältnisse in Kanada. Auch hier war der Karpfen natürlich ursprünglich nicht heimisch. Er wurde als erste fremde Fischart zwischen 1880 und 1893 von den USA auf kanadische Bitten hin nach Ontario geschickt. In Manitoba erfolgten im November 1885 und Spätherbst 1889 Einfuhren aus Minnesota bzw. Washington. Diese Aussetzungen in Teiche hatten aber offensichtlich keinen Erfolg, denn erst 1938 wird der Karpfen wieder für Manitoba erwähnt. Seit diesem Zeitpunkt ist er vom Süden her mit einer Wandergeschwindigkeit von 30 bis 60 km pro Jahr ständig nach Norden vorgedrungen. 1956 wurde das Nelson-Flusssystem erreicht. In Saskatchewan tauchten 1921 die ersten Karpfen im südwestlichen Teil der Provinz (Missouri-System) auf. Heute ist der Karpfen in Gewässern von 5 Provinzen, nämlich British Columbia, Saskatchewan, Manitoba, Ontario und Quebec zu finden. Geografische und klimatische Gründe sowie gesetzgeberische Maßnahmen dürften ein weiteres Vordringen nach Norden und Osten verhindern. Bereits 1899 erkannte man, dass die Einführung des Karpfens nur schlechte Ergebnisse gebracht hatte. Seitdem gehen auch hier alle Bemühungen dahin, seine weitere Ausbreitung einzuschränken. So wird den Karpfen zum Beispiel durch einen großen Zaun im Manitobasee verwehrt, sich in die Deltagebiete auszubreiten. Die am Zaun abgefischten Fische werden teilweise als Viehfutter genutzt.

In Mexiko leben Karpfen nicht nur in natürlichen Gewässern, sie werden auch in beträchtlicher Menge in Teichen aufgezogen.

Auf Kuba gibt es seit 1946 Karpfen. Sie kamen hierher aus Mexiko über die USA. Die Fische sind auf der ganzen Insel verbreitet und leben in den Seen und Flüssen. Die teichwirtschaftliche Zucht könnte in Zukunft Bedeutung gewinnen, da die Fische unter den herrschenden klimatischen Bedingungen sehr schnellwüchsig sind.

Auch in Südamerika wurde mit der Einbürgerung des Karpfens begonnen. Im Sommer 1962 und 1964 wurden einsömmerige Karpfen aus dem Süden Deutschlands nach Venezuela geflogen und in einer Teichwirtschaft ausgesetzt, wo sie bei hohen Temperaturen ein ausgezeichnetes Wachstum haben.

Für Australien wurde der Karpfen zuerst in Tasmanien eingeführt. Nach 1876 erfolgte eine weite Verbreitung in den Flüssen Victorias. Um 1960 wurden Karpfen auch in Stauseen ausgesetzt. Dabei hatten die Farmer die Hoffnung, dass die Fische zur Tilgung unerwünschter Wasserpflanzen beitragen würden. Die Karpfen vermehrten sich sehr schnell und haben inzwischen in vielen Gewässern eine starke Wassertrübung hervorgerufen. Im Murray-Fluss in Südaustralien haben sie die einheimischen Fische verdrängt. Die Karpfen kommen hier auch im brackigen Unterlauf des Flusses vor. Als Nahrungsmittel ist der Karpfen in Australien nicht beliebt. Im Bundesstaat Victoria wird der Karpfen heute ebenso eingeschätzt wie einst das Wildkaninchen. Hauptsächlich werden ihm Vernichtung der Wasserpflanzen und der Laichplätze anderer Fischarten sowie Wasserverunreinigung angelastet. Die Einfuhr des Karpfens ist schon einige Zeit verboten, heute ist auch seine Zucht gesetzlich untersagt. Zur Reduzierung des Karpfens in australischen Gewässern wurden erhebliche Forschungsmittel aufgewendet. Es gibt inzwischen aber auch Stimmen, die sich dagegen wenden, den Karpfen für Australien ausschließlich als schädliche Fischart anzusehen (McLaren 1981).

Auch in Neuseeland sind Einbürgerungsversuche vorgenommen worden, ohne dass der Karpfen hier jedoch heimisch wurde.

Aus der Übersicht über die geografische Verbreitung des Karpfens geht hervor, dass dieser Fisch durch die Aktivitäten des Menschen in vielen Regionen mit großem Erfolg eingeführt wurde und teilweise erhebliche wirtschaftliche Bedeutung erlangt hat. Andererseits gibt es auch Gebiete, in denen der Karpfen als unerwünschtes neues Element der Gewässerfauna angesehen wird und seine Bestände und sein weiteres Vordringen nach Möglichkeit eingeschränkt werden. Angaben über die Höhe der Karpfenfänge und die teichwirtschaftlichen Erträge in verschiedenen Ländern finden sich in Kapitel 13.

5 Körperbau und Lebensweise

5.1 Äußere Gestalt und Körperbedeckung

Wie die Körperform der Fische allgemein, so ist auch die Gestalt des Karpfens dem Leben im Wasser, das ja ein dichteres Medium als die Luft ist, angepasst. Seine Form kann am ehesten mit einer seitlich zusammengedrückten Spindel verglichen werden, ist dabei jedoch ungemein variabel, worauf später noch näher eingegangen werden soll. Auf den Kopf folgt unvermittelt der massive Rumpf, an dem sich die Flossen als Bewegungswerkzeuge befinden. Das Maul mit den wulstigen Lippen ist endständig und kann ziemlich weit vorgestülpt werden (Karpfenrüssel). Es trägt 4 in gewissem Maße bewegliche Barteln (Bartfäden), von denen die 2 größeren, hellen etwa im Mundwinkel, die 2 kleineren, in der Regel dunkleren, über der Oberlippe sitzen. Auf dem Vorderteil des Schädeldaches befinden sich die paarigen Nasengruben, denen an der Seite des Kopfes die lidlosen Augen folgen. Der Kiemenraum wird vom knöchernen Kiemendeckel überdacht, dessen hinteres Ende die Grenze zwischen Rumpf und Kopf bildet.

Der Körper des Wildkarpfens ist normalerweise voll beschuppt (siehe Abb. 34). Die Zahl der Schuppen in der Seitenlinie beträgt im Allgemeinen 34 bis 40, oberhalb und unterhalb der Seitenlinie befinden sich 5 bis 7 (meist 6) Längsreihen. Insgesamt sind es 1.100 bis 1.200 Cycloid- oder Rundschuppen. Sie bestehen aus einer durchsichtigen Deckschicht (Epilepis) und einer dunkleren Faserschicht (Hypolepis) und liegen in den Schuppentaschen der Lederhaut. Gebildet werden die Schuppen von den Scleroblasten. Die Schuppen überdecken sich dachziegelartig und sind in ihrer Gesamtheit von der dünnen Oberhaut überzogen. Verloren gegangene Schuppen können regeneriert werden, sind dann aber meist etwas anders geformt und so als Neubildungen zu erkennen. Bei einjährigen Karpfen dauert die vollständige Regeneration künstlich entfernter Schuppen 20 bis 50 Tage. Die Regenerationsgeschwindigkeit hängt von den Faktoren ab, die auch das Wachstum bestimmen. Fehlen zahlreiche Schuppen, so kann es zur Bildung von Riesenschuppen kommen, wie das beim Spiegelkarpfen üblich ist.

Zumindest in unseren Breiten sind die Schuppen das wichtigste Hilfsmittel zur Bestimmung des Alters. Während des sommerlichen Wachstums werden von der Deckschicht ringförmige Leisten (Striae), auch Zuwachsringe genannt, angelegt. Im Herbst ist die Größenzunahme geringer; die Striae sind dann enger beisammen (Abb. 10). Auch durch Krankheit oder Schlechtwetterperioden kann sich das Schuppenwachstum verlangsamen. Ebenso hinterlässt die Laichzeit Marken auf den Schuppen. Die dadurch auftretenden Zwischenringe können leicht zu Fehldeutungen bei der Feststellung des Alters führen. Der wichtigste Faktor für die Bildung der Jahresringe ist die Ernährung. Zur Altersbestimmung anhand der Schuppen ist der Herbst der günstigste Zeitpunkt.

Abb. 10: Schuppe eines fünfsömmerigen Wildkarpfens aus dem Velence-See in Ungarn (Foto: W. Steffens).

Bei der Haut lassen sich drei Schichten unterscheiden. Die Oberhaut (Epidermis) enthält die Zellen, die den Schleim absondern, der den gesamten Fisch schützend umhüllt. Neben den Schleim- oder Becherzellen sind hier beim Karpfen auch Kolbenzellen vorhanden. In der Lederhaut (Dermis) enden Nerven und kleine Blutgefäße. Darunter folgt die Unterhaut (Hypodermis) mit dem Fettgewebe. Schuppenlose Fische oder Fische mit reduzierter Beschuppung (Spiegel- und Nacktkarpfen) sollen eine dickere Haut aufweisen.

In Kolbenzellen wird vom Karpfen und einer Reihe weiterer Fischarten (verwandte Süßwasserfische) ein Pheromon produziert, das als Schreckstoff bezeichnet wird (Pfeiffer 1977). Dieser Schreckstoff ist eine Alarmsubstanz, die bei Hautverletzungen freigesetzt wird. Andere Individuen der gleichen Art und eventuell auch solche verwandter Arten können diesen Schreckstoff mit ihrem Geruchsorgan wahrnehmen und werden dadurch zu Fluchtreaktionen veranlasst. Kolbenzellen, die Schreckstoff bilden, werden aus diesem Grund auch Schreckstoffzellen genannt.

In der Lederhaut liegen neben den Schuppen die Zellen, die die Färbung hervorrufen, und zwar befinden sich die Pigmentzellen am äußeren und inneren Rand der Lederhaut. Neben den schwarzen Melanophoren und den gelben bis roten Chromatophoren gibt es die Guanophoren. Die ersteren enthalten den festen Farbstoff Melanin, der ein Abbauprodukt des Eiweißstoffwechsels darstellt. Die roten und gelben Farbstoffe sind flüssige Lipochrome (Fettfarbstoffe, Carotine). Das Guanin, der kristalline Farbstoff der Guanophoren, erzeugt als lichtreflektierende Substanz den Silberglanz. Das Zusammenspiel dieser Komponenten ruft die Färbung hervor, die beim Karpfen sehr unterschiedlich sein kann (Kapitel 6.3).

Selbst größere Hautverletzungen können beim Karpfen unter günstigen Umweltbedingungen gut abheilen. In Versuchen an kleinen Karpfen von 100g Stückmasse wurde festgestellt, dass sich Wundflächen, die durch Entfernung von quadratischen Hautstückchen mit einer Seitenlänge von 10% der Körperlänge entstanden, zunächst vergrößern und nach etwa 15 bis 35 Tagen wieder schließen. Der Heilungsprozess verläuft bei größeren Karpfen schneller als bei kleineren und wird auch durch höhere Temperaturen begünstigt.

Der Rücken der Wildform ist in der Regel dunkelgraublau, während Lippen und Bauch gelblichgrau sind. Die Rückenfarbe des Donau-Wildkarpfens wird als braun- bis dunkelbraun, die Seiten- und Bauchfarbe als golden beschrieben (Balon 1995). Durch Umwelteinflüsse kann die Farbe erheblich variieren. Die Anpassung an die Umgebung geschieht durch Vermittlung der Augen. Der Inhalt der Melanophoren und Chromatophoren lässt sich kontrahieren oder über die ganze Zelle verbreiten, wodurch es in hellem Milieu zu einer Aufhellung, in dunklem dagegen zu einem Dunkelwerden kommt. Stoffwechselstörungen äußern sich meist durch dunkle Verfärbung, Sauerstoffmangel drückt sich in einer Verblassung der Haut aus (Anämie-Aufhellung). Auch die Fütterung hat Einfluss auf die Farbe. Starke Maisfütterung kann durch Pigmenteinlagerung eine gelbe Verfärbung besonders am Bauch bewirken.

Die Bewegungswerkzeuge der Fische und so auch des Karpfens sind die Flossen. Die drei unpaaren Flossen: Rücken-, Schwanz- und Afterflosse (Pinna dorsalis, Pinna caudalis, Pinna analis) entstehen aus einem embryonalen Hautsaum. Die paarigen Brust- und Bauchflossen (Pinnae pectorales, Pinnae ventrales) entsprechen den Extremitäten der anderen Wirbeltiere. Die Brustflossen, an den unteren Spangen des Schultergürtels befestigt, befinden sich in der Brustregion. Die Lage der Beckenknochen und damit auch die Lage der Bauchflossen ist bei den Fischen sehr verschieden, beim Karpfen sind sie bauchständig. Jede dieser Flossen baut sich aus drei Elementen auf: Auf den knöchernen Flossenträgern sitzen die Flossenstrahlen, die von der Flossenhaut überzogen sind. Die Flossenstrahlen sind entweder Hartstrahlen (teilweise mit gesägtem Hinterrand) oder Weichstrahlen. Ihre Art und Zahl ist ein wichtiges systematisches Merkmal. Dies lässt sich kurz als Flossenformel ausdrücken, wobei die erste (römische) Zahl die Zahl der Hartstrahlen, die zweite die der Weichstrahlen angibt:

Rückenflosse:	II-IV/15-23	Bauchflosse:	I-II/5-9
Brustflosse:	I/13-19	Afterflosse:	II-IV/3-7
Schwanzflosse:	IV-VIII/13-20/IV-VIII		

Die letzten Hartstrahlen von Rücken- und Afterflosse sind besonders kräftig und hinten gezähnt. Abweichungen von den angegebenen Zahlen lassen sich nicht selten beobachten. Insbesondere verringern sich die Flossenstrahlenzahlen von Rücken- und Afterflosse bei bestimmten Beschuppungstypen teilweise sehr erheblich (STEFFENS 1966).

5.2 Skelett

Das Knochengerüst gliedert sich in drei Teile, nämlich Kopf-, Rumpf- und Flossenskelett.

Am Kopf (Abb. 11) fällt zunächst der kräftige Hirnschädel (Neurocranium) auf, der aus einer Anzahl starr miteinander verbundener Einzelknochen besteht. In seiner Tiefe beherbergt er das Gehirn. Der Gesichtsschädel (Viscerocranium) setzt sich anlagemäßig aus einer Reihe paariger Visceralbögen zusammen. Unter-, Zwischen- und Oberkiefer sind mit einigen kleinen Verbindungsknochen das Gerüst des Karpfenrüssels. Sie tragen, wie bei allen Cypriniden, keine Zähne. Der zweite Visceralbogen bildet den Zungenbeinapparat. Nach hinten folgen dann die vier Kiemenbögen, auf deren Vorderseite sich die Reusenzähne in zweifacher Reihe befinden, während hinten die Kiemenblättchen sitzen. Der fünfte Kiemenbogen ist rudimentär. Als unterer Schlundknochen trägt er keine Kiemen, sondern die schon im systematischen Teil (Kapitel 2) erwähnten, beim Karpfen in drei Reihen angeordneten 5 Schlundzähne. Diese paarigen Knochen arbeiten gegen die ebenfalls paarigen oberen Schlundknochen, die aus den oberen Teilen (Pharyngobranchialia) der

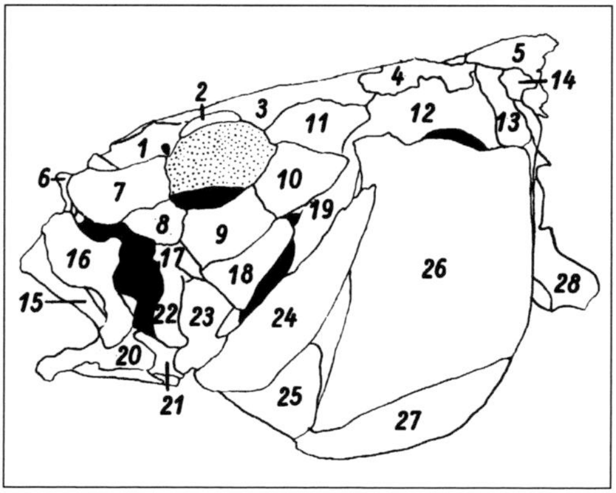

Abb. 11: Seitenansicht des Schädelskeletts (Zeichnung: W. STEFFENS):
1 Mesethmoideum, 2 Supraorbitale, 3 Frontale, 4 Parietale, 5 Supraoccipitale, 6 Rostrale, 7 Lacrimale, 8-11 Infraorbitalia, 12 Pteroticum, 13 Posttemporale, 14 Epioticum, 15 Praemaxillare, 16 Maxillare, 17 Entopterygoideum, 18 Metapterygoideum, 19 Hyomandibulare, 20 Dentale, 21 Articulare, 22 Ectopterygoideum, 23 Quadratum, 24 Praeoperculum, 25 Interoperculum, 26 Operculum, 27 Suboperculum, 28 Basioccipitale.

vier eigentlichen Kiemenbögen entstanden sind und die so genannte Kauplatte bilden. Sie sitzt auf einem Fortsatz des Hinterhauptbeines. Die Schlundzähne werden kontinuierlich während des ganzen Lebens gewechselt. Zum Kopfskelett gehören schließlich noch einige ebenfalls paarige Belegknochen. Es sind dies Platten, die einmal um die Augen herum liegen (Circumorbitalia) und die zum anderen den Kiemendeckel bilden. Dieser setzt sich aus vier Teilen zusammen, dem Hauptdeckel (Operculum) sowie dem Vor-, Zwischen- und Unterdeckel (Prae-, Inter- und Suboperculum).

Das Rumpfskelett wird im Wesentlichen aus den Wirbeln mit ihren Fortsätzen und den Rippen gebildet (Abb. 12). Die Zahl der an beiden Enden ausgehöhlten (amphicoelen) Wirbel beträgt in der Regel 36 bis 37. Sie kann jedoch in größeren Grenzen schwanken. Es lassen sich 3 Halswirbel, 11 Brustwirbel, 6 Lendenwirbel und 16 bis 17 Schwanzwirbel unterscheiden. Die Wirbel werden zunächst knorpelig angelegt und verknöchern später. Zwischen ihnen halten sich kugelige, elastische Chordareste, die durch dünne Stränge durch den Wirbelkörper hindurch untereinander in Verbindung stehen. In den dorsalen Neuralbögen der Wirbel verläuft das Rückenmark, während die ventralen Hämalbögen die beiden Hauptadern aufnehmen. Allerdings bilden die unteren Wirbelfortsätze in der vorderen Körperregion keine Bögen, sondern ihnen sitzen die Rippen an. Kopf- und Achsenskelett sind durch die ersten drei Wirbel fest miteinander verbunden. Erst etwa in der Körpermitte wird die Wirbelsäule stärker beweglich. Die abgeplatteten Halswirbel sind ebenso wie die letzten Schwanzwirbel abweichend gebaut. Der erste ist sehr klein, während der zweite einen stark verbreiterten oberen Bogen trägt. Die Fortsätze der letzten Schwanzwirbel sind fächerartig ausgebildet und dienen als Träger der Schwanzflossenstrahlen. Ein Brustbein ist, wie bei allen Fischen, nicht vorhanden.

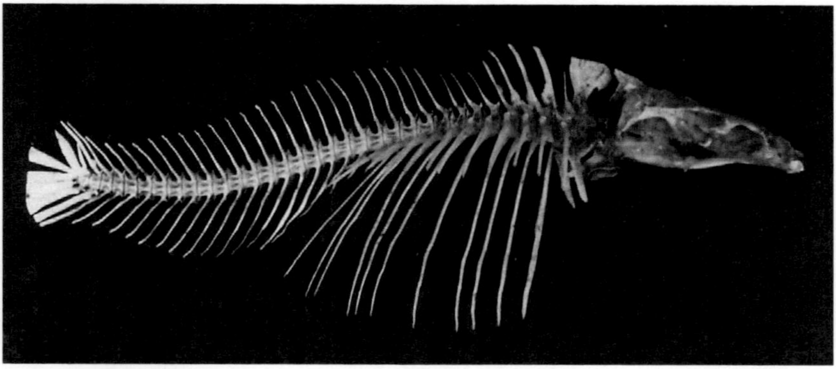

Abb. 12: Wirbelsäule mit dem Hirnschädel; die Rippen der rechten Seite sind entfernt (Foto: W. STEFFENS).

Die Wirbel (insbesondere der 3. Wirbel) sind neben den Schuppen sehr gut zur Altersbestimmung geeignet. Die dunklen Ringe werden bei ägyptischen Karpfen von Januar bis März bei niedrigen Wassertemperaturen gebildet, auch wenn reichlich Nahrung vorhanden ist.

Unter den ersten Wirbeln befinden sich kleine bewegliche Knochen, die Weberschen Knöchelchen, die die Schwimmblase mit den Gehörorganen verbinden und der Übermittlung von Druckschwankungen dienen.

Auf das Flossenskelett ist schon bei der äußeren Betrachtung des Karpfens eingegangen worden. Es bleibt nur noch zu erwähnen, dass der aus vier Knochen bestehende Schultergürtel dem Schädel fest angelagert ist, während die Beckenknochen in der Bauchmuskulatur eingebettet liegen und mit dem übrigen Skelett nicht verbunden sind.

Die für manchen Fischesser so unangenehmen Zwischenmuskel- oder Fleischgräten sind sekundäre Stützkörper, die durch Verknöcherung des Bindegewebes von Myosepten entstanden sind. Sie gehören nicht zum eigentlichen Skelett. Der Karpfen weist nach Kändler (1971) insgesamt 71 bis 104 Gräten auf und zählt somit zu den Fischen mit mittlerem Grätenreichtum. Die Schwankungsbreite kann allerdings auch wesentlich größer sein (vgl. Kapitel 6.6). Die Gräten sind über den ganzen Rücken sowie im oberen und unteren Schwanzabschnitt verteilt. Völlig grätenfrei ist, wie bei vielen anderen Arten, die Bauchdecke (Abb. 13). Relativ grätenarm ist die Rückenpartie vor der Rückenflosse. Die Gräten sind ziemlich derb, zum Teil unverzweigt, zum Teil einfach oder (meist) mehrfach verzweigt. Die verzweigten Gräten liegen in der Mehrzahl im Vorderteil des Körpers.

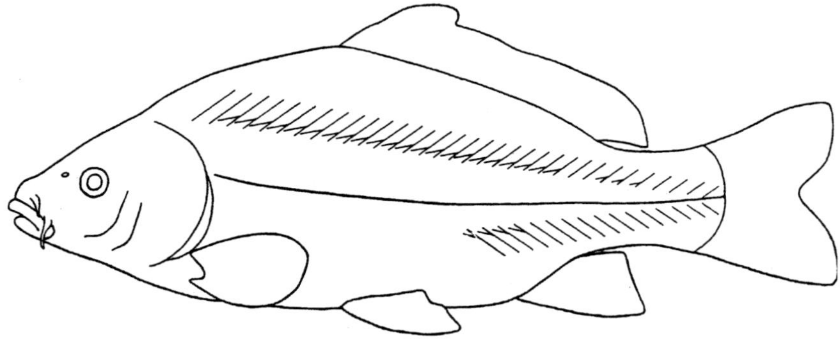

Abb. 13: Schematische Darstellung der Grätenverteilung einer Körperhälfte des Karpfens (nach Lieder 1961).

5.3 Muskulatur

Beim Karpfen können drei große Muskelkomplexe unterschieden werden. Neben der am Kopf befindlichen Muskulatur, die für die Bewegung der Mundwerkzeuge, verschiedene Sinnesorgane und die Atmung verantwortlich ist, fällt besonders die mächtig entwickelte Rumpfmuskulatur auf. Die dritte Hauptgruppe bildet die Flossenmuskulatur.

Wichtige Teile der weitgehend differenzierten Kopfmuskulatur sind die unter den Augen liegenden Partien, die zum Öffnen und Schließen der Mundhöhle dienen. Diese Muskeln sind kräftig entwickelt, wovon man sich leicht überzeugen kann, wenn man einem lebenden größeren Karpfen mit dem Finger ins Maul fasst. Die Schlundknochen werden von 8 paarigen Muskeln bewegt. Beim Kauakt drücken Muskeln die Pharynxknochen mit den darauf befindlichen Zähnen gegen die Kauplatte und bewirken dadurch die Zerkleinerung der Nahrung. Vorwiegend über den Augen liegt die Muskulatur, die deren Beweglichkeit sichert und die Erscheinung des Augendrehreflexes hervorruft. Dieser äußert sich darin, dass ein gesunder Fisch stets bestrebt ist, seine Augen in normaler Richtung zu behalten, wodurch dann bei Seitenlage eine Verdrehung zustande kommt. Für den Atemmechanismus, vor allem die Bewegung der Kiemendeckel, und für das Schlucken sind ebenfalls besondere Muskeln vorhanden. Stellenweise ist der Kopf frei von Muskulatur. Die Lederhaut liegt dann direkt und meist unverschiebbar dem Knochen auf.

Am Rumpf ziehen jederseits mehrere dorsale und ventrale Längsmuskelzüge von vorn nach hinten. Diese bilden die Hauptmasse des Karpfenfleisches. Getrennt wird die Rücken- und Bauchmuskulatur durch ein bindegewebiges Septum (Myoseptum horizontale), das horizontal etwa in Höhe der Seitenlinie verläuft, anatomisch und funktionell mit dieser jedoch nichts zu tun hat. Jeder Muskelzug besteht aus einzelnen Abschnitten (Myomeren), die tütenartig ineinander geschachtelt sind und durch Septen getrennt werden. Ein schmaler rotbrauner Muskelstrang (Musculus lateralis superficialis), durch seine von der normalen Fischmuskulatur abweichende Färbung leicht erkennbar, verläuft längs des Myoseptum horizontale über den ganzen Fischkörper und wird durch dieses in zwei Hälften getrennt. Die Stärke der einzelnen Muskelfasern beträgt im Allgemeinen 50 bis 100µm.

Die Flossenmuskulatur ist von der des Rumpfes abgespalten. Die paarigen Flossen werden hauptsächlich durch zwei große Muskelplatten bewegt, die das Spreizen und Zusammenfassen besorgen. An den unpaaren Flossen finden sich Muskeln, die die Bewegung der einzelnen Strahlen sowie das Auf- und Niederziehen der Flossen in ihrer Gesamtheit gewährleisten, und außerdem interradiale Muskeln, die die Aufgabe haben, die Flossenstrahlen zusammenzuhalten.

In der Zusammensetzung und hinsichtlich der biochemischen Reaktionen gibt es zwischen der weißen und roten Muskulatur grundsätzliche Unterschiede. Der Glykogengehalt der weißen Muskulatur liegt bei zweisömmerigen Karpfen mit 0,3 bis 0,6% wesentlich niedriger als der der roten, in der er um ein Mehrfaches höher ist (1,8 bis 2,1%). Während die roten Muskelfasern nur über Verbrennungsprozesse mit Hilfe von Sauerstoff Energie erzeugen können, sind die weißen in der Lage, auf anaerobem Wege, d.h. ohne Zutritt von Sauerstoff, sehr schnell Glykogen in Milchsäure umzuwandeln und damit Energie freizusetzen. In 2 Min. kann dabei schon die Hälfte des Gesamtvorrats an Glykogen abgebaut sein und Erschöpfung eintreten.

5.4 Innere Organe

Beim Öffnen des Fisches ist ganz vorn, dicht hinter den Kiemen, etwa in Höhe der Brustflossen, das einfache Herz zu sehen, das aus quergestreifter Muskulatur gebildet wird. Es hat bei Fischen eine wesentlich geringere Masse als bei höheren Wirbeltieren. Sein Anteil an der Gesamtkörpermasse beträgt meist 0,2 bis 0,3%. Je größer die Karpfen sind, desto geringer ist die relative Masse des Herzens. Bei Fischen, die mehrere Kilogramm wiegen, entfallen auf dieses Organ daher häufig lediglich 0,1 bis 0,2%. Das Herz besteht aus einer Kammer (Ventriculus) und einer Vorkammer (Atrium). An die Kammer schließt sich nach den Kiemen zu der Bulbus arteriosus an, während sich nach hinten an die Vorkammer der große Sinus venosus anfügt. Von den übrigen Eingeweiden in der eigentlichen Bauchhöhle ist das Herz durch das Septum transversum abgeschlossen, so dass es sich in einer Art Brusthöhle (Perikardraum) befindet.

Die Maulhöhle, die keine Speicheldrüsen aufweist, ist mit einer weißlichen Schleimhaut (Mucosa) ausgekleidet, die mit Falten oder Reihen knopfähnlicher Papillen versehen ist. Die nur schwach ausgebildete Zunge enthält keine eigene Muskulatur. Ihr Schleimhautepithel weist Becherzellen und auch Sinnesknospen auf. Das Maulhöhlendach bildet eine fleischige Verdickung, das Gaumenorgan. Dahinter folgt die bereits erwähnte Kauplatte, gegen die die Schlundzähne arbeiten. Die Kiemenregion, die auch als Schlund (Pharynx) bezeichnet werden kann, bildet den Übergang zur kurzen Speiseröhre (Ösophagus), bestehend aus quergestreifter Muskulatur. In sie mündet der Luftgang (Ductus pneumaticus) der Schwimmblase. Die Schleimhaut der Speiseröhre bildet Längsfalten. Sinnesknospen sind nur im vorderen Abschnitt vorhanden.

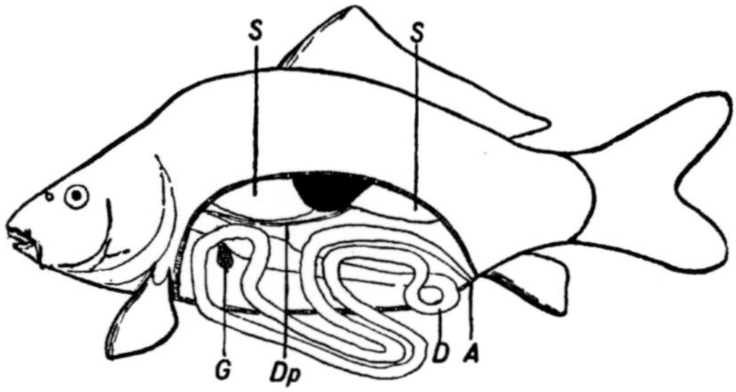

Abb. 14: Der Verlauf des Darms beim dreisömmerigen Karpfen (schematisiert). Die heraushängenden Schlingen liegen normalerweise rechts in der Leibeshöhle. A After, D Darm, Dp Ductus pneumaticus, G Gallenblase, S Schwimmblase, schwarz Niere (Zeichnung: W. STEFFENS).

An den Ösophagus schließt sich der am Anfang sehr erweiterte Darm an (Abb. 14). Er ist innen mit einem einschichtigen Zylinderepithel ausgekleidet, das schleimproduzierende Becherzellen enthält. Während die Schleimhaut bei den einsömmerigen Karpfen zunächst noch weitgehend glatt ist, bilden sich mit zunehmendem Alter verstärkt Längsfalten, Zickzackfalten und Netzfalten heraus, die beim älteren Karpfen durch Verwachsungen schließlich zu einer schwammartigen Struktur der Darmschleimhaut führen. Es entstehen in der Tiefe Spalträume in mehreren Lagen übereinander und an der Oberfläche zottenartige Fortsätze, die vorstülpbar und zurückziehbar sind (Abb. 15). Diese Struktur ist besonders gut im stark verdickten ersten Viertel des Darmes ausgeprägt. Die äußere Hülle bildet ein Muskelschlauch aus glatter Muskulatur (innen Ring- und außen Längsmuskeln). Wie allen Cypriniden fehlt dem Karpfen ein Magen. Daher sind auch Pepsin und Salzsäure nicht vorhanden. Von der Darmschleimhaut werden bestimmte Enzyme gebildet, die an der Eiweiß- und Kohlenhydratverdauung beteiligt sind. Mit Hilfe von Exopeptidasen werden z.B. Peptide zu Aminosäuren abgebaut.

Bei ganz junger Karpfenbrut ist der Darm ein fast gerades Rohr, das unter der Schwimmblase einen kleinen Bogen hat (Abb. 16). Mit fortschreitendem Wachstum des Fisches bildet er Windungen und erreicht bei 4 bis 6cm langen Karpfen das Aussehen, das wir auch von drei- und viersömmerigen Tieren kennen. Bei diesen durchläuft er die Bauchhöhle in mehreren Schleifen, die die Form eines doppelten, liegenden S haben. Daraus ergibt sich, dass sieben in der Horizontalen verlaufende Darmabschnitte und sechs Bögen vorhanden sind (Abb. 14). Die Darmlänge entspricht bei Brut etwa der halben Körperlänge, bei 1,5 bis 2,5cm langen Fischen ist sie ihr gleich, während sie bei 6cm langen Karpfen bereits das Doppelte beträgt. Das Verhältnis von Körper- zu Darmlänge ist bei größeren Tieren etwa 1 : 2,5 bis 3. Intensive Fütterung führt zu einer Verlängerung des Darmes. Kurz vor der Afterflosse mündet der Darm durch den After nach außen.

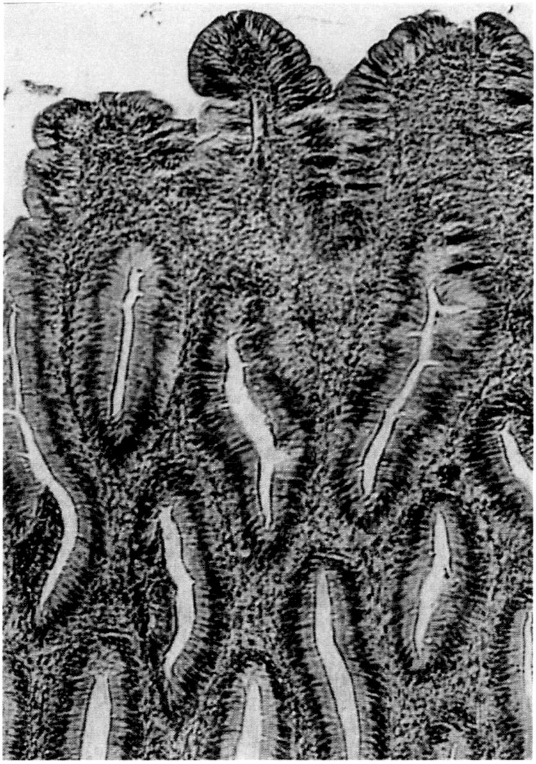

Abb. 15: Schwammartige Struktur der Schleimhaut im vorderen Darmabschnitt eines Laichkarpfens (nach WUNDER 1971).

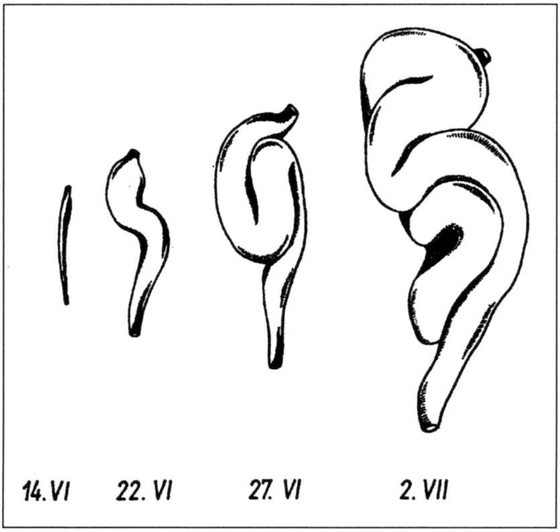

Abb. 16: Die Veränderungen des Karpfendarms in den ersten Lebenswochen; Länge des Darms (von links nach rechts): 3,0mm, 5,4mm, 16,9mm, 27,3mm (nach MATLAK & MATLAK 1976).

In der Leibeshöhle liegen zwei wichtige Organe, die für die Stoffwechselvorgänge große Bedeutung haben. Es sind dies die Leber und die Bauchspeicheldrüse (Pankreas), deren Gänge (Ductus choledochus und Ductus pancreaticus) dicht nebeneinander in den Vorderabschnitt des Darmes unmittelbar hinter dem Ösophagus münden.

Die Leber ist eine sehr plastische, rotbraun gefärbte Drüse, die zusammen mit dem Darm einen großen Teil der Bauchhöhle einnimmt und diesen weitgehend umhüllt, so dass beim Öffnen eines Karpfens der Darm nur stellenweise sichtbar ist (Abb. 17). Sie besteht aus vier größeren Lappen, einem rechten und linken Hauptlappen, einem Bauchseitenlappen und einem Schwanzlappen, die alle einem gemeinsamen Leberzentrum entspringen. Dem rechten Hauptlappen liegt als Speicherorgan des Lebersekretes die Gallenblase an. Sie ist mit der dünnflüssigen grünlichen Galle gefüllt, die durch ihre emulgierende und lipolytische Wirkung für die Verdauung von Bedeutung ist. An wichtigen Kationen sind in der Galle u.a. enthalten: Natrium (268mÄqu/l), Kalium (8mÄqu/l), Kalzium (29mÄqu/l) und Magnesium (12mÄqu/l).

Die Leber ist im Stoffwechsel außerordentlich bedeutungsvoll. Die meisten der vom Darm resorbierten Nährstoffe durchlaufen mit dem Blutstrom die Leber, bevor sie in den allgemeinen Kreislauf gelangen. Sie werden hier umgebaut und, was ganz besonders für Kohlenhydrate (Glykogen) und Fette gilt, auch gespeichert und nach Bedarf wieder abgegeben. Die Leber spielt beim Karpfen ferner für die Harnstoffsynthese eine wichtige Rolle. Aus den genannten Gründen ist die Lebermasse stark von den jeweiligen Umweltbedingungen abhängig. Im Allgemeinen schwankt ihre Größe zwischen 2 und 8% der Gesamtkörpermasse. Männchen haben kleinere und fettärmere Lebern als weibliche Karpfen. Im Winter ist die Karpfenleber infolge von Glykogenspeicherung bedeutend größer als im Sommer. Hunger hat Leberatrophie, Mangelernährung (Kohlenhydratüberfütterung) Leberverfettung zur Folge.

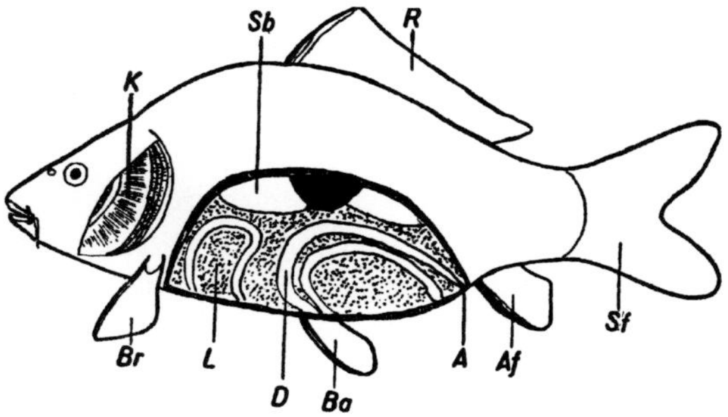

Abb. 17: Schematische Ansicht der inneren Organe nach dem Öffnen der Leibeshöhle. A After, Af Afterflosse, Ba Bauchflosse, Br Brustflosse, D Darm, K Kiemen, L Leber, R Rückenflosse, Sb Schwimmblase, Sf Schwanzflosse, schwarz Niere (Zeichnung: W. Steffens).

Im Gegensatz zu höheren Tieren ist die Bauchspeicheldrüse bei den Fischen nicht als kompakte Masse ausgebildet. Beim Karpfen ist sie diffus über viele Organe der Leibeshöhle verteilt und umgibt scheidenförmig besonders die Gefäße des Pfortaderkreislaufes. Leber und Bauchspeicheldrüse werden gemeinsam als Hepatopankreas bezeichnet. Die Pankreasenzyme besorgen die Verdauung von Fett (Lipase) und Stärke (Amylase) und sind an der Eiweißverdauung wesentlich beteiligt (Proteasen, z.B. Trypsin). Im Pankreas eingestreut liegen die Zellen einer endokrinen Drüse, die Langerhansschen Inseln, die das Insulin produzieren, das den Blutzuckergehalt regelt.

Bei der Eiweißverdauung steht der Darmsaft hinsichtlich seiner proteolytischen Wirksamkeit an erster Stelle. Die Stärkeverdauung vollzieht sich im proximalen Darmabschnitt vor allem durch Pankreasenzyme und im distalen Teil durch die Darmenzyme. Die Wirkung der endogenen Verdauungsenzyme des Karpfens kann durch die in der Naturnahrung enthaltenen Enzyme erhöht werden. Die Verdauung im Karpfendarm erfolgt bei verschiedenen Futtermitteln im pH-Bereich von 6,3 bis 7,1, was vor allem auf die saure Reaktion der Futtermittel zurückgeführt wird. Die vorhandenen Enzyme haben ihre höchste Aktivität im alkalischen Bereich (7,8 bis 9,0).

In der Nähe des linken Lappens der Leber befindet sich ein dunkelrotes, längliches, scharf gerandetes Gebilde, die Milz. Sie erfüllt beim Karpfen in erster Linie Speicher- und Abbaufunktionen im Blutkreislauf. Ihre Größe wird wesentlich vom Blutfüllungsgrad beeinflusst. Als Normalwerte können 0,3 bis 1,0% der Fischmasse angesehen werden. Während des Winters, bei herabgesetzter Stoffwechseltätigkeit, ist die Milz stärker mit Blut gefüllt. Das Organ besteht aus einer dünnwandigen Kapsel und dem eigentlichen Milzgewebe, der Pulpa, und zeichnet sich durch eine offene Blutbahn aus.

Die Schwimmblase, die sich im dorsalen Teil der Bauchhöhle befindet, besteht aus einer derben Bindegewebshülle mit epithelialer Innenauskleidung und ist als Ausstülpung des Ösophagus aufzufassen. Sie ist zweigeteilt und reicht vom vorderen Ende der Leibeshöhle bis zur Aftergegend. Beide Teile stehen miteinander in Verbindung. In die hintere Abteilung, die sich caudal verjüngt, mündet der Ductus pneumaticus, von der Speiseröhre her kommend, ein (Abb. 18). Dieser Gang, der zur ersten Füllung der Schwimmblase bald nach dem Schlüpfen dient, bleibt beim Karpfen zeitlebens erhalten, wenn auch später wahrscheinlich die umhüllenden Blutkapillaren weitgehend die Versorgung der Blase übernehmen. Ihr Gasgemisch besteht aus wechselnden kleineren Mengen von Sauerstoff und Kohlensäure sowie einem größeren Anteil von Stickstoff (über 80%). Als hydrostatisches Organ ermöglicht sie durch ihre regulierende Wirkung das Schweben im Wasser. Die schon erwähnten Weberschen Knöchelchen bilden die Verbindung zwischen Schwimmblase und Schädel.

Abb. 18: Schwimmblase eines dreisömmerigen Wildkarpfens mit dem Ductus pneumaticus (Foto: W. STEFFENS).

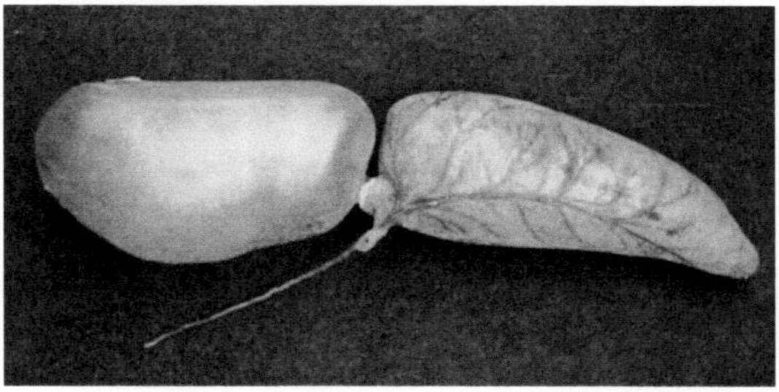

Dicht unter der Wirbelsäule erstreckt sich über die ganze Länge der Leibeshöhle bis zur Aftergegend die rotbraune paarige Niere. Sie liegt außerhalb des durch das unpigmentierte Peritoneum gebildeten Coeloms und ist in ihrer Form sehr variabel. Beim Karpfen lassen sich zwei Hauptabschnitte unterscheiden, die Kopfniere (Cephalonephros) und die Rumpfniere. Die Kopfniere ist der vor dem Beginn der Schwimmblase liegende Teil, der sich bis in die Herzgegend erstreckt. Sie ist bei jungen Fischen relativ groß, ihr Umfang geht mit zunehmendem Alter zurück. In den ersten Lebenstagen ist in ihr der Pronephros ausgebildet. Seine Funktion als Exkretionsorgan verliert dieser Nierenabschnitt aber bereits bei Karpfen von 2 bis 3cm Länge. Der Harnabsonderung dient dann die Rumpfniere. Diese lässt sich in einen cranialen, einen medianen und einen caudalen Teil untergliedern. Der craniale Abschnitt besteht aus paarigen flachen Streifen von geringer Ausdehnung. An ihn schließt sich der mediane Teil an, der mit zwei voluminösen Lappen den gesamten Raum zwischen den beiden Schwimmblasenkammern ausfüllt. Hier erreicht die Niere ihren größten Umfang. Der caudale Rumpfnierenabschnitt erstreckt sich über die hintere Schwimmblasenkammer und endet kurz vor der Harnblase. An seinen Seiten verlaufen die beiden Harnleiter (Ureteren), die im Mittellappen entspringen und sich vor der Mündung in die Harnblase, welche hinter dem After nach außen mündet, vereinigen.

Die Nieren spielen als Exkretionsorgane bei den Süßwasserfischen bei weitem nicht eine derartig wichtige Rolle wie bei den auf dem Land lebenden Wirbeltieren. Beim Karpfen wird der meiste Stickstoff in Form von Ammoniak über die Kiemen ausgeschieden. Die N-Exkretion im Urin ist dagegen minimal. In Abhängigkeit von Jahreszeit und Temperatur wurden von 200g schweren Karpfen im Mittel stündlich zwischen 2 und 8ml Harn/kg Körpermasse abgegeben (KAKUTA et al. 1987). Die Stickstoffausscheidung erfolgt dabei hauptsächlich in Form von Ammonium und Kreatin. Der pH-Wert des Karpfenurins schwankt zwischen etwa 7,0 und 7,2. Große Bedeutung kommt den Nieren insbesondere als Blutbildungs- und Blutspeicherorgan zu.

Im caudalen Bereich der Niere befinden sich die zwei Stannius'schen Körperchen. Sie sind als endokrine Drüsen anzusehen und haben mit dem Interrenalorgan für die Regulierung des Mineralstoffhaushalts Bedeutung (MESHNIN 1979).

Am geschlechtsreifen Karpfen fallen beim Öffnen der Leibeshöhle sofort die paarigen Gonaden (Keimdrüsen) auf, die rechts und links des Darmkanals liegen. Sie sind beim einsömmerigen Fisch nur als dünne Fäden entwickelt, die makroskopisch nach dem Geschlecht nicht unterschieden werden können. Ihre Masse liegt in dieser Zeit meist unter 1g. Die Gonadenmasse von zwei- bis fünfsömmerigen Teichkarpfen aus dem Aischgrund ist aus Tab. 1 ersichtlich. Die Werte lassen erkennen, dass sich die Keimdrüsen beim weiblichen Karpfen zwar später, dafür aber stärker als beim männlichen ausbilden.

Tab. 1: Die Gonadenmasse zwei- bis fünfsömmeriger Teichkarpfen beiderlei Geschlechts aus dem Aischgrund (nach WUNDER 1953).

	Mittlere Fischmasse (g)	Mittlere Gonadenmasse (g)	Gonadenmasse in % der Körpermasse
Männlich K_2	436	19	4,1
K_3	1.289	98	7,0
K_4	1.720	148	8,7
K_5	2.448	310	11,8
Weiblich K_2	507	5	1,0
K_3	1.339	76	5,5
K_4	1.717	136	9,3
K_5	1.886	341	16,9

Im Herbst hatten 3,5 bis 9kg schwere Weibchen einen Gonadenanteil von 18,4 bis 22,8% und entsprechend schwere Männchen einen solchen von 8,6 bis 9,9%. Eigene Untersuchungen bei Laichkarpfen aus einer sächsischen Teichwirtschaft, die älter als 5 Jahre waren, ergaben, dass Weibchen von durchschnittlich 4.412g Masse (2.990 bis 7.030 g) eine mittlere Gonadenmasse von 18,8% (8,1 bis 29,5%) hatten. Bei Männchen von 2.984g (2.480 bis 4.100g) betrug der Gonadenanteil 10,0% (6,7 bis 15,2%). In Indien wurden bei Karpfen Ovarmassen bis zu 38% und Hodenmassen bis zu 32% beobachtet.

Die Ovarien sind längliche Organe, in denen die einzelnen gelblichen Eier gut zu erkennen sind. Nicht zu verwechseln mit ihnen sind die reinweißen Hoden, die eine gelappte Form haben. Die Gonaden treten dicht vor der Harnröhre in einer gemeinsamen Öffnung aus.

Häufig sind die einzelnen Seiten der Gonaden unterschiedlich entwickelt. Bei der Untersuchung einer großen Zahl von Spiegelkarpfen war in mehr als 60% der Fälle die rechte Gonade größer als die linke. Die Abweichungen waren bei jüngeren Fischen und bei männlichen Tieren stärker ausgeprägt (HILGE 1978). Teilweise kommen auch extreme Ungleichheiten vor. So hatte ein Milchner, dessen rechter Hoden ganz verkümmert war und weniger als 1g wog, eine besonders gut entwickelte linke Hälfte mit einer Masse von 65g.

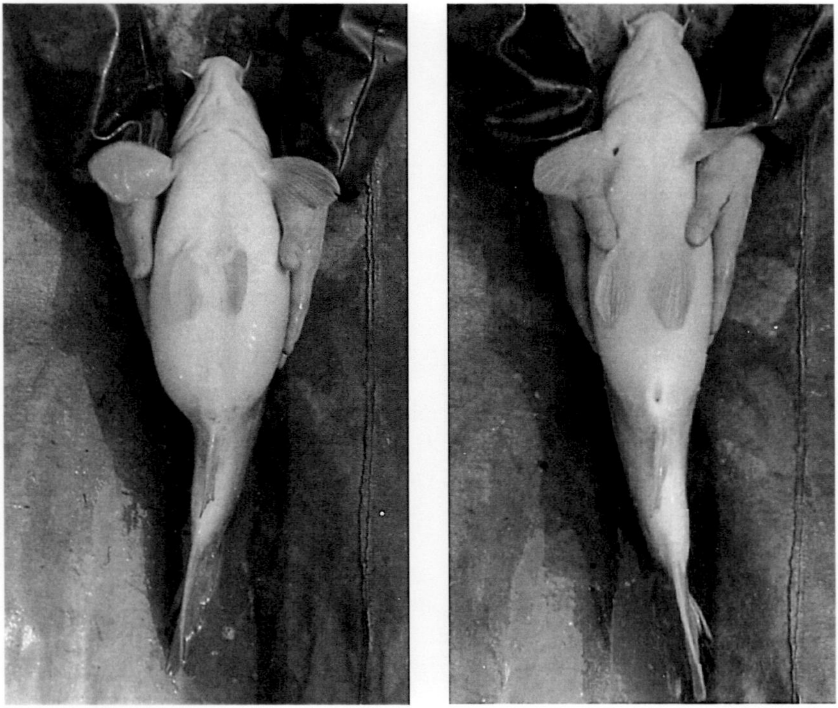

Abb. 19: Geschlechtsunterschiede bei Laichkarpfen. Links Weibchen (Rogener); rechts Männchen (Milchner)(Fotos: W. STEFFENS).

Laichkarpfen können an ihrer Körperform leicht nach dem Geschlecht getrennt werden (Abb. 19). Die Weibchen (Rogener) haben einen breiten abgerundeten Bauch, und ihre Geschlechtsöffnung tritt wulstig hervor. Bei den Männchen (Milchnern) stellt diese einen eingezogenen Spalt dar. Außerdem geben die Milchner zumindest im Frühjahr schon bei leichtem Druck Samenflüssigkeit (Milch) ab.

Zwittrigkeit (Hermaphroditismus) ist beim Karpfen selten, kommt jedoch gelegentlich vor. Unter ausgemerzten Laichfischen einer tschechischen Teichwirtschaft fand sich ein Karpfen, der 6 Jahre alt war und 6.232g wog und bei dem sowohl Ovarien als auch Hoden (mit bewegungsfähigen Spermien) entwickelt waren. Bei einem fünfsömmerigen Karpfenzwitter (3.095g) waren die Ovarien paarig ausgebildet und machten zusammen 4,2% der Körpermasse aus. Daneben war ein Hoden von 20g vorhanden, was weniger als 1% der Fischmasse entspricht. Autogamie, d.h. die Befruchtung der Eier mit dem Sperma eines Zwitters, ist möglich (HILGE & CONRAD 1975). Allerdings lag die Befruchtungsrate unter 50%, und die Lebensfähigkeit der Brut betrug maximal 33%.

Generell gilt, dass die relative Größe der meisten inneren Organe (z.B. Herz, Darm, Hepatopankreas, Milz, Niere) mit zunehmender Fischgröße abnimmt (OIKAWA & ITAZAWA 1984). Nur sehr kleine Fische bilden eine Ausnahme. Auch im Jahresverlauf können erhebliche Unterschiede auftreten (SVOBODOVA & KOCOVA 1975).

Zwischen den Eingeweiden und besonders um den Darm stark (z.B. mit Getreide) gefütterter Fische können sich erhebliche Fettmengen ablagern.

5.5 Atmung und Blutkreislauf

Zum Atmen lässt der Karpfen durch Öffnen seines Mauls Wasser in die Mundhöhle einströmen und presst es durch Schließen des Mauls bei gleichzeitigem Heben der Kiemendeckel wieder nach außen. Dabei passiert der Wasserstrom die Spalten zwischen den Kiemenblättchen, wo der Gasaustausch stattfindet. Hier können die feinen Blutkapillaren den im Wasser gelösten Sauerstoff aufnehmen und andererseits Kohlensäure abgeben. Die Wirksamkeit der Kiemen bei der Sauerstoffanreicherung des Blutes ist sehr hoch. Außerdem erfolgt, wie bereits erwähnt, über die Kiemen der größte Teil der Stickstoffexkretion, und zwar vorwiegend in Form von Ammoniak.

Für seine wichtige Funktion ist der Kiemenapparat besonders zweckmäßig ausgebildet. Während die Kiemenbögen vorn die kurzen Reusenzähne tragen, sitzen auf ihrer Hinterseite paarweise die schmalen Kiemenblättchen, die ihrerseits durch respiratorische Fältchen eine starke Oberflächenvergrößerung erfahren haben. Jeder Bogen hat bei größeren Karpfen in der Regel über 100 paarige Kiemenblättchen. Die gesamte respiratorische Kiemenoberfläche eines 18cm großen zweisömmerigen Karpfens beträgt fast 1.200cm^2. Nach den Untersuchungen von HUGHES & MORGAN (1973) sind 139mm^2 Kiemenoberfläche/g Körpermasse vorhanden. Die Atemfrequenz ist in starkem Maße von der Temperatur und dem Sauerstoffangebot abhängig (Tab. 2).

Das Blut übernimmt den Transport des Sauerstoffs in die verschiedenen Körperteile. Daneben ist es auch für die Nährstoffversorgung und für den Transport der Abfallstoffe verantwortlich. Seine Menge ist bei den Fischen relativ gering. Bei Wild- und Teichkarpfen zwischen 400 und 900g Masse wurde ein Blutvolumen von durchschnittlich 2,7ml/100g Masse festgestellt. Karpfen, die im Mittel 2.412g wogen, hatten ein Blutvolumen von 3 (2,4 bis 3,5) ml/100 g. Höhere Werte, nämlich 5,3ml/100g wurden bei Fischen von 125 bis 340g Stückmasse ermittelt. Beim Menschen rechnet man mit einer Blutmenge von etwa 7 bis 8%.

Tab. 2: Atemfrequenz (Zahl der Maulöffnungen/Min.) von zweisömmerigen Karpfen mit Stückmassen von 300-400g bei unterschiedlichen Temperaturen und Sauerstoffgehalten (nach STEFFENS 1955).

Wassertemperatur (°C)	Sauerstoffgehalt (mg/l)	Atemfrequenz	Bemerkungen
14	6,5	24-42	niedrige Temperatur
14	21,6	0,2-0,3	O_2-Übersättigung
14	0,9	62-76	O_2-Mangel
21,5	5,1	38-66	höhere Temperatur

Der Wassergehalt des Karpfenblutes beträgt bei kleineren Karpfen (24 bis 62g) im Durchschnitt 87,2% (83,5 bis 90,8%). Überführung in Wasser mit höherem Salzgehalt sowie längere Hungerperioden erhöhen den Wassergehalt des Blutes. Der pH-Wert des Blutes liegt bei 7,3 bis 7,4.

Im Blut des Karpfens finden sich neben dem Blutplasma (Blutserum und Fibrin) die geformten Bestandteile, die roten und weißen Blutkörperchen (Abb. 20). Die ovalen kernhaltigen Erythrozyten (roten Blutkörperchen) des Karpfens sind im Mittel 12 x 9µm groß. Bei den Leukozyten (weißen Blutkörperchen) überwiegen die Lymphozyten (etwa 80 bis 90%). In 1mm^3 Blut eines gesunden dreisömmerigen Karpfens sind im Mittel etwa 1,4 bis 1,6 Mill. rote und 30.000 bis 60.000 weiße Blutkörperchen enthalten. Der Gehalt an Hämoglobin, dem roten Blutfarbstoff, beträgt im Allgemeinen 7,5 bis 9,5g%.

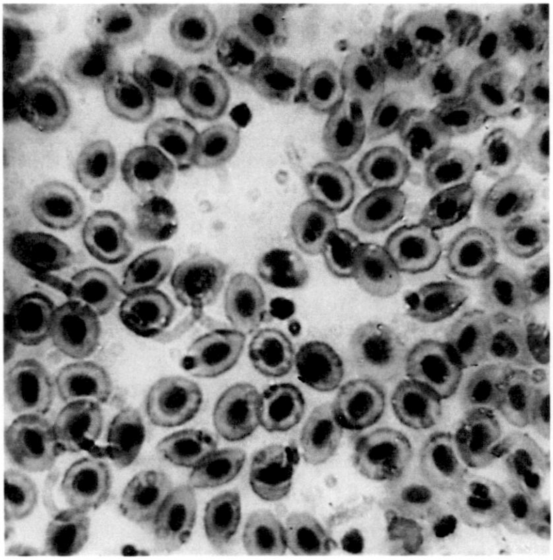

Abb. 20: Rote Blutkörperchen (Erythrozyten) im Blutausstrich. In der Mitte und oben ist jeweils ein weißes Blutkörperchen (Lymphozyt) zu erkennen (Foto: W. STEFFENS).

Alle diese Werte unterliegen starken Schwankungen (Tab. 3). Diese sind teilweise individuell und teilweise umweltbedingt, auch das Alter der Fische spielt eine Rolle. Rogener haben geringere Erythrozytenzahlen sowie niedrigere Hämoglobingehalte und Hämatokritwerte als Milchner. Dagegen weisen die Rogener während der Laichzeit höhere Leukozytenzahlen im peripheren Blut auf. Krankheiten bewirken vielfach eine Verminderung der Erythrozytenzahlen und des Hämoglobingehaltes. Hauptbildungszentrum der Blutkörperchen ist die Niere.

Tab. 3: Hämatologische Werte von Teichkarpfen im Alter von 1-28 Monaten (nach Sopińska 1983).

Erythrozytenzahl (Mill./mm^3)	1,10-2,34
Hämatokrit (%)	22,7-37,3
Hämoglobingehalt (g%)	5,5-9,6
Leukozytenzahl (Anzahl/mm^3)	39.630-52.450

Karpfenblut hat einen wesentlich höheren Fibrinogengehalt als das menschliche Blut. Für zweisömmerige Karpfen ergaben sich Werte zwischen 0,5 und 1,8g%. Die Gerinnungszeit beträgt 30 bis 60 Sek. Das Serum gleichalter Fische enthält im Mittel 0,29mg/100ml Bilirubin. Als Durchschnittswert für den Serumeiweißgehalt sind 3g/100ml anzusehen. Der normale Blutzuckergehalt zwei- bis dreisömmeriger Karpfen liegt im Allgemeinen bei 40mg/100ml.

Das Herz treibt das venöse Blut in die Kiemen (Abb. 21). Die kurze Arterie zwischen Herz und Kiemen ist die einzige pulsierende Ader und damit das einzige Gefäß, das unter Druck steht. In den Kiemen reichert sich das Blut dann mit Sauerstoff an und strömt in den Körper. In den Kapillaren erfolgt der Gasaustausch, und das Blut fließt venös zum Herzen zurück.

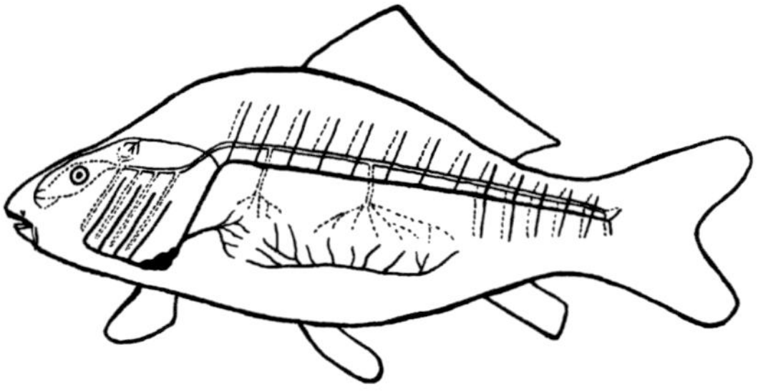

Abb. 21: Schema des Blutkreislaufs. Hell und gestrichelt: arterielles, sauerstoffreiches Blut; schwarz: venöses, sauerstoffarmes Blut (Zeichnung: W. Steffens).

Die Herzfrequenz steht in enger Beziehung zur Bewegungsaktivität des Karpfens. Erhöhung der lokomotorischen Aktivität hat normalerweise ein Anwachsen der Herzfrequenz zur Folge (Kneis & Siegmund 1976). Außerdem konnte festgestellt werden, dass auch unter gleichmäßigen Milieubedingungen (20°C, 8 Stunden tägliche Beleuchtung) die circadiane Periodizität der Herzfrequenz jahreszeitlichen Veränderungen unterworfen ist. Im Winter und Sommer sind Herzfrequenz und Bewegungsaktivität während der Hellperiode stärker als in der Dunkelperiode, im Frühjahr und Herbst ist es umgekehrt. Als mittlere Herzfrequenz wurden in einem Versuch bei gleichbleibender Temperatur im Sommer 52/Min. (Maximum) und im Winter 27/Min. (Minimum) ermittelt.

Der Sauerstoffgehalt des arteriellen Blutes erhöht sich bis zu einem gewissen Grad mit dem Anstieg des Sauerstoffpartialdruckes im umgebenden Atemwasser, ab etwa 80mm Hg bleibt er mit rund 8 Vol.-% gleich. Im venösen Blut ist der Sauerstoffgehalt bereits ab 30mm Hg mit etwa 1,1 Vol.-% konstant (Abb. 22). Der Sauerstoffgehalt des arteriellen und des venösen Blutes ist damit beim Karpfen (ebenso wie bei anderen Fischen) viel niedriger als der von Säugetieren, für die 17,2 bis 19,6 Vol.-% im arteriellen und 12,9 bis 13 Vol.-% im venösen Blut angegeben werden. Das lässt sich mit der geringen Sauerstoffkapazität aufgrund der relativ niedrigen Erythrozytenzahlen und des verhältnismäßig geringen Hämoglobingehaltes erklären. Hinzu kommt, dass die mittlere Gesamtzirkulationszeit des Blutes beim Karpfen etwa 1,7 Min. beträgt (bei Säugetieren weniger als 1 Min.). Das Fischgewebe erhält in der Zeiteinheit also nur wenig Sauerstoff zugeführt, andererseits kann aber der Schluss gezogen werden, dass Fische den Sauerstoff, der mit dem arteriellen Blut zu den Geweben transportiert wird, besonders effektiv zu nutzen vermögen. Die prozentuale Sauerstoffausnutzung beträgt beim Karpfen über 80% gegenüber 24 bis 34% bei Säugern.

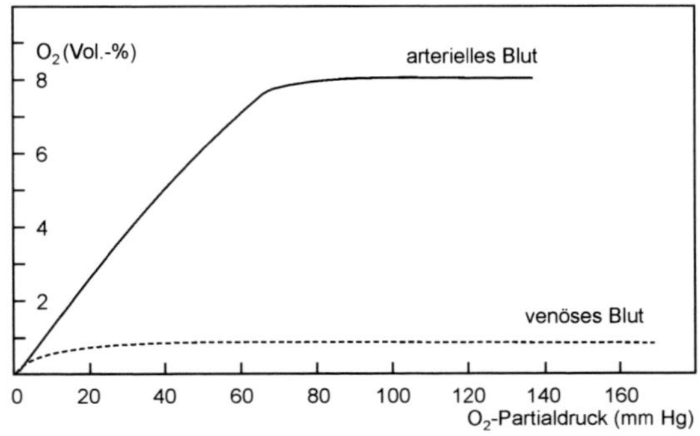

Abb. 22: Die Beziehungen zwischen dem Sauerstoffgehalt des arteriellen und venösen Blutes des Karpfens und dem Sauerstoffpartialdruck des Atemwassers (nach ITAZAWA 1957).

Der Sauerstoffverbrauch des Karpfens, der gleichzeitig als Maß für den Energieumsatz angesehen werden kann, ist von verschiedenen Faktoren abhängig. Kleinere Fische benötigen, bezogen auf die Masseeinheit, mehr Sauerstoff als große. In Abb. 23 ist der Standardsauerstoffverbrauch (Verbrauch in Ruhestellung) für Karpfen von 100g Masse in Abhängigkeit von der Temperatur dargestellt. Mit steigender Wasserwärme erhöht sich der Sauerstoffverbrauch, im Bereich von 10 bis 30°C von 17 auf 105 mg/kg·h. Sind die Fische in Bewegung, so vergrößert sich der Sauerstoffbedarf je nach Schwimmaktivität noch auf das Zwei- bis Vierfache. Eine weitere Erhöhung des Sauerstoffverbrauchs erfolgt durch Nahrungsaufnahme und Verdauung. Hierdurch kann es bei kleinen Karpfen von wenigen Gramm Masse zu einer Steigerung um 50%, d.h. auf Werte von über 500mg 0_2/kg·h kommen. Optimale Bedingungen für den Karpfen liegen in Wasser von 20 bis 23°C nur vor, wenn der Sauerstoffgehalt wenigstens 4 bis 5mg/l beträgt. Es sind mindestens ein Sauerstoff-Partialdruck von 70 bis 80mm Hg oder 50 (45 bis 55)% des Sättigungswertes im umgebenden Wasser für einen normalen Lebensablauf beim Karpfen erforderlich.

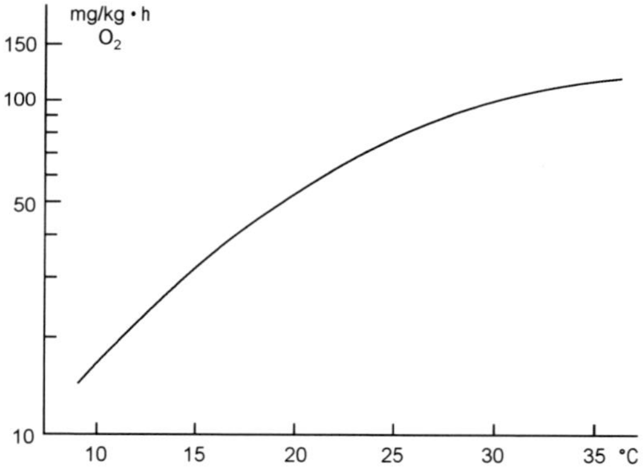

Abb. 23: Standardsauerstoffverbrauch von 100g schweren Karpfen in Abhängigkeit von der Wassertemperatur (nach Beamish 1964).

Gelangt der Fisch an die Luft, so trocknet das Kiemenepithel aus und kann seine Funktion nicht mehr erfüllen, wodurch der Fisch erstickt. Immerhin ist der Karpfen in dieser Hinsicht recht zählebig und kann stundenlang außerhalb des Wassers leben, vor allem, wenn er feucht eingepackt ist und die Temperaturen nicht zu hoch sind. Im gewerblichen Verkehr dürfen Karpfen nur im Wasser oder nach Betäubung geschlachtet transportiert werden.

Wie jeder Fisch ist auch der Karpfen ein wechselwarmes (poikilothermes) Tier. Seine Körpertemperatur ist von der des umgebenden Wassers abhängig und ihr etwa gleich. Häufig wird die Auffassung vertreten, der Karpfen könne im Winter im Eis seines Gewässers einfrieren und bei Erwärmung munter weiterleben. Das ist nicht der Fall. Wohl verträgt der Karpfen sehr niedrige Temperaturen. Bei langsamer Abkühlung mag es auch möglich sein, dass er das Einfrieren in einem Eismantel lebend übersteht. Dann muss sich jedoch um seinen Körper herum noch ein geringer Wasserrest erhalten haben. Ein völliges Durchfrieren aber hält der Karpfen nicht aus.

5.6 Nervensystem und Sinnesorgane

Tief in der Schädelkapsel, außer durch das Knochendach noch durch ein dickes gelatinöses Polster geschützt, liegt das Gehirn. Die Fische haben die einfachsten Gehirne aller Wirbeltiere. Die Masse des Gehirns beträgt selbst bei kleinen Karpfen weniger als 0,3% der Körpermasse. Die relative Hirngröße (Länge) macht bei Karpfenbrut von 10mm etwa 80%, bei Fischen von 25mm etwa 50% und bei geschlechtsreifen Karpfen weniger als 20% der Kopflänge aus.

Wie bei allen Wirbeltieren lassen sich 5 Teile unterscheiden: Vorder- oder Endhirn (Telencephalon), Zwischenhirn (Diencephalon), Mittelhirn (Mesencephalon), Hinterhirn (Metencephalon) und Nachhirn (Myelencephalon) oder verlängertes Rückenmark (Medulla oblongata). Das Vorderhirn ist nur schwach ausgebildet. Es kann daher nicht wie bei Säugetieren als Großhirn bezeichnet werden und dient hauptsächlich als Riechhirn. Bei höheren Wirbeltieren und insbesondere beim Menschen sind die Großhirnhemisphären dagegen im Vergleich zu den übrigen Teilen des Gehirns sehr stark entwickelt (Rose 2002). Ein Schmerzempfinden wie beim Menschen kann danach für Fische nicht angenommen werden. Das Zwischenhirn trägt zwei Anhänge, die Epiphyse, den Rest eines früheren Scheitelauges, und eine der wichtigsten Drüsen, die Hypophyse, die das gesamte hormonale Geschehen im Körper reguliert. Vom Gehirn treten zehn teils sensible, teils motorische Nerven aus. Nach hinten schließt sich, in den Neuralbögen der Wirbelsäule durch den gesamten Körper verlaufend, das Rückenmark an.

Die Organe des Tastsinns, vor allem Nervenendknospen, sind über den ganzen Körper verteilt, besonders konzentriert aber an den Lippenrändern, den Barteln, der Vorderseite des Kopfes und der Seitenlinie. Bei den Bartfäden des Karpfens (und anderer Fische) scheint allerdings nicht der Tastsinn, sondern der Geschmackssinn im Vordergrund zu stehen. Die Seitenlinie, die sich jederseits vom Kopf zum Schwanz erstreckt, ist ein schleimgefüllter Kanal, der zahlreiche Nervenendigungen enthält. Die auf ihr liegenden Schuppen sind durchbrochen, wodurch die Verbindung dieses Organs mit der Außenwelt hergestellt wird. Als Ferntastsinn befähigt die Seitenlinie den Fisch, feinste Wasserbewegungen zu empfinden und Hindernissen auszuweichen.

Geschmackssinn und Geruchssinn, als chemischer Nah- und Fernsinn, können natürlich nicht in dem Maße wie bei luftlebenden Tieren wirksam sein, sind jedoch in Maulhöhle und Nase vorhanden und funktionstüchtig. Bemerkenswert ist, dass die Nasenlöcher blind enden und nicht, wie z.B. beim Menschen, mit der Mundhöhle in Verbindung stehen. Sie haben je eine vordere und eine hintere Öffnung und werden beim Schwimmen vom Wasser durchströmt. Die Riechschleimhaut stellt beim Karpfen ein Faltensystem dar, auf dem zwei Epithelarten vertreten sind, einmal indifferentes Epithel aus Basal- und Flimmerzellen, zum anderen das eigentliche olfaktorische Sinnesepithel, das in Form von Inseln im Flimmerepithel eingestreut liegt. Mit Hilfe des Geruchssinns wird unter anderem der Schreckstoff wahrgenommen, der bei einer Verletzung der Haut freigesetzt wird. Dem Geruchssinn scheint bei der Nahrungssuche eine gewisse, wenn auch keine vorrangige Rolle als Leitorgan zuzukommen. Größte Bedeutung hat in diesem Zusammenhang der Geschmackssinn, der auf den Barteln und Lippen sowie im Maul (Gaumen) und auf den Kiemenbögen konzentriert ist. Geschmacksknospen finden sich beim Karpfen aber auch auf der Haut über den ganzen Körper verteilt. Versuche hierüber wurden teilweise so durchgeführt, dass man die anderen Sinne (z.B. Geruchs- und Gesichtssinn) ausschaltete und dann das Verhalten der Fische gegenüber Schmeckstoffen prüfte. Bei der Nahrungssuche werden vom Karpfen, wie sich in Aquarien gut beobachten lässt, alle möglichen Partikel aufgenommen und im Maul dann unter Zuhilfenahme des Geschmackssinns geprüft. Brauchbare Bestandteile können entweder sofort verschluckt werden (Unverwertbares gelangt vielfach durch die Kiemen nach außen) oder sie werden mit anderen Substanzen zunächst wieder ausgespuckt und danach rein aufgeschnappt.

Das lidlose Auge zeichnet sich dadurch aus, dass die Linse beim Fisch im Gegensatz zu der üblichen doppelkonvexen Form der meisten Wirbeltiere fast kugelig ist und so eine maximale Lichtausnutzung ermöglicht. Die Anpassung der Linse wird durch drei Paare von Muskeln bewirkt, die die Lage der Linse im Auge verändern. Die Linse ist bei den Fischen die einzige lichtbrechende Oberfläche des Auges. Die Hornhaut (Cornea), die sonst ebenfalls lichtbrechend wirkt, hat infolge des direkten Kontakts mit dem Wasser bei den Fischen fast gleiche Brechungsindizes wie das Wasser. Die Irismuskulatur ist schwach entwickelt, daher ist die Pupille nahezu oder völlig immobil.

Normalerweise ist das Auge vorwiegend auf Nahsicht eingerichtet. Nach dem Bau der Netzhaut (insbesondere nach Zahl und Größe der Sehelemente) kann der Karpfen an den Anfang der Reihe der Dämmerungsfische gestellt werden. Er weist mittelgroße Stäbchen und viele, jedoch kleine Zäpfchen auf. Ein bestimmter Helligkeitsgrad ist daher für die optische Wahrnehmung von Gegenständen erforderlich. Unter diesen Verhältnissen kann das Auge bei der Nahrungssuche behilflich sein. Auf Bewegungen erfolgt eine Reaktion, der Gesichtssinn dient in diesen Fällen als Alarm- und Leitorgan. Er versagt jedoch bei unbewegten Nahrungsobjekten.

Sehr interessante Dressurversuche zur Farb- und Formerkennung, die schon vor langer Zeit durchgeführt wurden und die gleichzeitig ein gutes Beispiel für das Lernvermögen des Karpfens sind, seien etwas näher beschrieben. Verwendet wurden Fische von 7 bis 8cm Länge. Als Signale dienten verschieden gestaltete und verschieden gefärbte Blechtäfelchen, die mit Krebsfleisch beködert waren. Nun wurde im Versuchsbecken z.B. eine normal beköderte rote Tafel neben eine blaue gehängt, an der der Köder mit Paraffin überstrichen und daher für den Karpfen nicht genießbar war. Nach einer gewissen Anzahl von Dressuren (etwa 30 am Tag) mit 75 bis 100% richtigen Wahlen wurden Proben gemacht, um festzustellen, ob die Fische ihre Aufgabe gelernt hatten und die positive Tafel sicher anschwammen. In ähnlicher Weise konnten die Karpfen an eine bestimmte Form (z.B. einen Kreis) gewöhnt werden. Bei Proben mit Kombinationen zwischen Farben und Formen stellte sich heraus, dass die Farbreize die Formreize überwogen. Das Lernvermögen scheint beim Karpfen stärker entwickelt zu sein als z.B. bei Goldfisch und Regenbogenforelle (Henrichfreise & Dücker 1983). Die Lernfähigkeit wird von der Wassertemperatur beeinflusst, niedrige und hohe Temperaturen wirken sich hemmend aus.

Im Gehörorgan, dem Labyrinth, sind Tonwahrnehmungs- und Gleichgewichtssinn gekoppelt. Es liegt ohne Verbindung zur Außenwelt in einer Knochenhöhle. Ein äußeres Ohr ist nicht vorhanden. Durch Operationsversuche konnte nachgewiesen werden, dass Fische Töne mit dem Gehör wahrnehmen können. Bei 19 bis 22°C wurden für Spiegelkarpfen von 11cm Länge als obere Hörgrenze 3.000Hz (26dB) und als untere 75Hz ermittelt. Das Perzeptionsoptimum lag zwischen 900Hz (25dB) und 400Hz (22dB). Bei 250Hz war ein auffälliges Nachlassen der Empfindlichkeit festzustellen. Auf bestimmte Frequenzen reagiert der Karpfen in unterschiedlicher Weise. Bei 30 bis 50Hz versuchten die Fische, sich zu verstecken, bei 100 bis 300Hz wurde Unruhe beobachtet und bei 600Hz zeigten die Karpfen abnorme Verhaltensweisen. Stärkere Geräusche können zu krampfartigen Erscheinungen führen. Die positive Reaktion auf Glockenzeichen bei Beginn der Fütterung in Teichen lässt sich nicht nur durch Tonwahrnehmung erklären, sondern kann daneben auf die Einwirkung anderer Reize (Erschütterungen) zurückgeführt werden.

Offensichtlich ist der Karpfen auch in der Lage, Töne abzugeben. Es sind Schwimmblasen- und Schlucktöne beschrieben worden, deren Frequenz bei etwa 180Hz liegt (Szeky 1974). Der Schluckton beruht hauptsächlich auf der Aktivität der Schlundzähne und ist damit von der Art der aufgenommenen Nahrung abhängig, in geringerem Maße wirkt sich der eigentliche Schluckvorgang aus.

Sehr wichtig ist der gut entwickelte Gleichgewichtssinn mit seinen Bogengängen und den drei Otolithen, der den Fisch über seine Körperlage orientiert. Dabei fungiert der Bogengangapparat als Drehsinnesorgan, das bei Bewegungen über die Art der Drehung unterrichtet.

5.7 Verhalten und Bewegung

Der Mitteleuropäer ist leicht geneigt, den Karpfen für träge und langweilig zu halten. Das ist in mancher Hinsicht wohl gerechtfertigt. Wir müssen uns jedoch überlegen, dass unser Fisch sein Verbreitungszentrum in wärmeren Gebieten hat, wo er wesentlich lebhafter ist. 8 Wochen alte Fische von 3 bis 4cm Länge halten sich in der Temperaturorgel in einem Bereich von 16 bis 25°C auf. Die Temperaturorgel ist eine Versuchseinrichtung, deren Wassertemperatur durch unterschiedliche Heizung ein Gefälle aufweist. Als Vorzugstemperatur wurden 21,3°C ermittelt. Für Fische bis 70 Tage Alter wurde sogar ein Vorzugsbereich von 23 bis 27°C festgestellt.

Unter unseren klimatischen Bedingungen besteht während der Sommermonate gute Gelegenheit, die Beweglichkeit des Karpfens kennenzulernen. In Scharen durchstreifen die Fische mit ziemlicher Geschwindigkeit die flachen Teile unserer Seen und Teiche, um sich ihre Nahrung zu suchen. An warmen Tagen und besonders während der Abendstunden können sie weit über die Wasserfläche emporspringen. Karpfen, die an Fütterung gewöhnt sind, kennen ihre Futterplätze recht gut und eilen zu gegebener Zeit von allen Seiten herbei, um sich im Wirbel über die dargereichte Nahrung zu stürzen. Das ist außer in normalen Karpfenteichen vor allem in Parkgewässern recht gut zu beobachten. So sind z.B. die Fische im Teich des Dresdener Zwingers außerordentlich gierig und flink beim Verschlingen der ins Wasser geworfenen Brotstückchen.

Ihre größte Lebhaftigkeit entfalten die Karpfen aber erst bei noch höheren Temperaturen (25 bis 30°C und darüber). Die obere Temperaturgrenze ist abhängig von der Anpassung der Fische. Ein- und zweisömmerige Karpfen, die an 13°C warmes Wasser gewöhnt waren, hielten vielfach noch 30°C aus, wenn auch ein Teil der Fische hierbei Schädigungen erlitt. Bei Umsetzen in Wasser von 32,5°C trat der Tod nach 13 Min. ein. Vorher waren Erhöhung der Zahl der Atembewegungen und Gleichgewichtsverlust, kurz vor dem Tod Abnahme der Atemfrequenz zu beobachten. Bei allmählicher Gewöhnung an höhere Temperaturen blieben die Fische bei 38°C noch am Leben, bei 40°C starben sie jedoch unter langsamer Abnahme der Atemtätigkeit. Die Nahrungsaufnahme wurde bei 38°C zum größten Teil eingestellt. Ungefütterte Jungkarpfen von 14g Stückmasse starben bei 35°C, wenn sie an 4 bis 6°C gewöhnt waren, jedoch erst bei 38°C nach langfristiger Gewöhnung an 16 bis 18°C. Plötzliche Umstellung von niedrigen auf höhere Temperaturen wird besser vertragen als der umgekehrte Prozess. Besonders gefährlich ist es für den Karpfen, wenn er aus warmem Wasser ohne längere Adaptation in kaltes mit einer Temperatur von weniger als 10°C umgesetzt wird. Dann treten vielfach Verluste ein (Albrecht 1974).

Im Herbst werden bei uns die Lebensäußerungen des Karpfens langsamer und sind im Winter bei niedrigen Temperaturen stark eingeschränkt. Das ist in warmen Gebieten natürlich nicht der Fall. Dort kann der Karpfen das ganze Jahr hindurch fressen und wachsen. In den gemäßigten Klimaregionen suchen die Karpfen im Winter bei reduzierter Aktivität nach Möglichkeit tiefere Bereiche im Gewässer auf (Otis & Weber 1982).

Bei der Überwinterung der Karpfen in unseren Teichwirtschaften wurde bisher vielfach angenommen, dass sich die Fische dann ohne nennenswerte Ortsbewegung an tieferen Stellen des Teiches in einer Art Winterlager aufhalten. Bei interessanten Untersuchungen an dreisömmerigen Fischen konnte jedoch nachgewiesen werden, dass die Karpfen keinesfalls in völliger Ruhe verharren, sondern aktiv bleiben und, wenn auch verlangsamt, umherschwimmen (Bauer 2002, Bauer & Schlott 2004). Für diese Beobachtungen wurden den Fischen radiotelemetrische Sender implantiert, mit denen ihre Bewegungen während des ganzen Winters verfolgt werden konnten. Die Karpfen nutzten den Teich allerdings nicht mehr in vollem Umfang aus, sondern beschränkten sich auf kleinere Bereiche. Je höher die Temperaturen waren, desto stärker weitete sich die Schwimmaktivität der Fische aus. Auch durch Sauerstoffmangel und Störungen von außen (menschliche Betätigungen auf der Eisfläche) kommt es zu stärkeren Bewegungen.

Bei zweisömmerigen Karpfen, die während des Winters bei niedrigen Temperaturen in Zementbecken gehältert wurden, konnte ich beobachten, dass sie sich schräg gegeneinander lehnten und teilweise sogar horizontal auf dem Boden lagen. Wurden sie gestört, nahmen sie wieder normale Haltung ein.

Wenn die Möglichkeit besteht, wird auch bei Temperaturen von 1 bis 3°C noch Nahrung aufgenommen (Steffens 1964a). Andererseits sind in der kalten Jahreszeit Masseverluste, die in den Teichwirtschaften im Allgemeinen zwischen 5 und 15% liegen, unter unseren klimatischen Bedingungen kaum zu vermeiden. Je kleiner die Karpfen sind, desto stärker ist die prozentuale Masseabnahme. In einem Forellenteich mit konstanter Temperatur von 8,5°C und reichlicher Naturnahrung (Flohkrebse) nahmen Karpfen von November bis Ende März dagegen um 17% zu.

Temperaturen unter 0,3°C können für einsömmerige Karpfen unter Umständen kritisch werden. Der Kondition der Fische, insbesondere ihrem Ernährungszustand, kommt in diesem Zusammenhang erhebliche Bedeutung zu. Je kleiner und magerer die Karpfen sind, desto gefährdeter sind sie. Auch zwischen den einzelnen Unterarten gibt es Differenzen in der Kältebeständigkeit. Als besonders kälteresistent ist der fernöstliche Wildkarpfen (Amurkarpfen) anzusehen.

Im Frühjahr und Frühsommer während der Laichzeit ist der Karpfen ganz besonders rege. Die Milchner treiben dann die Rogener vor sich her, und während der Eiablage und Befruchtung sind die Fische so wild, dass das Wasser weit umherspritzt.

Überhaupt wird die Beweglichkeit des Fisches sicher meist unterschätzt. Hauptantriebskraft beim Schwimmen ist die Schwanzflosse, die seitlich hin und her schlägt. Die starke Muskulatur des Rumpfes und vor allem des Schwanzstieles ermöglicht ein schnelles und stetiges Vorwärtskommen. Der vorwärtstreibende Impuls ist bei jeder Bewegung der Schwanzflosse erheblichen Schwankungen unterworfen. Die Elastizität des Fischkörpers fängt diese Stöße aber ab, und es entsteht eine gleichförmige Bewegung. Die Brustflossen sind wesentlich beim Auf- und Abwärtsschwimmen beteiligt. Ohne Bauchflossen kann der Karpfen recht gut auskommen, was sich darin zeigt, dass Fische, denen aus erblichen Gründen von Geburt an diese Flossen fehlen, ebenso gut wachsen können wie normal gestaltete. Das Abschneiden von Bauchflossen hat man sich daher für Markierungszwecke zunutze gemacht. Schneidet man diese Flossen dicht am Körper ab, so wachsen sie nicht oder nur unwesentlich nach.

Über die Wandergeschwindigkeit des Karpfens liegt eine Mitteilung vom Bodensee vor. Dort wurde ein markierter Fisch bei Langenargen in den See gesetzt und bereits am nächsten Tag in der Nähe von Meersburg wiedergefangen. Er hatte also die etwa 25km lange Strecke an einem Tag zurückgelegt. In Übereinstimmung hiermit stehen die Ergebnisse von früheren Laborversuchen. Dabei wurde in einem Strömungskanal festgestellt, bei welcher Fließgeschwindigkeit sich der Karpfen gerade noch halten kann, ohne abgetrieben zu werden. Es ergab sich ein Wert von 0,4m/s, was 1,4km/h entspricht. Selbstverständlich spielen in diesem Zusammenhang die Fischgröße und die Temperatur eine wichtige Rolle. Bei anderen Untersuchungen wurde eine Maximalgeschwindigkeit von 2,36m/s ermittelt, wobei das Verhältnis zwischen dieser höchstmöglichen Geschwindigkeit und der Körperlänge 8,2 betrug. Nach verschiedenen Literaturangaben kann die Schwimmgeschwindigkeit des Karpfens zwischen 0,4 und 2,4m/s schwanken. Viele andere Süßwasserfische sind dem Karpfen in ihrer Schwimmgeschwindigkeit und Schwimmausdauer überlegen.

Im Allgemeinen sind die Wanderungen des Karpfens nicht besonders groß. Beim Amurwildkarpfen überschreitet der individuelle Aktionsradius 50 bis 80km kaum.

Von Natur aus ist der Karpfen scheu und vorsichtig. Das kann unter anderem beim Angeln oder Fischen auf Karpfen beobachtet werden. Besonders ältere Fische entgehen mit viel Geschick lange Zeit selbst sorgfältigen Nachstellungen. Andererseits können Karpfen aber nach einer gewissen Gewöhnungszeit auch ihre Scheu dem Menschen gegenüber weitgehend verlieren und »handzahm« werden, wenn ihnen z.B. regelmäßig Futter gereicht wird.

5.8 Ernährung

Die Ernährung vor allem des in Mitteleuropa in Teichen gehaltenen Karpfens ist zu verschiedenen Zeiten Gegenstand zahlreicher Untersuchungen gewesen. Die ersten diesbezüglichen Forschungen dürfte der Altmeister der böhmischen Teichwirtschaft Josef Šusta Ende des 19. Jahrhunderts angestellt haben. Seine auch heute noch interessanten Untersuchungen erschienen 1884 in Tschechisch und 1888 in Deutsch (1997 wurde das Buch in der Tschechischen Republik neu herausgegeben). Entgegen den landläufigen laienhaften Auffassungen konnte Šusta bereits ermitteln, dass sich der Karpfen vorwiegend von der kleineren Wasserfauna ernährt. Daneben fand er auch größere Wassertiere, wie Käfer und Schnecken, sowie gelegentlich Pflanzenteile, Schlamm und Sand in den Därmen der Karpfen vor.

Es waren jedoch viele erneute, langwierige Untersuchungen nötig, ehe weitgehend Klarheit auf diesem Gebiet geschaffen werden konnte. Da der Karpfen nicht sauber frisst, sondern mancherlei Nebenstoffe mit der eigentlichen Nahrung aufnimmt, sind die Ermittlungen über die Zusammensetzung der Nährtiere nicht ganz einfach, zumal im Verdauungskanal oft nur stark angedaute Reste vorliegen.

Schon über die Frage der Art der Nahrungsaufnahme waren lange Zeit die Meinungen geteilt. Heute hat sich die Anschauung durchgesetzt, dass der Karpfen seine Nährtiere nicht einfach mit dem Atemstrom ins Maul saugt, sondern dass die einzelnen Nährtiere wahlweise aufgenommen werden; anders wäre die oftmals recht einheitliche Zusammensetzung des Darminhalts nicht zu deuten. Die Schwarmbildung der Wasserflöhe erleichtert dabei die Nahrungsaufnahme sehr wesentlich.

Die Untersuchungen versuchten vor allem zu klären, ob als Hauptnahrung des Karpfens das Plankton, die Bodentierwelt oder die Fauna der Wasserpflanzenbestände anzusprechen sei. Irrtümer ergaben sich dabei durch ungenaue Begriffsfassungen und durch die Tatsache, dass die niedere Tierwelt unserer Gewässer in ihrer qualitativen und quantitativen Zusammensetzung starken jahreszeitlichen Schwankungen unterliegt. Aus diesem Grund weisen Nahrungsuntersuchungen häufig voneinander abweichende Ergebnisse auf.

Heute lässt sich sagen, dass der größere Karpfen nahezu alles frisst, was er bekommen kann, wobei die einzelnen Komponenten der Nahrung individuell und jahreszeitlich sehr verschieden sein können. Je größer die Nährtiere sind, desto günstiger ist es natürlich für den Fisch. Aus diesem Grunde kommt den gern gefressenen Chironomiden-(Zuckmücken-)Larven große Bedeutung zu. Sie leben teils in der Vegetationszone (z.B. *Coryoneura, Cricotopus, Endochironomus, Glyptotendipes* und andere), teils am Boden (*Polypedilum, Chironomus*). Wie gründlich die Karpfen am Gewässergrund nach Insektenlarven oder auch nach Würmern (z.B. Oligochaeten) suchen, ist im Herbst an abgelassenen Teichen zu sehen, deren Boden oft dicht an dicht mit muldenförmigen Vertiefungen bedeckt ist, die von der Nahrungssuche der Fische herrühren. Daneben werden gern Cladoceren (Wasserflöhe, z.B. *Daphnia*-Arten, *Bosmina, Chydorus, Ceriodaphnia, Alona* u.a.) sowie Copepoden (Hüpferlinge, z.B. *Cyclops*- und *Diaptomus*-Arten) gefressen. Besonders in unseren Teichen spielen die Wasserflöhe eine sehr wichtige Rolle als Nährtiere. Auch andere Kleinkrebse, z.B. die Wasserassel, ferner Käferlarven und Larven von Eintagsfliegen (Ephemeroptera) sowie Schnecken werden als Nahrung genommen. Weniger beliebt sind Milben, Wanzen, Egel und Libellenlarven.

Selbstverständlich hat die Größe der Karpfen Einfluss auf die Art der Nahrung. Karpfenbrut benötigt beim Übergang von der passiven zur aktiven Ernährung zunächst sehr kleine Nährtiere. Nach Untersuchungen in polnischen Teichen beginnt die Brut am dritten Tag nach dem Schlupf mit der Nahrungsaufnahme. Die Zusammensetzung der gefressenen Nährtiere kann dabei in verschiedenen Teichen deutlich variieren (MATLAK & MATLAK 1976). Wichtige Nahrungsorganismen sind in den ersten Tagen Rotatorien und kleine Cladoceren. Daneben können aber auch bereits in erheblichem Umfang Chironomidenlarven aufgenommen werden. Wichtige Nährtiere in der Anfangsphase sind daneben die Nauplien von Copepoden. Die Nahrungsaufnahme ist bei der Brut während des Tages intensiver als in den Nachtstunden. Mit wachsender Größe gehen die Karpfen dann zur Aufnahme größerer Nährtiere über.

Normalerweise ist unser Karpfen also ein Kleintierfresser. Dennoch kommen auch unter natürlichen Verhältnissen Abweichungen von dieser Regel vor. Ab und zu wird die Beobachtung gemacht, dass größere Exemplare sich als Raubfische betätigen und andere kleinere Fische verschlingen. In einem Teich bei Bandung, in dem die üblichen Karpfennährtiere selten waren, bildete Buntbarsch- und Guppybrut einen wesentlichen Bestandteil der Karpfennahrung. Es sind sogar Karpfen bekannt geworden, die in starkem Maße Stichlinge (*Gasterosteus aculeatus*) gefressen hatten. Größere Karpfen fraßen offenbar ohne Probleme einsömmerige Zander. Auch Molche wurden in einem Karpfendarm gefunden. Solche Fälle stellen aber Ausnahmen dar.

Häufig nimmt der Karpfen dagegen neben der tierischen Nahrung auch pflanzliche Stoffe auf. Das hat man sich in der Teichwirtschaft zunutze gemacht und füttert in großen Mengen vor allem Getreidekörner und Hülsenfrüchte. Wichtige Karpfenfuttermittel sind in Mitteleuropa Weizen, Roggen, Gerste, Triticale, Mais und Erbsen. Auch Ölfruchtrückstände und gedämpfte oder gesäuerte Kartoffeln lassen sich an Karpfen verfüttern. Die Wahl des Futtermittels wird vor allem durch Angebot und Preis bestimmt. Getreidekörner haben den Vorteil, dass sie durch ihre Konsistenz vor Auslaugeverlusten im Wasser geschützt sind. Für Karpfen im ersten Lebensjahr sind sie zu schroten, um den Fischen die Aufnahme zu ermöglichen. Größere Karpfen sind mit Hilfe ihrer Schlundzähne in der Lage, die Getreidekörner zu zerquetschen. In allen diesen Fällen handelt es sich um eine Zufütterung, die als Ergänzung der im Teich vorhandenen Naturnahrung angesehen werden muss. Die Nährtiere liefern in erster Linie Eiweiß, Fette und Vitamine, die gereichten Futtermittel sind kohlenhydratreiche Energiespender. Eine Zufütterung hat keinen Sinn, wenn der Teich nicht gleichzeitig dichter mit Fischen besetzt wird. Durch die höhere Anzahl von Karpfen auf der Flächeneinheit kommt es zu einer verstärkten Nutzung der Naturnahrung.

Produktivität des Teiches, Besatzzahl und Futtermenge müssen sorgfältig aufeinander abgestimmt sein, wenn hohe Erträge an gesunden Fischen erreicht werden sollen. Dabei muss besonders darauf geachtet werden, dass die Nährtiere als Eiweißquelle einen ausreichenden Anteil an der Gesamtnahrungsmenge bilden. Bei Zufütterung kann im Allgemeinen mit einer Futtermenge von 2,0kg Getreide je kg Abfischung gerechnet werden.

Im üblichen teichwirtschaftlichen Betrieb sind Naturnahrung und Zufütterung als Einheit anzusehen und ergänzen sich qualitativ und quantitativ. Stehen Nährtiere bei besonders starkem Besatz der Teiche nicht in ausreichender Menge oder unter anderen Bedingungen gar nicht zur Verfügung, so muss das Futter alle für den Karpfen lebensnotwendigen Substanzen in ausreichender Menge und im richtigen Verhältnis zueinander enthalten. Während man früher glaubte, der Karpfen benötige für gutes Gedeihen und schnelles Wachstum unbedingt eine gewisse Menge an Naturnahrung, wissen wir heute, dass sich Karpfen auch ausschließlich mit Trockenmischfuttermitteln erfolgreich aufziehen lassen.

Diese müssen dann hinsichtlich ihrer Zusammensetzung alle Bedürfnisse des Karpfenorganismus voll befriedigen (Steffens 1989). Sie werden von der Futtermittelindustrie in Form von Presslingen oder Extrudaten (Pellets) unterschiedlicher Größe hergestellt, damit eine möglichst verlustfreie Aufnahme durch die Fische gewährleistet wird.

Unter den Nährstoffen im Trockenmischfutter kommt dem Eiweiß (Protein) die größte Bedeutung zu, und zwar in qualitativer wie in quantitativer Hinsicht. Das Eiweiß ist das Bauelement des wachsenden tierischen Organismus und u.a. auch für die Enzymbildung erforderlich. Die Proteinqualität wird von der Aminosäurenzusammensetzung bestimmt. Ebenso wie für höhere Wirbeltiere sind folgende 10 Aminosäuren für den Karpfen essentiell und müssen daher mit der Nahrung zugeführt werden: Arginin, Histidin, Isoleucin, Leucin, Lysin, Methionin, Phenylalanin, Threonin, Tryptophan und Valin. Besondere Beachtung erfordert das Methionin, dessen Gehalt in der Regel die

Futterqualität limitiert. Je ähnlicher die Aminosäurenzusammensetzung des Futters der des Karpfens ist, desto besser ist im Allgemeinen die Verwertung. Tabelle 4 gibt einen Überblick über den Bedarf des Karpfens an essentiellen Aminosäuren. Bei Anwesenheit der halbessentiellen Aminosäuren Cystin und Tyrosin ist der Bedarf an den essentiellen Aminosäuren Methionin und Phenylalanin geringer.

Tab. 4: Der Aminosäurenbedarf (g/16g N) des Karpfens bei Futterproteingehalten von 35 und 40%, einer Proteinverdaulichkeit von 80% und einer täglichen Futtermenge von 3% (nach OGINO 1980).

Aminosäure	35% Protein	40% Protein
Arginin	4,4	3,8
Histidin	1,5	1,4
Isoleucin	2,6	2,3
Leucin	4,8	4,1
Lysin	6,0	5,3
Methionin	1,8	1,6
Cystin	0,9	0,8
Phenylalanin	3,4	2,9
Tyrosin	2,3	2,0
Threonin	3,8	3,3
Tryptophan	0,8	0,6
Valin	3,4	2,9

Die Höhe des Eiweißgehaltes im Mischfutter sollte zumindest bei jungen Karpfen 38% betragen, wobei hochwertiges Protein vorausgesetzt wird. Für größere Karpfen können 31 bis 35% ausreichend sein, wenn genügend Nichtprotein-Energie in Form von Kohlenhydraten und Fetten im Futter enthalten ist. Eiweißmengen unter 30% verschlechtern das Wachstum. Trotz dieses relativ hohen Proteineinsatzes ist die Eiweißverwertung beim Karpfen nicht ungünstiger als bei Geflügel oder Schweinen.

Der Karpfen verdaut das Futtereiweiß sehr gut (KIRCHGESSNER et al. 1986). Für verschiedene Futtermittel ergab sich eine mittlere Eiweißverdaulichkeit von 83% (70 bis 90%). Hochwertiges Fischmehlprotein kann zu 95% verdaut werden.

Eine mengenmäßig wichtige Komponente im Trockenmischfutter für Karpfen sind die Kohlenhydrate. Sie fungieren in erster Linie als Energielieferanten, so dass ihr sinnvoller Einsatz Proteinersparnis bedeutet. Als optimal für Karpfenfuttermittel kann ein Kohlenhydratgehalt von 30 bis 40% angesehen werden. Unabhängig von der Höhe des Kohlenhydratanteils im Futter wird Getreidestärke vom Karpfen gut verdaut (80 bis 90%). Vielfach lässt sich mit aufgeschlossenen (extrudierten) Produkten eine bessere Kohlenhydratverwertung erreichen (Takeuchi et al. 1990).

Zellulose kann vom Karpfen nicht verdaut werden (Bergot 1981). Allerdings kann damit gerechnet werden, dass gewisse Mengen an Chitinase und Cellulase von der Mikroflora des Darmes produziert werden (Suguita et al. 1999). Der Rohfaseranteil des Mischfutters sollte möglichst niedrig liegen (unter 5%), da hohe Gehalte die Verdaulichkeit insbesondere der Kohlenhydrate negativ beeinflussen (Tab. 5).

Tab. 5: Einfluss des Zellulosegehaltes im Futter auf die Verdaulichkeit der Nährstoffe beim Karpfen (nach Schwarz & Kirchgessner 1982).

Zellulosezusatz (%)	0	8	18
Verdaulichkeit (%):			
Rohprotein	91	92	88
Rohfett	95	95	94
Kohlenhydrate	89	70	48
Org. Subst.	89	81	68

Neben dem Eiweiß und den Kohlenhydraten bilden die Fette die dritte Nährstoffgruppe in der Nahrung. Bestimmte hochungesättigte Fettsäuren können vom Karpfen wie von allen anderen Wirbeltieren nicht synthetisiert werden. Sie müssen daher mit der Nahrung zugeführt werden. Es handelt sich dabei um die essentiellen Fettsäuren der Omega-3- und Omega-6-Serie, deren Gehalt im Futter jeweils etwa 1% betragen sollte (Takeuchi & Watanabe 1977).

Durch höhere Fettgehalte im Futter kommt es zu einer verbesserten Proteinnutzung (Steffens 1996a). Karpfenfutter sollte daher 10 bis 15% Fett enthalten. Der Fettanteil kann aus einer Mischung von Warmblüterfett und Ölen bestehen, der qualitative Fettsäurenbedarf der Fische muss dabei beachtet werden. Zu hohe Energiegehalte im Karpfenfutter, seien sie nun auf hohe Kohlenhydrat- oder Fettzufuhr zurückzuführen, können eine vom Verbraucher nicht erwünschte Verfettung der Fische bewirken und sollten daher vermieden werden. Insbesondere bei einsömmerigen Karpfen kann ein erhöhter Fettgehalt jedoch die Kondition und damit die Überwinterungsfähigkeit verbessern.

Der Energiegehalt von Karpfenmischfutter liegt auf Basis der Bruttoenergie (BE) vielfach zwischen 19 und 20 MJ BE/kg. Wird der Gehalt des Futters an verdaulicher Energie (VE) als Maßstab benutzt, sollte der Energiegehalt nicht weniger als 15 MJ VE/kg betragen. Sinnvoll ist es, die Qualität eines Futters in Form des Protein/Energie (P/E)-Verhältnisses anzugeben. Hierbei wird der Proteingehalt des Futters in g/kg zu dessen Energiegehalt in MJ VE/kg in Beziehung gesetzt. Als günstig sind Werte von 20 bis 25 anzusehen.

Neben den genannten Nährstoffen (Eiweiß, Kohlenhydrate, Fette) spielen die Vitamine in der Ernährung des Karpfens und anderer Fischarten eine wichtige

Rolle. Der Vitaminbedarf der Fische ist beachtlich, was u.a. mit den Besonderheiten der Wasseratmung in Zusammenhang steht. Bei einigen Vitaminen ist auch in gewissem Maß eine Eigenproduktion, teilweise durch die Mikroflora im Darm, möglich, so z.B. bei Pantothensäure, Niacin, Inosit, Vitamin B_{12} und Vitamin C (Ascorbinsäure). Der Umfang dieser Vitaminsynthesen ist alters- und milieubedingt unterschiedlich hoch, und es ist zweifelhaft, ob er in quantitativer Hinsicht den Bedarf der Fische in allen Fällen sicher decken kann. Vitaminmangelerscheinungen (Hypovitaminosen oder Avitaminosen) rufen vielfältige Symptome hervor und sind im Einzelnen meist schwer zu diagnostizieren (Tab. 6).

Tab. 6: Vitaminmangelerscheinungen beim Karpfen (nach Steffens 1989).

Vitamin	Mangelerscheinungen
Vitamin A (Retinol)	Fressunlust, schlechtes Wachstum, blasse Körperfarbe, Hämorrhagien, Kiemendeckelaufwölbung, Exophthalmus
Vitamin E (α-Tocopherol)	Dystrophie der Rückenmuskulatur, Fressunlust, schlechtes Wachstum, Hämolyse, erhöhte Verluste
Vitamin B_1 (Thiamin)	Fressunlust, Krämpfe, Verblassung, Hyperämie von Flossen und Haut, Muskelatrophie, Exophthalmus, beschleunigte Atmung, schlechtes Wachstum
Vitamin B_2 (Riboflavin)	Hämorrhagien, Fressunlust, schlechtes Wachstum, Abmagerung, Nervenstörungen, hohe Verluste
Pantothensäure	Fressunlust, schlechtes Wachstum, Exophthalmus, Atemnot, Anämie, Hämorrhagien, Verquellung der Kiemen, Kiemendeckel-Aufwölbung
Niacin (Nikotinsäure)	Fressunlust, schlechtes Wachstum, Hämorrhagien, hohe Verluste
Vitamin B_6 (Pyridoxin)	Nervenstörungen, Übererregbarkeit, Ataxie, Ödeme, Exophthalmus, Hämorrhagien, Fressunlust, schlechtes Wachstum, hohe Verluste
Biotin	Fressunlust, schlechtes Wachstum, verringerte Aktivität
Inosit	Fressunlust, schlechtes Wachstum, Hautschäden, u.U. Verluste
Vitamin B_{12}	Anämie, ungünstige Futterverwertung
Cholin	starke Leberverfettung
Vitamin C	u.U. Skoliose, Kiemenschäden (Brut)

Wenn die Karpfen ausreichend Naturnahrung aufnehmen, wird ihr Vitaminbedarf dadurch im notwendigen Umfang gedeckt. Vollwertigen

Mischfuttermitteln werden Vitamine in Form einer Vormischung zugesetzt, damit es bei den Fischen nicht zu Mangelerscheinungen kommen kann (Tab. 7).

Tab. 7: Der Vitaminbedarf des Karpfens (nach JAUNCEY 1995, ergänzt).

Vitamin	Bedarf/kg Futter
Vitamin A	4.000-20.000IE
Vitamin E	100-300mg
Thiamin	0,5mg
Riboflavin	7-14mg
Pantothensäure	30-50mg
Niacin	28mg
Pyridoxin	5-6mg
Biotin	1-2,5mg
Inosit	440-1.200mg
Folsäure	5mg
Cholin	1.500mg
Vitamin C	45-500mg

Der Mineralstoffbedarf (Mengen- und Spurenelemente) des Karpfens wird wie der anderer Fische nicht nur durch die Nahrung, sondern zu einem Teil auch durch das umgebende Wasser gedeckt (SCHWARZ 1995). Mangelhafte Mineralstoffversorgung kann zu langsamem Wachstum und schlechter Futterverwertung führen.

Tab. 8: Der Mineralstoffbedarf des Karpfens (nach STEFFENS 1989, SATOH 1991, ergänzt).

Mineralstoff	Bedarf/kg Futter
Kalzium (Ca)	0,3-1g
Phosphor (P), verfügbar	4-7g
Magnesium (Mg)	400-1.100mg
Kalium (K)	14g
Eisen (Fe)	150mg
Kupfer (Cu)	3mg
Mangan (Mn)	12-15mg
Zink (Zn)	15-30mg
Selen (Se)	unbekannt
Kobalt (Co)	0,1mg

Zur Bedarfsdeckung werden den Mischfuttermitteln in der Regel bestimmte Mineralstoffe zugesetzt (Tab. 8). Während z.B. Kalzium und auch Kalium in erheblichem Umfang aus dem Wasser aufgenommen werden, ist die Nahrung die wichtigste Quelle für Phosphor. Da der Karpfen keinen Magen besitzt, vermag er Triphosphate allerdings nur schlecht zu nutzen. Auch der Phosphor aus pflanzlichen Futterkomponenten (Phytin-Phosphor) wird lediglich zu einem geringen Teil verwertet. Daher müssen die Mischfuttermittel ausreichende Mengen an verfügbarem Phosphor aufweisen, um schnelles Wachstum und gute Futterverwertung beim Karpfen zu sichern (STEFFENS et al. 1988, KIM et al. 1998). Andererseits sollte der P-Gehalt des Futters keinesfalls zu hoch sein, um unnötige Ausscheidungen und damit Gewässerbelastung zu vermeiden.

Wesentliche Bestandteile von Trockenmischfuttermitteln für Karpfen sind Fischmehl, pflanzliche Mehle oder Schrote (z.B. Getreidemehle, Extraktionsschrote von Ölsaaten), Öle und andere Fette sowie Vitamin- und Mineralstoffvormischung. Je feiner die einzelnen Komponenten vermahlen sind, desto besser ist die Futterverwertung durch den Karpfen.

Durch Zusatz des Carotinoids Astaxanthin zum Futter ist beim Koi eine kräftigere Ausprägung der Farben zu erreichen (IWAHASHI & WAKU 1976).

Mischfuttermittel sind zu verabreichen, wenn in Teichen nicht ausreichend Naturnahrung zur Verfügung steht bzw. wenn Jungfische vor der Überwinterung noch eine gute Kondition erreichen sollen. Werden Karpfen in Becken oder Käfigen aufgezogen, wo gar keine Naturnahrung vorhanden ist, müssen die Fische selbstverständlich vollwertige Mischfuttermittel erhalten, die alle ernährungsphysiologischen Anforderungen erfüllen. Anders als bei der Zufütterung von Getreide, die in Teichen nur alle zwei Tage erfolgen muss, ist die Verteilung des Mischfutters täglich in mehreren kleinen Gaben zweckmäßig und kann durch Fütterungsautomaten erleichtert werden.

Die Futterverwertung ist bei gegebener Qualität von vielerlei Faktoren abhängig, z.B. von der Fischgröße, der Temperatur, dem Sauerstoffgehalt, der Futtermenge und der Besatzdichte. Mit hochwertigem, energiereichem Mischfutter lässt sich unter günstigen Umweltbedingungen ein Futteraufwand von weniger als 1,0 erzielen. Das heißt, dass mit weniger als 1kg Trockenmischfutter ein Karpfenzuwachs von 1kg erreichbar ist.

Von besonderer Bedeutung für alle mit der Ernährung zusammenhängenden Fragen ist die Temperatur. Eine intensive Futteraufnahme erfolgt beim Karpfen als wechselwarmem Tier bei Wassertemperaturen über 20°C. Selbstverständlich wird auch in kühlerem Wasser noch gefressen, allerdings um so weniger, je niedriger die Temperaturen sinken (vgl. Kapitel 5.7).

Die täglichen Futtermengen müssen vor allem der Wassertemperatur und der Fischgröße angepasst werden. Je kleiner die Karpfen sind, desto höher ist ihr Nahrungsbedarf. Bei der Aufzucht von Satz- und Speisekarpfen unter Verwendung von Trockenmischfutter mit einem Rohproteingehalt von 34 bis 37% waren im Temperaturbereich von 21 bis 24°C tägliche Futtermengen von 2,1 bis 2,4% optimal (Steffens 1970). Hiermit ließ sich ein täglicher Zuwachs bis zu 1,5% der Fischmasse erreichen. Geringere Mengen verzögern das Wachstum, höhere Mengen können zwar den Zuwachs zunächst noch verbessern, verschlechtern aber die Futterverwertung.

Bei Temperaturen von 17 bis 20°C nahmen kleine Karpfen von 28g Stückmasse sowohl am Tage als auch nachts Futter auf. Die stündlichen Futtermengen schwankten dabei zwischen 1,7 und 5,7% der Tagesfuttermenge (Abb. 24). Allerdings erfolgte die Futteraufnahme nicht ununterbrochen gleichmäßig, sondern sie vollzog sich in einzelnen unregelmäßigen Schritten mit Pausen dazwischen. Bei Dunkelheit fraßen die Karpfen mehr Futter als am Tage (Futterverhältnis Tag:Nacht = Hell:Dunkel = 1:1,28).

Die Durchgangszeit der Nahrung durch den Darm ist ebenfalls stark von der Temperatur und weiterhin von der Art der Nahrung und vom Füllungsgrad des Darmes abhängig. Bei einer Erhöhung der Temperatur von 10 auf 25°C verringert sich die Verdauungszeit um die Hälfte. Große Nahrungsmengen werden schlechter ausgenutzt als geringe.

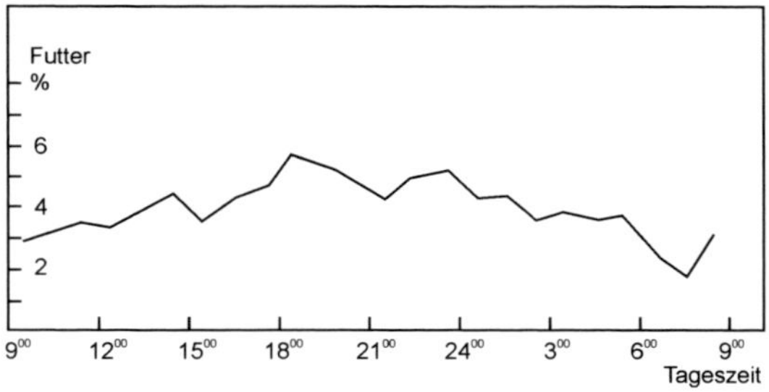

Abb. 24: Rhythmus der Futteraufnahme einsömmeriger Karpfen (stündlicher Verbrauch in Prozent der Tagesmenge) bei Automatenfütterung (Selbstfütterer) in Warmwasser (nach PROSKE 1972).

Frisch geschlüpfte Karpfenbrut konnte früher nur aufgezogen werden, wenn ihr zumindest in den ersten Tagen nach dem Schlupf lebende Naturnahrung in passender Größe zur Verfügung stand. Für diesen Zweck wurde häufig Plankton gefangen, das nach dem Absieben größerer Organismen eine brauchbare Nahrung darstellt, die ein schnelles Brutwachstum bei geringen Verlusten ermöglicht. Allerdings war damit auch die Gefahr der Einschleppung von Parasiten verbunden. Das lässt sich vermeiden, wenn Nauplien des Salzkrebses *Artemia* zur Anfütterung der Karpfenbrut verwendet werden. Diese sind jedoch relativ teuer, wenn größere Mengen benötigt werden. Normales Trockenfutter, wie es z.B. mit Erfolg zur Anfütterung von Forellenbrut benutzt wird, erwies sich lange Zeit als ungeeignet.

Inzwischen sind jedoch auch Mischfuttermittel entwickelt worden, die sich sehr gut zur ersten Fütterung der Karpfenbrut eignen und den Einsatz von Lebendnahrung überflüssig machen. Mit der Fütterung kann bei 20°C am zweiten bis dritten Tag nach dem Schlupf begonnen werden. Besonders wichtig ist eine ausgewogene Versorgung mit Vitaminen und Mineralstoffen. Das Futter muss außerdem sehr fein sein, in der ersten Woche 100 bis 200µm, in der zweiten Woche 200 bis 400µm und in der dritten Woche 400 bis 600µm. Es sollte mehrmals pro Stunde und täglich über eine Zeitspanne von 12 bis 16 Std., am besten mit Hilfe eines Fütterungsautomaten, verabreicht werden. Eine verlängerte Beleuchtung der Becken hat sich als zweckmäßig erwiesen (BILLARD 1999).

Mit einem Futter, dessen wichtigste Bestandteile Hefe und Fischproteinhydrolysat sowie Lecithin, Fischöl, Vitamine und Mineralstoffe waren, wurde nach 20 Tagen bei 24°C eine Überlebensrate von 86% und eine Größe von 73mg erreicht (CAHU et al. 1998). Bei Verabreichung eines Futters, das aus einem Hefe-Trockenleber-Gemisch, Vitaminen und Mineralstoffen bestand, hatte die Karpfenbrut nach 21 Tagen sogar eine Überlebensrate von 95% und eine Größe von 189 mg. Die Anfangsmasse betrug 1mg (ALAMI-DURANTE et al. 1991). Gute Ergebnisse ließen sich mit Zusatz von Probiotika erzielen (PRZYBYŁ et al. 2006). Bei höheren Temperaturen von 25 bis 30°C konnte ein noch schnelleres Wachstum erreicht werden (OSTROUMOVA et al. 1980). Dabei muss auf optimale Sauerstoffversorgung geachtet werden. Nach einer Anfütterungszeit von drei Wochen kann dann normales Mischfutter gegeben werden.

Während Karpfenbrut in Abhängigkeit von der Temperatur bereits nach wenigen Tagen sterben kann, wenn sie kein Futter erhält, vermag der größere Karpfen lange Zeit zu hungern. Versuche über maximale Hungerzeiten, die bei Wassertemperaturen von 7 bis 10°C durchgeführt wurden, zeigten, dass die Fähigkeit zum Hungern jahreszeitlich sehr verschieden ist. Einsömmerige Fische, die im Mai in den Versuch kamen, nachdem sie bereits mit Fressen begonnen hatten, hielten nur eine 36-tägige Hungerperiode aus, während Karpfen, die im Dezember der Winterung entnommen wurden, viel länger lebten, ohne gefüttert zu werden. Hier betrug die maximale Lebensdauer bei Einsömmerigen 136 Tage (35,5% Masseverlust), bei Zweisömmerigen 159 Tage (28,5% Masseverlust). Noch längere Hungerzeiten beobachtete Albrecht (1966) bei Fischen von etwa 500g. Im Extremfall trat der Tod durch Erschöpfung erst nach mehr als 600 Tagen ein. Die Temperaturen betrugen im Winter 10 bis 14°C, im Sommer 15 bis 20°C. Die Verluste an Körpersubstanz machten bis zu 45% aus.

5.9 Fortpflanzung und erste Entwicklung

In unseren Breiten sind die männlichen Karpfen normalerweise im 4. Sommer, die weiblichen im 5. Sommer geschlechtsreif. Die Zuchtfische in den Teichwirtschaften werden teilweise bis zehn und mehr Jahre alt; sie haben gewöhnlich eine Länge von 50 bis 75cm und eine Masse bis etwa 10kg. Allzu große Fische sind ungünstig, da das Hantieren mit ihnen schwierig ist. Die Fortpflanzungsfähigkeit kann recht lange anhalten. So konnten Karpfen mit einem Alter von über 20 Jahren noch erfolgreich zur Zucht verwendet werden. In klimatisch günstigeren Gebieten tritt die Geschlechtsreife allerdings schon viel früher ein. Auf Java wurden Milchner mit 5 Monaten (150 Tagen) reif, Männchen des Puntener Stammes gaben zum Teil bei 16cm Länge Sperma ab. Ein besonders gut gewachsener männlicher europäischer Karpfen von 36,5cm Länge und einer Masse von 690g erreichte dort bereits im Alter von 3 Monaten die Geschlechtsreife. In Israel sind Karpfen schon nach einem Jahr fortpflanzungsfähig. In Ägypten wurden männliche Fische mit 3 bis 4 Monaten ab 14cm Länge geschlechtsreif, während die Weibchen erst zu Beginn des zweiten Lebensjahres ab einer Länge von 18cm zum Ablaichen kamen.

Das Laichen findet in der Regel bei Wassertemperaturen von 18 bis 20°C und mehr statt (selten auch bei niedrigeren Temperaturen), bei uns einmal im Jahr in den Monaten Mai, Juni oder Juli. Unter Umständen zieht es sich bis August hin. Die Rogener unserer Teichwirtschaften geben dabei ihre gesamte Eimenge binnen weniger Stunden ab.

Dagegen dehnt sich der Laichvorgang der Wildkarpfen meist über Tage oder gar Wochen aus (portionsweises Ablaichen). Es reift dabei zunächst nur ein Teil der Eier im Ovar und kann abgelegt werden. Beim erneuten Eintreten günstiger Umweltbedingungen reift dann der Rest der Eier und wird abgegeben. Auch eine Abgabe in mehr als zwei Portionen kommt vor (Gromov 1979). In der Camargue beginnt das Laichen bei 15 bis 16°C und erstreckt sich über eine Zeit von März bis August (Crivelli 1981). Im Wolgadelta laichen die Fische bei Temperaturen zwischen 13 und 20°C. Nur wenn geeignete Temperaturen und Überflutungen zusammenfallen, kann hier mit einem erfolgreichen Verlauf der Fortpflanzung gerechnet werden. Der Laichbeginn liegt meist Mitte Mai. Die zweite Eiportion folgt frühestens nach 20 Tagen. Die Ablage selbst dauert vielfach nochmals 10 Tage.

In tropischen Gebieten laichen die Karpfen mehrmals im Laufe eines Jahres. So kann der Karpfen auf Java bei günstigen Ernährungsverhältnissen bis zu achtmal im Jahr zur Fortpflanzung kommen. Ähnliches gilt, wenn Karpfen ständig in Warmwasseranlagen gehalten werden.

Bei den Milchnern macht sich zur Laichzeit vor allem auf dem Kopf ein grießkornartiger weißer Ausschlag bemerkbar. Es handelt sich dabei um hornartige warzenförmige Bildungen der Epidermis, die später wieder verschwinden.

Die Eiablage findet in seichten Gewässerpartien mit stärkerem Pflanzenbestand, gern auf Überschwemmungsflächen mit Wiesencharakter statt. In der Teichwirtschaft werden zur Vermehrung kleine, mit guter Grasnarbe versehene Teiche verwendet, die sonst ständig trocken liegen.

Die Fortpflanzung der großen Fische zu beobachten, ist sehr interessant. Vor dem eigentlichen Laichen ziehen die Karpfen bereits einige Zeit im dichten Pflanzenbestand umher, die Rogener begleitet oder gefolgt von einem oder mehreren Milchnern. Hat das Treiben seinen Höhepunkt erreicht, stößt das Weibchen unter heftigem Schlagen seine Eier ab, die dann von dem (oder den) in unmittelbarer Nähe befindlichen Männchen besamt werden, ein Vorgang, der sich vielfach wiederholt. Sehr häufig findet die Laichabgabe in den frühen Morgenstunden statt, jedoch konnte sie auch zu allen anderen Tageszeiten festgestellt werden.

Genaue Beobachtungen über Einzelheiten des Laichvorganges wurden in einem Becken angestellt, das an einer Seite mit einer Glasscheibe versehen war. Zuerst umkreisen die Männchen werbend das Weibchen. Dabei kommt es häufig zu charakteristischen Berührungen mit dem Maul in der Gegend der Brustflossen und der Geschlechtsöffnung. Anschließend sinkt das Weibchen auf den Boden und nimmt Schrägstellung ein (Kopf nach oben gerichtet). Die Männchen umkreisen das Weibchen in größter Erregung. Aggressivität zwischen ihnen ist nicht festzustellen. Wenig später geht das Weibchen dicht über dem Grund in normale horizontale Lage über, die Männchen begeben sich in ähnliche Stellung, die Kopfenden liegen in einer Linie. Unter krampfartigen Vorwärtsbewegungen werden dann die Geschlechtsprodukte ausgestoßen, und zwar ein- bis viermal in Sekundenabständen. Darauf schwimmt das Weibchen für mehrere Minuten etwas empor und wird hierbei weiterhin heftig von den Männchen umworben. Es sinkt dann erneut zu Boden, und der Laichakt wiederholt sich. Die Laichabgabe kann sich in den geschilderten Phasen über mehrere Stunden erstrecken.

Die Fruchtbarkeit des Karpfens ist außerordentlich groß. Dennoch gehen die Angaben über Eizahlen in der Literatur ziemlich auseinander.

Zweifellos kommt das zum Teil durch fehlerhafte Untersuchungen; andererseits unterliegen die Eimengen natürlich individuellen Schwankungen. Mit steigender Fischgröße nimmt die absolute Eizahl zu, wie dies aus Tabelle 9 zu ersehen ist.

Die relative Eizahl, d.h. die Eizahl je kg Körpermasse, ist dagegen weniger von der Fischgröße abhängig. In Tabelle 10 sind die Eizahlen unterschiedlich schwerer Teichkarpfen wiedergegeben. Der Karpfen kann auf weit mehr als 1 Million Eier kommen, und bei großen Fischen kann ohne weiteres mit Eizahlen von 100.000 bis 200.000 je kg Körpermasse gerechnet werden. In 1ml Rogen wurden 640 Eier gezählt. Bei eigenen Untersuchungen an 13 Laichkarpfen stellte ich im Durchschnitt 1057 Eier (769 bis 1.315) in 1g Ovar fest. Diese großen Mengen sind nötig, um die Vermehrung des Karpfens zu sichern. Manches Ei bleibt unbefruchtet, und zudem fallen in der freien Natur viele Eier und auch Jugendstadien dem Fraß von Fischen und anderen Tieren sowie den Unbilden der Witterung (plötzliche Abkühlung, Trockenfallen der Laichplätze) zum Opfer. Selbst unter den günstigen Bedingungen der Teichwirtschaft wird die Zahl der gewonnenen einsömmerigen Fische selten mehr als 50% der Eizahl betragen.

Tab. 9: Eizahlen von Wildkarpfen unterschiedlicher Größe aus dem Aralsee (nach Nikolski 1961).

Länge der Rogener (cm)	Eizahl
35-40	181.000
40-45	229.000
45-50	375.000
50-55	428.500
55-60	550.000
60-65	525.000
65-70	525.000

Das Einzelei hat 1,5 bis 2,0mm Durchmesser, seine Größe ist abhängig von der des Mutterfisches. Es ist glashell und von gelblicher Farbe. Da es sehr klebrig ist, haftet es sofort nach der Ablage an den Pflanzenteilen fest (Abb. 25). Unbefruchtet gebliebene Eier werden nach einiger Zeit weiß und undurchsichtig und auch häufig von Fadenpilzen (*Saprolegnia*) befallen. Die Befruchtungsfähigkeit ist im Wasser nach 1,5 Min. zu Ende, ohne Wasserzusatz lassen sich die Eier mehrere Stunden ohne Schaden aufbewahren.

Tab. 10: Absolute und relative Eizahlen von Laichkarpfen einer Oberlausitzer Teichwirtschaft.

Fischmasse (g)	Gesamteizahl	Eizahl/kg
2.490	361.000	145.000
2.890	246.000	85.000
3.050	414.000	136.000
3.305	894.000	269.000
3.520	751.000	213.000
3.725	971.000	260.000
4.000	915.000	229.000
4.340	1.002.000	231.000
5.615	1.165.000	207.000
5.660	745.000	132.000
5.775	1.078.000	187.000
5.955	1.400.000	235.000
7.030	1.373.000	195.000
Durchschnitt: 4.412	870.380	194.154

Abb. 25: Karpfeneier an Gräsern im Laichteich (Foto: W. STEFFENS).

Die Samenzellen (Spermatozoen) sind winzig klein. Ihre Zahl beträgt 21 bis 36 Mill./mm³. Sie bestehen aus einem kugeligen Kopf von etwa 2,5 bis 3,3µm Größe, an den sich ein langer, dünner Schwanzfaden von über zehnfacher Länge anschließt. Sie sind nur im Wasser bewegungsfähig und in der Lage, in ein Ei einzudringen und es zu befruchten. Die Dauer ihrer Beweglichkeit beträgt in Abhängigkeit von der Temperatur im Allgemeinen 30 bis 180 Sek. Kühl und trocken aufbewahrt ist die Milch mehrere Tage, bei 1 bis 2°C bis zu 2 Wochen haltbar. Die chemische Zusammensetzung von Karpfensperma ist aus Tabelle 11 ersichtlich.

Tab. 11: Chemische Zusammensetzung von Karpfensperma (nach GERASIMOVA & PRIVEZENCEV 1972, MARTYSHEV et al. 1973).

Wassergehalt (%)	13-22
Trockensubstanz (%)	78-87
N (% der Tr.-Substanz)	12,9-20,7
Protein (% der Tr.-Substanz)	78,9-81,8
Fett (% der Tr.-Substanz)	6,2-8,0
Asche (% der Tr.-Substanz)	9,2-12,3
P (% der Tr.-Substanz)	1,09-2,65
Ca (% der Tr.-Substanz)	1,1-1,7
Mg (% der Tr.-Substanz)	1,7-7,9
Nukleinsäuren (mg%)	249-480

Die Entwicklungsdauer der Eier bis zum Schlupf ist von der Temperatur abhängig. Sie kann in Tagesgraden angegeben werden, die die Summe der Tagestemperaturen beinhalten. Allerdings ist auch dieser Wert nicht konstant, sondern erhöht sich mit dem Sinken der Wasserwärme und erniedrigt sich mit steigenden Temperaturen. Die ungefähre Entwicklungsdauer der Karpfeneier von der Ablage und Befruchtung bis zum Schlupf ist in Abb. 26 grafisch dargestellt. Mit normaler Entwicklung der Eier kann im Temperaturbereich von 12,5 bis 30°C gerechnet werden. Dauertemperaturen von 10°C und 32,5°C führen zum Absterben der Eier. Bei 23°C schlüpfen die Larven nach etwa 3 Tagen (69 Tagesgrade), bei 19°C nach 5 Tagen (95 Tagesgrade).

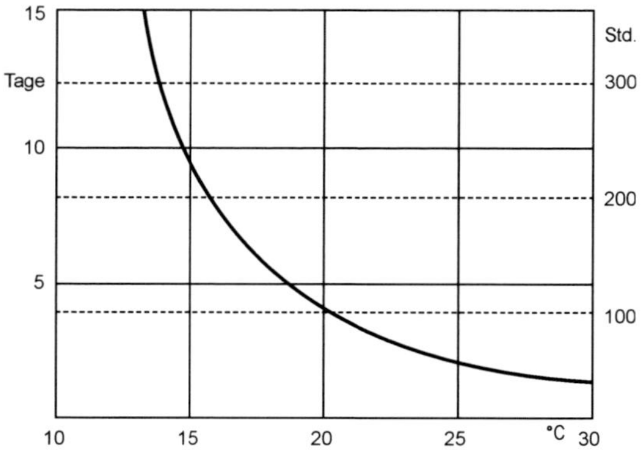

Abb. 26: Mittlere Entwicklungsdauer der Karpfeneier bis zum Schlupf in Tagen bzw. Tagesgraden bei unterschiedlichen Temperaturen (Grafik: W. STEFFENS).

Auch der Sauerstoffgehalt des Wassers beeinflusst die Embryonalentwicklung. Niedrige O_2-Gehalte verringern die Schlupfrate und verlängern die Zeit bis zum Schlupf (Tab. 12).

Tab. 12: Einfluss des Sauerstoffgehaltes auf Schlupfrate und Entwicklungsdauer von Karpfeneiern bei einer Wassertemperatur von 25°C (nach KAUR & TOOR 1978).

Sauerstoffgehalt (mg/l)	Schlupfrate (%)	Entwicklungsdauer (Std.)
1,2	4	120
3,0	40	76
6,0	65	73
9,0	92	70
12,0	98	68

Schon einige Zeit vor dem Schlupf sind die Augenpunkte der kleinen Fische zu sehen (Abb. 27). Kurz vor dem Schlupf fallen die Eier gewöhnlich zu Boden. Durch heftige Bewegungen vor allem des Schwanzes dehnt sich die Eischale und reißt schließlich auf. Die Larven schlüpfen teils mit dem Kopf, meist aber mit dem Schwanz zuerst und bleiben danach für mehrere Stunden am Grunde liegen (Abb. 28). Sie haben eine Länge von 5 bis 7,5mm (Abb. 29). Voll schwimmfähig werden die Fischchen erst mit 2 Tagen, wenn sie sich mehrmals an die Wasseroberfläche gearbeitet und ihre Schwimmblase mit Luft gefüllt haben. Unterwegs saugen sie sich häufig an Wasserpflanzen fest. Endgültig ausgebildet in ihrer späteren zweigeteilten Form ist die Schwimmblase nach 2 Wochen.

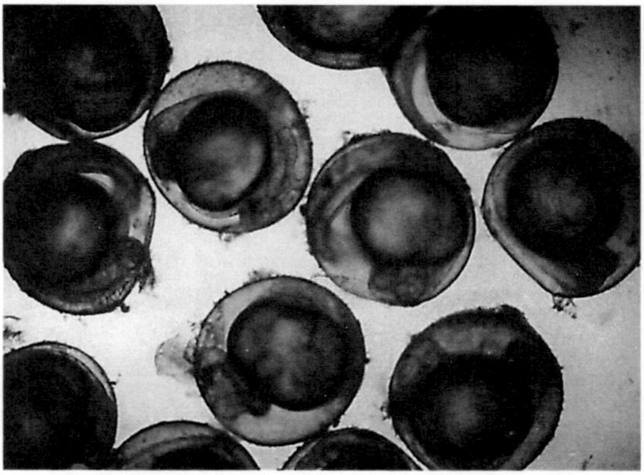

Abb. 27: In den Eiern sind bereits vor dem Schlupf die Larven zu erkennen (Foto: W. STEFFENS).

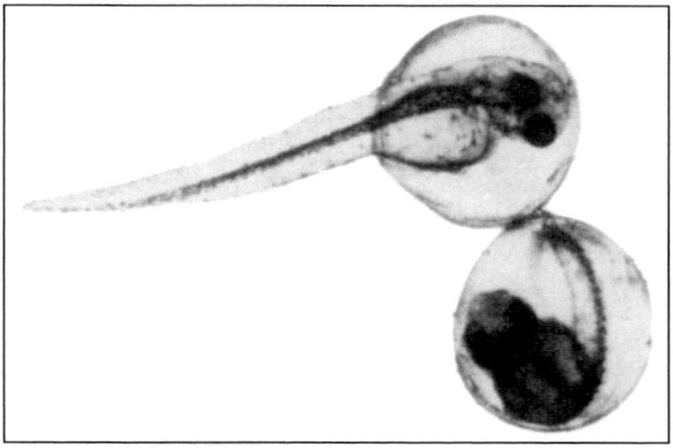

Abb. 28: Die Larven schlüpfen meist mit dem Schwanz zuerst aus der Eihülle (Foto: TH. NEUDECKER).

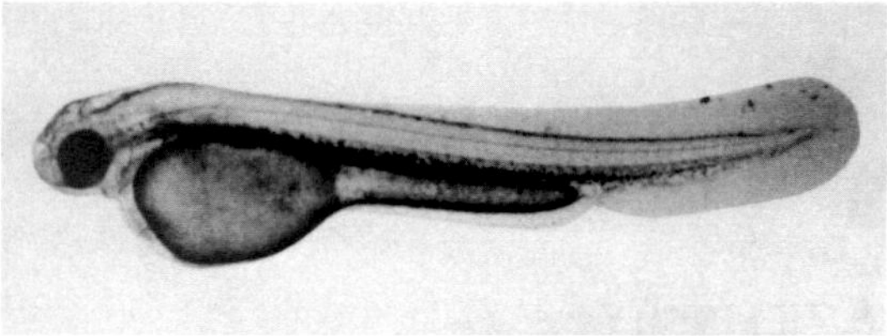

Abb. 29: Frisch geschlüpfter Karpfen mit Dottersack vor Füllung der Schwimmblase (Foto: W. Steffens).

Die kleinen Fische sehen zunächst noch ganz anders aus als die späteren Karpfen, es sind richtige Larvenstadien. Der Fischzüchter bezeichnet sie als Brut. Ein einheitlicher Flossensaum, aus dem sich nach einigen Tagen Rücken-, Schwanz- und Afterflosse differenzieren, umgibt den Körper. Bauchflossen sind am Anfang noch nicht vorhanden. Der kleine Dottersack, die erste Nahrung des Fisches, ist ungefähr eine Woche nach dem Schlüpfen mit 8mm Länge aufgezehrt. Schon vor diesem Zeitpunkt setzt die Nahrungsaufnahme ein.

Die Schuppen beginnen sich nach etwa 14 Tagen mit 16 bis 18mm Länge zu bilden. Vollständig entwickelt ist die Beschuppung frühestens mit 22 bis 25mm Länge. Die ersten Schuppen treten im vorderen Teil des Körpers, unmittelbar hinter dem Kiemendeckel auf, während bei den meisten anderen Fischarten die Schuppenbildung in der hinteren Körperregion beginnt. Die erste Reihe entsteht direkt unter der Seitenlinie (mit Ausnahme der Schwanzregion, wo die letzten vier oder fünf Schuppen auf der Seitenlinie entstehen). Die weiteren Schuppenreihen bilden sich über und unter der ersten, beginnend in der vorderen Körperregion.

Eine künstliche Besamung durch Abstreichen der Geschlechtsprodukte schien beim Karpfen infolge der Klebrigkeit der Eier im Gegensatz zu den Forellen lange Zeit nicht möglich. 1937 erbrachte Probst den Beweis der Durchführbarkeit. Er arbeitete dabei teils nach der trockenen (Vermengen von Rogen und Milch vor Wasserzusatz), teils nach der nassen Methode (hierbei werden die Eier in eine wässerige Aufschwemmung von Milch gegeben) und konnte mit diesen Verfahren wertvolle wissenschaftliche Kreuzungsversuche durchführen. Inzwischen wird die künstliche Besamung in großem Umfang in der Praxis der Karpfenzucht angewandt (vgl. Kapitel 7.3).

Bei der Prüfung der Eignung unterschiedlich alter Laichfische für die Vermehrung wurden Erstlaicher (3 bis 4 Jahre), Junglaicher (4 bis 5 Jahre), mittelalte Fische (6 bis 9 Jahre) und ältere Fische (10 bis 18 Jahre) in verschiedenen Kombinationen verglichen. Die Nachkommen wurden bis zum zweijährigen Speisefisch aufgezogen. Die besten Ergebnisse erbrachte die Gruppe der 6 bis 9 Jahre alten Tiere. Am ungünstigsten schnitten die Erstlaicher und die sehr alten Fische ab. Ihre Nachkommen wiesen verminderte Lebensfähigkeit und schlechtes Wachstum auf. Auch Paarungen sehr junger oder sehr alter Karpfen mit mittelalten Fischen sollten vermieden werden.

Wie bereits erwähnt wurde (Kapitel 5.4), ist bei den selten auftretenden hermaphroditischen Karpfen (Zwittern) Autogamie (Selbstbefruchtung) möglich. Allerdings sind die Verluste während der Embryonalentwicklung und nach dem Schlupf bei den Nachkommen eines Zwitters meist sehr hoch.

Gynogenese kann beim Karpfen durch Behandlung von Sperma und Eiern künstlich ausgelöst werden. Sie basiert auf der Besamung der Eier mit genetisch inaktivierten Spermatozoen, die in die Eizelle eindringen und die Embryogenese initiieren können, ohne dass es zur Befruchtung kommt. Um eine normale Embryogenese zu erreichen, ist dann anschließend eine Diploidisierung des mütterlichen Chromosomensatzes erforderlich. Die induzierte diploide Gynogenese ist für die Züchtung bedeutungsvoll, da sie die schnelle Erzeugung homozygoter rein-weiblicher Linien ermöglicht. Zur Inaktivierung des Spermas kann Gamma- oder UV-Strahlung benutzt werden. Einige Minuten nach der Besamung mit dem inaktivierten Sperma müssen die Eier für kurze Zeit einem Kälte- oder Wärmeschock (z.B. 0 bis 4°C bzw. 39 bis 40°C) unterzogen werden (Kohlmann 1989). Die Zahl der lebensfähigen Nachkommen ist bei der Bruterzeugung mittels Gynogenese sehr viel geringer als bei normaler Vermehrung.

Durch Kälte- oder Wärmeschockbehandlung lassen sich auch triploide Karpfen erzeugen (Hollebecq et al. 1988, Linhart et al. 1991). Dabei werden die Eier einige Minuten nach der Befruchtung mit normalem Sperma niedriger (0 bis 4°C) oder hoher Temperatur (39 bis 40°C) ausgesetzt. Druckbehandlung der Eier kann den gleichen Effekt hervorrufen. Auf diese Weise entstehen Karpfen mit einem triploiden Chromosomensatz (148 bis 150 Chromosomen). Es lassen sich Triploidisierungsraten von über 80% und Schlupfraten von 60% erreichen. Die triploiden Fische unterscheiden sich äußerlich nicht von diploiden, sie haben aber eine stark reduzierte Gonadenentwicklung und sind praktisch steril. Trotzdem wachsen sie offensichtlich nicht besser als diploide Karpfen (Gervai et al. 1980).

5.10 Wachstum und Alter

Im Vergleich zu den meisten anderen Cypriniden ist der Karpfen sehr schnellwüchsig. Das hat ihm, in Verbindung mit anderen wirtschaftlich günstigen Eigenschaften, zu seiner heutigen dominierenden Stellung in der Fischzucht verholfen. Wie bereits dargestellt wurde, ist Wärme eine wesentliche Voraussetzung für ein gutes Fortkommen des Karpfens. Schon in Ungarn und anderen südeuropäischen Ländern und erst recht in tropischen

Gebieten ist er zu wesentlich schnellerem Wachstum befähigt als in Mitteleuropa. In vielen Fällen steht das Nahrungsangebot in enger Beziehung zu den klimatischen Verhältnissen. Außerdem sind die Fortpflanzungsmöglichkeiten wichtig, da hierdurch die Bestandsdichte beeinflusst wird. Besonders stark machen sich Temperatur, Nahrungsangebot und Bestandsdichte bei in Teichen gehaltenen Karpfen bemerkbar. Durch zweckmäßigen Besatz sowie Düngung und Fütterung sind unter günstigen klimatischen Bedingungen erstaunliche Zuwachsleistungen zu erzielen.

Mit zunehmender Fischgröße verringert sich die Wachstumsrate. Aus Tabelle 13 ist zu ersehen, welchen Einfluss die Fischgröße und die Temperatur auf die Wachstumsrate haben. Günstige Wachstumsbedingungen liegen für kleinere Karpfen in einem Temperaturbereich von 24 bis 28°C, für größere in einem Temperaturbereich von 22 bis 26°C vor.

Tab. 13: Täglicher Zuwachs (in % der Masse) von Karpfen verschiedener Größe bei unterschiedlichen Temperaturen (nach Ostroumova 1986).

Fischmasse (g)	13-17°C	22-25°C	26-30°C
20-50	0,65	4,6	6,3
200-300	0,47	2,2	2,5
700-900	0,30	1,2	1,3

Das Licht hat auf das Wachstum des Karpfens keinen nennenswerten Einfluss. In Versuchen mit unterschiedlicher Belichtungsdauer von völliger Dunkelheit bis zu ständiger Helligkeit ergaben sich praktisch keine Wachstumsunterschiede (Meske 1983). Auch die Beleuchtungsstärke wirkt sich offensichtlich nicht auf das Wachstum aus.

Da die Karpfen in den gemäßigten Breiten während des Winters nicht wachsen (sondern in der Regel sogar an Masse verlieren), benutzt man zur Kennzeichnung des Alters die Ausdrücke ein-, zwei- und mehrsömmerig, was gleichbedeutend mit ein-, zwei- und mehrjährig ist (K_1, K_2, K_3 usw.). Ein z.B. im Mai geschlüpfter Karpfen ist im Herbst desselben Jahres ebenso ein K_1 wie im Frühjahr des folgenden.

Die Wachstumsgesetze sind bei Fischen grundsätzlich anders als bei Säugetieren. Hat ein Karpfen nur gerade so viel Nahrung zur Verfügung, wie er zur Erhaltung seines Körpers benötigt, dann wächst er zwar nicht, lebt aber dennoch munter weiter, ohne größere Schädigungen davonzutragen. Bei günstigen Ernährungsverhältnissen ist dagegen eine außerordentlich schnelle Größenzunahme möglich. Unter schlechten Bedingungen erreichten Karpfen auf Java in 11 Monaten noch nicht einmal eine Masse von 1g, während andere Artgenossen mehrere Kilogramm schwer wurden. Bei minimaler Nahrungsaufnahme hatten Karpfen in einer Versuchsanlage der Universität Stuttgart-Hohenheim im Alter von 12 Jahren erst eine Masse von 20 g.

Über das Wachstum von wildlebenden Karpfen in verschiedenen Gebieten gibt Tabelle 14 Auskunft. Bei der Betrachtung dieser Übersicht ist zu berücksichtigen, dass es sich bei den Karpfen aus dem Storkower und Seddiner See um in Teichwirtschaften gezüchtete und als zweisömmerige Fische in den See ausgesetzte Tiere handelt, während die Fische aus den großen Binnenseen Eurasiens, den anatolischen Seen und den Flüssen Wolga und Kura echte Wildkarpfen sind. Im Neusiedler See leben zur Zeit Wildkarpfen und eingesetzte Zuchtkarpfen nebeneinander. Die Unterschiede im Wachstum zwischen den beiden Formen sind auffallend. Ausführlicher wird auf diese Fragen im Kapitel 6 eingegangen.

Tab. 14: Karpfenwachstum (Gesamtlänge in cm) in verschiedenen natürlichen Gewässern.

Alter (Jahre)	1	2	3	4	5	6	7
Storkower See	-	-	36	43	51	65	-
Seddiner See	-	-	-	44	46	56	58
Neusiedler See							
(Wildkarpfen)	-	25	37	42	47	52	56
(Zuchtkarpfen)	-	33	45	53	59	65	-
Asowsches Meer	16	30	41	48	52	56	-
Kaspisches Meer	18	31	46	54	62	-	-
Aralsee	16	26	35	42	48	54	-
Balchaschsee	11	20	25	30	33	-	-
Bolonsee (Amur)	-	-	-	47	52	54	57
Wolga	13	25	33	35	42	50	-
Kura	15	27	39	50	58	67	-
Aksehir (Anatolien)	24	40	52	60	65	-	-
Beysehir (Anatolien)	11	20	27	34	39	-	-
Cedar-Bluff-Stausee (Kansas)	13	19	25	30	34	38	44
Smoky-Hill-Fluss (Kansas)	13	20	25	30	34	37	41

In den Teichwirtschaften ist der Fischzüchter bemüht, das Wachstum der Karpfen durch geeignete Wirtschaftsmaßnahmen den jeweiligen Marktforderungen anzupassen und gleichzeitig gute Erträge auf der Flächeneinheit zu erzielen. In Deutschland erreichen die Fische in einem Sommer (K_1) gewöhnlich eine Masse bis zu 50g. K_2 werden etwa 300g schwer, während die dreisömmerigen Karpfen (K_3), die als Speisefische auf den Markt kommen, eine Stückmasse von 1-2kg erlangen. Die individuelle Wachstumspotenz des Karpfens wird damit keineswegs ausgeschöpft. Einsömmerige Karpfen können bei uns unter günstigen Bedingungen durchaus Größen von 200g und mehr erreichen.

Karpfenbrut, die im Juni mit 4 bis 5cm Länge bei sehr schwacher Besatzdichte in einen Teich in Österreich ausgesetzt wurde, kam bis zur Herbstabfischung im Oktober sogar auf Stückmassen von 650 bis 800g.

Für Karpfen aus sächsischen Teichwirtschaften gelten die in Tabelle 15 angegebenen Beziehungen zwischen Gesamtlänge und Masse.

Tab. 15: Die Beziehungen zwischen Gesamtlänge und Masse bei Karpfen aus sächsischen Teichwirtschaften.

Länge (cm)	Masse (g)	Länge (cm)	Masse (g)
3	0,34 (0,2-0,5)	27	396 (340-470)
4	0,9 (0,8-1,0)	28	451 (380-540)
5	2,0	29	527 (460-620)
7	7,5 (7-8)	30	570 (460-720)
8	11 (9-14)	31	651 (560-740)
9	16 (12-18)	32	717 (600-860)
10	19 (16-23)	33	794 (640-940)
11	26 (23-29)	34	872 (710-1.140)
12	34 (29-40)	35	960 (790-1.140)
13	43 (35-54)	36	1.056 (830-1.520)
14	51 (35-65)	37	1.126 (930-1.440)
15	61 (45-82)	38	1.222 (950-1.605)
16	72 (50-94)	39	1.350 (1.020-1.720)
17	84 (60-120)	40	1.364 (1.180-1.815)
18	95 (70-145)	41	1.580 (1.230-1.870)
19	115 (75-160)	42	1.710 (1.370-2.165)
20	138 (80-180)	43	1.781 (1.130-2.160)
21	164 (115-220)	44	1.930 (1.630-2.325)
22	198 (150-260)	45	1.950 (1.600-2.280)
23	231 (180-310)	46	2.120 (1.875-2.330)
24	268 (160-330)	47	2.290 (2.200-2.385)
25	301 (250-360)	48	2.555 (1.550-2.560)
26	347 (290-430)		

Durch den früheren Eintritt der Geschlechtsreife bleiben die Milchner in unseren Breiten vom 3. bis 4. Sommer an im Wachstum meist etwas hinter den Rogenern zurück (Steffens 1973). Bei verschiedenen Beständen von dreisömmerigen Speisekarpfen war die Stückmasse der weiblichen Fische im Mittel um 6% höher als die der männlichen Karpfen (Abb. 30).

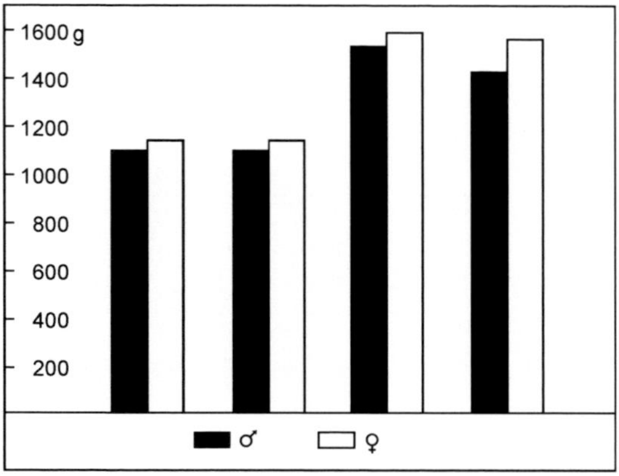

Abb. 30: Das unterschiedliche Wachstum der Geschlechter in vier Beständen dreisömmeriger Speisekarpfen (Grafik: W. Steffens).

Angaben über die in einem bestimmten Zeitraum erreichte Größe haben für in Teichen aufgezogene Karpfen im Allgemeinen nur Sinn, wenn gleichzeitig die Besatzdichte und damit der Gesamtzuwachs je Flächeneinheit (ha) mitgeteilt werden. In Teichwirtschaften des Kubangebietes können einsömmerige Karpfen, die im Mai schlüpfen, ohne Zufütterung bis zum Herbst Massen von über 500g (bei Hektarerträgen bis zu 500kg) erreichen. Werden die Fische noch zusätzlich gefüttert, sind Stückmassen von 600 bis 700g möglich, und es lassen sich Hektarerträge von mehr als 1.300kg erzielen. Im westlichen Teil Grusiniens, wo ebenfalls sehr günstige klimatische Bedingungen herrschen, bringen die Teiche Spitzenerträge von 3.000 kg/ha, und die zweisömmerigen Karpfen werden dabei durchschnittlich 1kg schwer.

Auf Java wuchs ein Karpfen ohne zusätzliche Fütterung in 45 Tagen von knapp 3g Masse und 6cm Länge auf 200g und 22cm ab. Auf den Hektar umgerechnet betrug die Besatzdichte nur 100 Fische. Ein anderer Fisch erreichte in einem Jahr und 106 Tagen eine Größe von 2.240g bzw. 53cm. Einem offiziellen Bericht zufolge waren drei Karpfen, die aufgrund von Beschädigungen des Dammes als einzige in einem Teich bei Pasuruan (Ostjava) übrigblieben, in 3 Monaten durchschnittlich 2.000g schwer geworden (Einsatzmasse 50g). Im Allgemeinen wächst der Karpfen dort aber trotz der günstigen Umweltbedingungen (Klima, Fruchtbarkeit des Gewässers) wesentlich langsamer, weil die Teiche überbesetzt sind und die Fische nicht ausreichend Nahrung zur Verfügung haben. Schon mit geringer Größe (16 bis 18cm und 50 bis 75g) werden sie nach einigen Jahren von den Indonesiern verzehrt.

Aus Israel, wo die Fische dank des Klimas ebenfalls während des ganzen Jahres wachsen können, liegen auch Angaben über eine sehr schnelle Massezunahme vor. So nahmen Karpfen von 0,1 bis 10g Einsatzmasse bis zu 3,65g, Karpfen von 10 bis 100g Einsatzmasse bis zu 10,9g und Karpfen von 100 bis 200g Einsatzmasse bis zu 18,1g täglich zu. In ägyptischen Reisfeldern können Karpfen von 5g in 6 Wochen auf 100g abwachsen.

In Südafrika erreichten vorgestreckte Karpfen aus Bayern in der Zeit vom 3. September bis zum 10. April des folgenden Jahres, d.h. in 7 Monaten (während der dortigen Sommerzeit), unter sehr günstigen Bedingungen eine Stückmasse von 3.624g. Nach 12 Monaten wogen die Fische 4.530g. In einem anderen Teich kamen vorgestreckte Karpfen (K_v) bei Düngung und Fütterung in 129 Tagen auf 834g. Die Besatzdichte betrug 988 K_v/ha, der Gesamtzuwachs 813kg/ha. Ähnliche Angaben liegen aus Uganda und Nigeria vor. In Venezuela waren dort eingeführte Karpfen von 150g Masse 9 Monate später 1.150 bis 1.700g schwer.

Werden Karpfen bei uns unter optimalen Temperaturbedingungen und bei reichlichem Nahrungsangebot gehalten, dann wachsen die Fische während des ganzen Jahres sehr schnell. Einsömmerige Karpfen von 10g, die für Versuchszwecke in durchströmten kleinen Becken bei einer gleichbleibenden Wassertemperatur von 23°C aufgezogen wurden, erreichten innerhalb von 12 Monaten 800g Masse. K_2 von 130g wogen nach 1 Jahr 2.500g und nach 16 Monaten 4.000g. In Warmwasseranlagen, die mit dem warmen Kühlwasser von Kraftwerken gespeist werden, beträgt der Stückzuwachs einsömmeriger Karpfen bei reichlicher Fütterung in 2 bis 3 Monaten mehrere hundert Gramm, d.h., die Karpfen erreichen in dieser Zeit einen Zuwachs, der sonst (in Teichen unter den bei uns herrschenden klimatischen Verhältnissen) während eines ganzen Sommers kaum zu erzielen ist. Bei Wassertemperaturen von etwa 27°C und intensiver Fütterung mit Trockenfutter nahmen Karpfen in Netzkäfigen zum Beispiel in reichlich zweieinhalb Monaten von 76 auf 487g zu. Karpfen, die unter ähnlichen Bedingungen bei 24°C aufgezogen wurden, wuchsen in 116 Fütterungstagen von 27g auf 294g ab. Das entspricht einem durchschnittlichen täglichen Stückzuwachs von 1,43%. Bei intensiver Fütterung, jedoch bis auf etwa 20°C fallenden Temperaturen erreichten diese Fische anschließend in 96 Tagen noch einen Zuwachs von 1.000g (täglicher Stückzuwachs 1,29%). Es lassen sich also unter günstigen Umweltbedingungen in 7 Monaten aus einsömmerigen Karpfen Speisefische von 1kg erzeugen, wofür in unseren Teichwirtschaften einschließlich der Wintermonate mehr als die doppelte Zeit benötigt wird.

Im Gegensatz zu dem guten Wachstumsvermögen des Karpfens, das sich um so besser entfalten kann, je günstiger die Umweltverhältnisse (insbesondere Temperatur und Nahrungsangebot) sind, stehen vereinzelte Beobachtungen über genetisch bedingten Zwergwuchs. Mitteilungen hierüber liegen aus verschiedenen Ländern vor. Die Zwergkarpfen traten mit unterschiedlicher Beschuppung (Schuppenkarpfen und Spiegelkarpfen) in normalen Karpfenbeständen auf. Typisch waren u.a. größere Augen, ein größerer Kopf sowie ein höherer Körper. Die Fische waren im Alter von 3 bis 4 Jahren teilweise nur 60 bis 230g, höchstens jedoch 500g schwer und hatten voll entwickelte Gonaden (Tab. 16). In Leistungsprüfungen und Kreuzungsexperimenten ließen sich geringe Wachstumsfähigkeit und schlechte Futterausnutzung eindeutig nachweisen. Eine Reinzucht der Zwergkarpfen war nicht möglich, die Vererbungsverhältnisse müssen als recht kompliziert angesehen werden. Bei der Auswahl von Laichfischen ist sorgfältig darauf zu achten, dass solche Karpfen nicht zur Zucht verwendet werden.

Über die Endgröße und das Endalter von Karpfen herrschen zum Teil recht abenteuerliche Vorstellungen. Berichte über »bemooste Häupter« von riesiger Größe und mehr als 100 Jahren Alter sind in das Reich der Fabel zu verweisen. Vor allem ältere Notizen müssen mit gebührender Vorsicht aufgenommen werden.

Tab. 16: Stückmassen von Zwergkarpfen unterschiedlichen Alters im Vergleich zu Normalkarpfen (nach ABDULAJEV & CHAKBERDIEV 1972).

Alter (Jahre)	Stückmasse der Zwergkarpfen (g)	Stückmasse der Normalkarpfen (g)
1	20	50
2	38	145
3	59	278
4	121	758

Vier- bis elfjährige Laichkarpfen beider Geschlechter aus deutschen Zuchtbetrieben hatten die in Tabelle 17 angegebenen Längen.

Tab. 17: Längen vier- bis elfjähriger Laichkarpfen aus deutschen Teichwirtschaften (nach SCHÄPERCLAUS 1955).

Alter (Jahre)	Gesamtlänge (cm)	Zahl der gemessenen Fische
4	51 (42-58)	5
5	56 (51-72)	28
6	60 (50-67)	20
7-8	66 (58-77)	11
9	68 (61-80)	8
10-11	73 (68-79)	19

Schon diese Tabelle zeigt, dass Karpfen von beträchtlicher Länge noch gar nicht so alt zu sein brauchen. Werden Fische von mehr als 10kg gefangen, so ist das häufig eine Mitteilung in der Presse wert. Fische von 20kg Masse stellen bereits beachtliche Fänge dar.

Bis heute sind mit Sicherheit weit über 50 Karpfen dokumentiert worden, die auf eine Stückmasse von mehr als 30kg kamen (CROW 2002). Die größten bekannt gewordenen Karpfen wogen über 40kg. Mehrfach konnten Karpfen von Anglern gefangen werden, deren Stückmasse zweifelsfrei 35kg überschritt (Tab. 18). Karpfen dieser Größe haben eine Länge von mehr als 1m. Besonders häufig wurden kapitale Karpfen in Frankreich geangelt. Die größten in Deutschland gefangenen Karpfen waren über 30kg schwer.

Tab. 18: Fänge besonders großer (>35 kg) Karpfen (Crow 2002, Fisch-Hitparade 2005).

Stückmasse (kg)	Jahr	Ort
42,0	1999	Sarulesti-See (Rumänien)
41,3	2000	See in Jugoslawien
38,9	2001	Wolga (Russland)
37,6	2005	Paquier des Graviers (Frankreich)
37,0	1981	Yonne (Frankreich)
37,0	1998	Sarulesti-See (Rumänien)
35,5	2003	Somme-Region (Frankreich)
35,4	1997	Sarulesti-See (Rumänien)
35,3	1999	Sarulesti-See (Rumänien)
35,2	1998	Mosel (Frankreich)
35,2	1986	Cassien-See (Frankreich)

Karpfen, die in den Frainer-Stausee (Österreich) ausgesetzt worden waren, hatten mit 15 bis 17 Jahren Stückmassen von 18 bis 26kg erreicht.

Nach Beobachtungen an Karpfen in Teichen kann das mittlere Endalter der Art mit etwa 25 bis 30 Jahren (Masse 25 bis 30kg, Länge über 1m) angegeben werden, während das maximale Endalter 35 bis 40 Jahre beträgt. Einzelne Exemplare können älter als 40 Jahre werden. Nach Überschreiten des mittleren Endalters konnten Vergreisungserscheinungen, wie Erblindung, Flossenmissbildungen und Rückgratverkrümmungen, beobachtet werden. Auch nahmen die Fische in der letzten Zeit ihres Lebens an Masse ab. Mit 42 Jahren waren von ursprünglich 60 Fischen nur noch 7 übrig, mit 45 Jahren lebte keiner mehr.

Ähnliche Feststellungen liegen über Karpfen aus einem kühlen Quellteich vor. Ein Teil der Fische erreichte nachweislich ein Alter von 43 bis 44 Jahren, die Alterssterblichkeit war in dieser Periode allerdings wahrscheinlich schon recht beträchtlich. Mit 42 bis 43 Jahren hatten diese Karpfen eine Masse von 8 bis 20kg erreicht. Das verhältnismäßig schlechte Wachstum ist auf die ungünstigen Temperaturverhältnisse zurückzuführen.

Als verbürgtes Höchstalter werden 47 Jahre angegeben. Auf jeden Fall dürfte der Karpfen unter den Süßwasserfischen Mitteleuropas hinsichtlich seiner Endgröße und seines Maximalalters mit an erster Stelle stehen.

6 Domestikation, Veränderungen des äußeren Erscheinungsbildes, Züchtung

6.1 Domestikation

Zur heutigen weltweiten Verbreitung des Karpfens haben Zuchtformen, die sich in verschiedener Hinsicht, u.a. auch bereits rein äußerlich, vom Wildkarpfen unterscheiden, wesentlich beigetragen. In manchen Fällen ist es nach gelungener Akklimatisation umgekehrt auch wieder zu Verwilderungserscheinungen gekommen. Mit Recht sind die Karpfen in den Teichwirtschaften als Haustiere anzusehen, denn als solche werden Tiere bezeichnet, die andere Eigenschaften als die Wildform aufweisen, wirtschaftlichen Nutzen bringen, sich unter menschlichem Einfluss regelmäßig fortpflanzen und der Züchtung unterworfen werden können. Sämtliche Punkte treffen zweifellos sowohl für Hund und Rind, Biene und Seidenraupe als auch für den in modernen Zuchtbetrieben gehaltenen Karpfen zu. Im Gegensatz zu klassischen Haustieren (Hund, Rind, Schwein, Schaf, Ziege, Esel, Pferd), die vielfach schon in der Steinzeit zu Haustieren wurden, erfolgte die Domestikation des Karpfens erst im Verlauf der letzten zwei Jahrtausende (Balon 2004). Die Anfänge liegen wahrscheinlich in der Römerzeit. Der Karpfen ähnelt daher in mancher Hinsicht dem Kaninchen, das ebenfalls ein verhältnismäßig junges Haustier ist und im späten Altertum domestiziert wurde.

Während wir häufig zu höher organisierten Haustieren ein gewisses persönliches Verhältnis haben, manche von ihnen, wie zum Beispiel der Hund, leben meist in unserer unmittelbaren Nähe, mangelt es uns beim Karpfen verständlicherweise an dieser Einstellung. Aus gefühlsmäßiger Sicht fällt es deswegen oft schwer, vom Karpfen als einem echten Haustier zu sprechen. Je stärker jedoch die Landwirtschaft und mit ihr die Tierzucht industrialisiert wird, desto mehr muss diese Bindung zum Menschen auch bei der Mehrzahl der übrigen Haustiere in Wegfall kommen, so bedauerlich das an sich ist. Die Situation des Karpfens ist in dieser Beziehung gut vergleichbar mit der eines Haustieres aus der Klasse der Insekten, nämlich der Honigbiene, bei der das Einzeltier praktisch keine Rolle spielt, sondern nur der Bestand als solcher von Interesse ist. Andererseits lässt sich vielfach ein enges Verhältnis von Koi-Liebhabern zu ihren Karpfen beobachten.

Die mit der Haustierwerdung des Karpfens verbundenen Veränderungen des äußeren Erscheinungsbildes zeigen sich besonders in der Reduktion der Beschuppung, in Farbabweichungen und in einer gedrungeneren Körperform. Hiermit sind bereits alle auf den ersten Blick erkennbaren Differenzen zwischen Wild- und Haustier angeführt. Da diese Punkte von allgemeinem Interesse sind, sollen sie in den folgenden Abschnitten ausführlicher behandelt werden. Es gibt darüber hinaus eine ganze Reihe von Unterschieden in anatomisch-physiologischer Hinsicht, die nicht ohne weiteres sichtbar sind.

Von erheblicher wirtschaftlicher Bedeutung ist das Wachstum. Bei vielen Nutztierarten ist die Verbesserung der Nahrungsausnutzung in Verbindung mit der Erhöhung der Wachstumsleistung wichtiges Zuchtziel. Ungeachtet aller Unterschiede, die es in Hinblick auf die Wachstumsfähigkeit bei den verschiedenen Formen von Wild- und Teichkarpfen geben mag, darf angenommen werden, dass die züchterischen Bemühungen des Menschen auf diesem Gebiet bereits deutliche Erfolge gebracht haben. Während die Wildkarpfen im Vergleich zu den Teichkarpfen im ersten Lebensjahr vielfach noch recht schnellwüchsig sind, übertrifft der Zuwachs der Teichkarpfen den der Wildform in den folgenden Jahren im Allgemeinen sehr beträchtlich. Bei einem Leistungsvergleich zwischen gleichalten Wildkarpfen aus dem Velence-See in Ungarn und deutschen Teichkarpfen, die bis zum Alter von drei Jahren gemeinsam aufgezogen wurden, waren die Teichkarpfen zwei- bis dreimal so schwer wie die Wildfische, die unter gleichen Bedingungen lebten (Abb. 31). Die Unterschiede waren bei intensiver Wirtschaftsweise, d.h. bei hoher Besatzdichte und Zufütterung, besonders groß. Die ungefütterten Wildkarpfen erreichten als K_3 449 g, die ungefütterten Teichkarpfen dagegen 1.121g. Bei den gefütterten Fischen, die bei entsprechend höherem Besatz gehalten wurden, betrugen die Stückmassen am Ende des dritten Sommers 320g (Wildkarpfen) und 1.048g (Teichkarpfen).

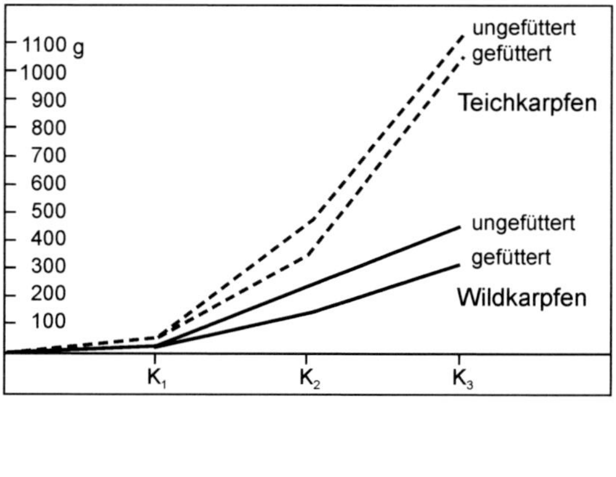

Abb. 31: Mittlerer Stückzuwachs ein- bis dreisömmeriger Wild- und Teichkarpfen bei gemeinsamer Aufzucht im gleichen Teich (Grafik: W. STEFFENS).

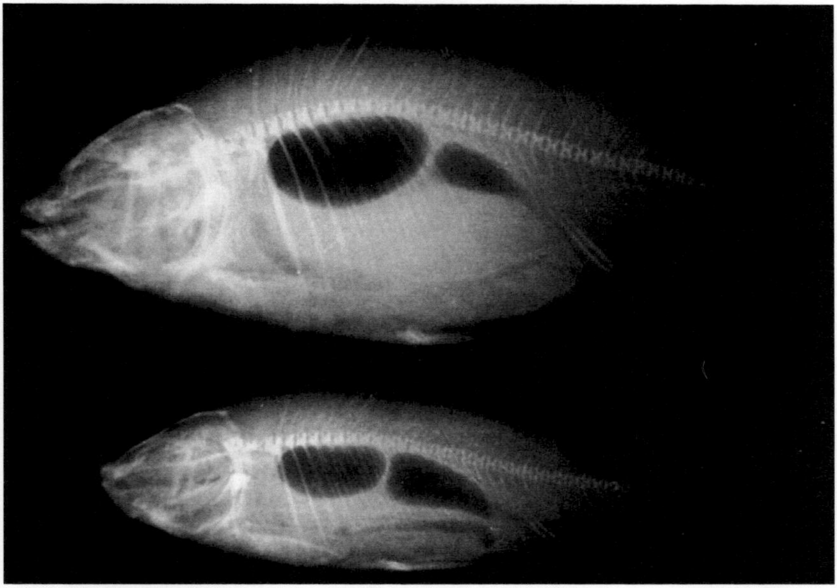

Abb. 32: Röntgenaufnahme eines dreisömmerigen Teichkarpfens (oben) und eines dreisömmerigen Wildkarpfens (unten), die die unterschiedliche Form der Schwimmblase gut erkennen lässt (Foto: W. Steffens).

Interessant sind auch die Veränderungen in der Form der Schwimmblase, die beim Teichkarpfen im Vergleich zur Wildform zu beobachten sind (Rudziński 1961, Steffens 1964b, Golovinskaja 1965). Die hintere Kammer der Schwimmblase hat bei den Wildkarpfen etwa die gleiche Länge wie die vordere oder sie ist sogar länger. Bei den Teichkarpfen ist die hintere Kammer dagegen meist sehr verkleinert (Abb. 32). Bei zwei- und dreisömmerigen Wildkarpfen verhielten sich die prozentualen Volumina von vorderer zu hinterer Schwimmblasenkammer wie 61 : 39, bei Teichkarpfen entsprechenden Alters wie 90 : 10. Möglicherweise besteht hier ein Zusammenhang mit der Kopfgröße, denn die Teichkarpfen haben einen relativ schwereren Kopf (vgl. Kapitel 6.4), was den stärkeren Füllungsgrad der vorderen Kammer bei den domestizierten Tieren erklären könnte.

In der Darmlänge sind ebenfalls Unterschiede zwischen Wild- und Teichkarpfen vorhanden. Werden Fische gleicher Masse verglichen, dann haben die Teichkarpfen einen längeren Darm als die Wildkarpfen (Steffens 1964b, Kafuku 1966).

Bei vergleichenden Untersuchungen mit Wildkarpfen aus der Donau und Teichkarpfen, die in Polen durchgeführt wurden, traten bei ersteren deutlich geringere Aufzuchtverluste ein (Wojno et al. 1972). Daraus ist auf eine höhere Resistenz der Wildkarpfen zu schließen. Dagegen wiesen die Teichkarpfen, wie mehrfach festgestellt, ein besseres Wachstum auf.

Schließlich gibt es auch im Verhalten Differenzen zwischen Wildkarpfen und domestizierten Fischen. Wildkarpfen sind im Allgemeinen scheuer und schneller beweglich (STEFFENS 1964b). Bei vergleichender Beanglung ließen sich domestizierte Karpfen viel leichter angeln als Wildfische, was auf die größere Fressgier der ersteren zurückgeführt wird (BEUKEMA 1969).

6.2 Beschuppung

Wie verschiedenartig die Beschuppung des Karpfens beschaffen sein kann, wissen die wenigsten. Von vollbeschuppten Exemplaren bis zu ganz schuppenlosen Tieren sind alle Übergänge vorhanden. Selten sind die beiden Körperseiten völlig gleich gestaltet; eine Ausnahme machen hierbei nur besonders regelmäßige Schuppenkarpfen. Riesenhaft vergrößerte Schuppen können neben winzigen Zwergschuppen von wenigen Millimetern Größe vorkommen.

Formen mit reduzierter Schuppenzahl treten zweifellos seit Hunderten von Jahren auf. Schon im 16. Jahrhundert wurden Spiegelkarpfen erwähnt. Allerdings erfolgte lange Zeit keine scharfe Trennung zwischen schwach beschuppten Fischen (Spiegelkarpfen) und gänzlich schuppenlosen Lederkarpfen. In den Jahren nach 1930 gelang es gleichzeitig einer Reihe von russischen Wissenschaftlern (vor allem KIRPIČNIKOV 1937 und GOLOVINSKAJA 1940) sowie PROBST (1953) in Deutschland durch eingehende Forschungen, Klarheit über die Vererbung der Beschuppung beim Karpfen zu gewinnen. Danach können vier Beschuppungsformen (Abb. 33) unterschieden werden:

Schuppenkarpfen

Dieser Typ stellt die ursprünglich vorhandene Form dar und bildet damit den Ausgangspunkt der heute bekannten Abweichungen. Nahezu alle Wildkarpfen sind voll beschuppt, und viele Länder (wie z.B. die Tschechische Republik und Ungarn) züchten in ihren Teichwirtschaften unter anderem Schuppenkarpfen. Schuppenkarpfen werden auch gern zum Besatz natürlicher Gewässer verwendet. Normalerweise sind die Schuppen sehr gleichmäßig angeordnet; es können jedoch auch Unregelmäßigkeiten und Lücken auftreten oder sogar ganze Schuppenpartien fehlen.

Abb. 33: Die vier Beschuppungstypen des Karpfens; von oben nach unten: Schuppen-, Spiegel-, Zeil- und Nacktkarpfen (Foto: W. STEFFENS).

Spiegelkarpfen

Dies ist die Form, der wir jetzt bei uns fast überall in unterschiedlicher Ausprägung begegnen. Am Rücken befindet sich meist eine Reihe von Schuppen, die vom Kopf bis zum Schwanz durchgeht. Der übrige Körper ist nackt, trägt jedoch in der Regel, vor allem an den Ansatzstellen der paarigen Flossen und besonders auf dem Schwanzstiel, größere oder kleinere unregelmäßig gestaltete Schuppenpartien.

Zeilkarpfen

Er wurde früher vom Spiegelkarpfen nicht unterschieden und ist auch am ehesten mit ihm zu verwechseln. Heute wissen wir jedoch, dass dieser Fisch hinsichtlich seiner erblichen Anlage eine besondere Beschuppungsform darstellt. Im »Idealfall« ist entlang der Seitenlinie eine Reihe von gleichmäßigen und großen Schuppen ausgebildet, die vom Kopf bis zum Schwanz reicht. Die Zeile kann sich verdoppeln oder verdreifachen, sie kann aber auch teilweise in Wegfall kommen, so dass nur noch einzelne Schuppen auf der Seitenlinie übrigbleiben. Auch am Rücken ist meist eine Schuppenreihe vorhanden.

Nacktkarpfen

Früher wurden vielfach die sehr schwach beschuppten oder gänzlich schuppenlosen Fische als Lederkarpfen bezeichnet. Seit der Klärung des Erbganges wird für diese Form der Ausdruck Nacktkarpfen benutzt. Es soll damit eine klare Abgrenzung zum Spiegelkarpfen geschaffen werden, wenn auch Verwechslungen im äußeren Erscheinungsbild in ungünstigen Fällen vorkommen können. Dieser Typ ist im Extremfall gänzlich unbeschuppt, es können aber einzelne Schuppen an allen Körperstellen auftreten.

Für die Vererbung der Beschuppung gelten die folgenden beiden Hauptregeln:

1. Die Beschuppung des Karpfens wird durch zwei Erbfaktoren und deren Allele bestimmt. Der eine Faktor ruft Vollbeschuppung hervor, er wird mit S, sein Allel mit s bezeichnet. Für die Schuppenlosigkeit sind der andere Erbfaktor und dessen Allel, als N bzw. n bezeichnet, verantwortlich.
2. Der Erbgang folgt den Mendelschen Regeln. Ein Letalfaktor, bedingt durch das Zusammentreffen von 2 N im Erbbild eines Individuums, verhindert einen Teil der möglichen Kombinationen und verschiebt bei einer Reihe von Aufspaltungen das Zahlenverhältnis.

Die vier Beschuppungstypen sind daher in ihrer Erbanlage folgendermaßen charakterisiert:

Schuppenkarpfen - Fische, die das Gen S in ihrem Erbbild enthalten:
SSnn (reinerbig)
Ssnn (nicht reinerbig)

Spiegelkarpfen - Fische, die weder das Gen S noch das Gen N haben:
ssnn (reinerbig)

Zeilkarpfen - Fische, die die Gene S und N zusammen in ihrem Erbbild haben:
SsNn (nicht reinerbig)
SSNn (nicht reinerbig)

Nacktkarpfen - Fische, die das Gen N aufweisen:
ssNn (nicht reinerbig)

Bei den letzten beiden Typen fehlen die theoretisch möglichen Formen, bei denen das Gen N doppelt auftritt; diese Fische sind nicht lebensfähig.

Zwei Beispiele seien aus der großen Zahl der möglichen Kreuzungen herausgegriffen. Sie zeigen, welche Aufspaltungen auftreten, wenn mit nicht reinerbigen Formen gezüchtet wird. Die Paarung von Spiegelkarpfen (*ssnn*) untereinander gibt immer wieder Spiegelkarpfen:

ssnn x ssnn
ssnn
(100%)

Werden dagegen Zeilkarpfen (SsNn) gekreuzt, so gibt das eine Aufpaltung in alle vier Beschuppungsformen:

SsNn x SsNn

Zeilkarpfen	Schuppenkarpfen	Nacktkarpfen	Spiegelkarpfen
(50%)	(25%)	(17%)	(8%)

Bei der Mannigfaltigkeit der Schuppenbildung muss damit gerechnet werden, dass die Probleme noch wesentlich komplizierter sind, als sie bisher schon vielen erscheinen mögen. So ist es durchaus denkbar, dass die Beschuppung polyfaktoriell vererbt wird.

Besondere Bedeutung gewannen diese Untersuchungen, als sich zeigte, dass mit der Beschuppung einige andere, zum Teil wirtschaftlich wichtige Eigenschaften gekoppelt vererbt werden. Die Erbfaktoren haben also eine pleiotrope, sich nach verschiedenen Richtungen hin erstreckende Wirkung. So steht die Beschuppung in engem Zusammenhang mit der Lebensfähigkeit und dem Wachstum, mit der Struktur der Flossen, der Zahl der Kiemenreusenzähne, der Kiemenblättchen und der Schlundzähne sowie mit dem Regenerationsvermögen. Immer wieder ließ sich feststellen, dass Schuppenverlust eine allgemeine Degenerationserscheinung ist, die andere körperliche Mängel nach sich zieht.

Die Verluste im ersten Lebensjahr liegen bei Spiegelkarpfen nur wenig, bei Zeil- und Nacktkarpfen dagegen wesentlich höher als bei Schuppenkarpfen. Unter guten Umweltbedingungen konnten bei Zeil- und Nacktkarpfen bis zu 20% höhere Verluste, unter sehr ungünstigen Verhältnissen bis zu 60 oder 70% höhere Verluste festgestellt werden. Auch im zweiten und dritten Lebensjahr haben Schupper und Spiegler noch eine bessere Lebensfähigkeit.

Mindestens ebenso wichtig für die praktische Teichwirtschaft sind die Unterschiede zwischen den einzelnen Beschuppungsformen im Wachstum. Der Spiegelkarpfen steht dem Schuppenkarpfen in dieser Hinsicht nicht allzusehr nach, erheblich schlechter wachsen aber Zeil- und Nacktkarpfen, wie wiederholt nachgewiesen werden konnte. Bei eigenen Untersuchungen ergaben sich die in Tabelle 19 aufgeführten Werte.

Tab. 19: Unterschiede in der Stückmasse zwischen den vier Beschuppungstypen bei Aufzucht im gleichen Teich. Angaben in %, Schuppenkarpfen = 100% (nach Steffens 1966a).

Beschuppungstyp	K_{0-1}	K_{1-2}
Schuppenkarpfen	100	100
Spiegelkarpfen	94	94
Zeilkarpfen	86	91
Nacktkarpfen	80	83

Gleichzeitig mit dem Schuppenverlust erfolgt eine Reduktion anderer Hartgebilde des Karpfenorganismus.

Nacktkarpfen haben fast stets eine defekte Rückenflosse, der einzelne oder zahlreiche Flossenstrahlen fehlen. Auch die Afterflosse ist häufig verkümmert. Bei Zeilern kommen derartige Erscheinungen, allerdings nicht ganz so ausgeprägt, ebenfalls vor. Spiegelkarpfen haben dagegen nur in Ausnahmefällen missgebildete Rücken- und Afterflossen (Tab. 20). In der Zahl der Flossenträger der Rückenflosse gibt es zwischen den vier Beschuppungstypen keine Differenzen. Verluste einer oder beider Bauchflossen sind auch hin und wieder, jedoch gleichmäßig bei allen Typen, zu finden und stehen offenbar mit der Beschuppung nicht in Verbindung.

Tab. 20: Durchschnittliche Strahlenzahl (Hartstrahlen/Weichstrahlen) von Rücken- und Afterflosse bei einsömmerigen Karpfen der vier Beschuppungstypen (nach Steffens 1966a).

Beschuppungstyp	Rückenflosse	Afterflosse
Schuppenkarpfen	2,94/19,2	2,42/5,2
Spiegelkarpfen	2,97/19,3	2,34/4,9
Zeilkarpfen	2,76/17,0	2,15/4,2
Nacktkarpfen	2,82/13,2	2,10/3,4

Ganz ähnlich wie bei den Anomalien von Rücken- und Afterflosse verhält es sich mit der Zahl der Reusenzähne (Kiemendornen) und der Kiemenblättchen. Sie ist bei Schuppen- und Spiegelkarpfen annähernd gleich groß, verringert sich aber bei Zeil- und Nacktkarpfen, und zwar werden von der Reduktion alle vier Kiemenbögen (äußerer und innerer Rand) gleichermaßen betroffen. Als Beispiel ist in Tabelle 21 die Zahl der Reusenzähne des ersten Kiemenbogens zweisömmeriger Karpfen aufgeführt. Da sich Reusenzähne und Kiemenblättchen selbst bei gut gewachsenen K_1 in der Regel noch nicht in ihrer endgültigen Zahl ausgebildet haben, muss bei diesbezüglichen Untersuchungen auf die Größe der Fische geachtet werden.

Die Schlundzahnformel des Karpfens wurde bereits im Kapitel 2 behandelt. Normalerweise sind 10 Schlundzähne vorhanden, doch kommen selbst bei Schuppenkarpfen vereinzelt Ausnahmen vor. Der Spiegelkarpfen ähnelt in Hinblick auf die Zahl der Schlundzähne dem Schuppenkarpfen sehr, eine auffällige Reduzierung ist bei den Zeil- und Nacktkarpfen festzustellen (Tab. 22). Bei letzteren hatten nur 40 bzw. 12% 10 Schlundzähne, so dass die Schlundzahnformel für diese Typen nicht mehr zutrifft.

Zu Markierungszwecken werden oft eine oder beide Bauchflossen abgeschnitten. Hierbei konnte festgestellt werden, dass das Regenerationsvermögen bei Schuppen- und Spiegelkarpfen stärker ausgeprägt ist als bei Zeil- oder Nacktkarpfen.

Tab. 21: Durchschnittliche Zahl der Reusenzähne des ersten Kiemenbogens bei zweisömmerigen Karpfen der vier Beschuppungstypen (nach STEFFENS 1966a).

Beschuppungstyp	Äußerer Rand	Innerer Rand
Schuppenkarpfen	24,6	30,4
Spiegelkarpfen	24,8	30,3
Zeilkarpfen	21,6	27,7
Nacktkarpfen	20,5	27,3

Tab. 22: Durchschnittliche Zahl und Variationsbreite der Schlundzähne bei den vier Beschuppungstypen des Karpfens (nach STEFFENS 1966a).

Beschuppungstyp	Durchschnitt	Variationsbr.
Schuppenkarpfen	9,9	8-12
Spiegelkarpfen	9,6	8-10
Zeilkarpfen	8,8	7-10
Nacktkarpfen	8,2	6-10

Wir sehen also, dass bei einer wertmäßigen Beurteilung aller Formen der Schuppenkarpfen immer wieder an der Spitze liegt, dicht gefolgt vom Spiegler. In größerem Abstand kommen dann, ebenfalls eng zusammenliegend, Zeiler und Nacktkarpfen. Für die Karpfenteichwirtschaft sind daher in Ländern, wo die Hausfrau vor etwas größerer Küchenarbeit nicht zurückschreckt, Schuppenkarpfen wirtschaftlich zweckmäßig, während dort, wo die Schuppen als störend empfunden werden, Spiegler gezüchtet werden. Zeiler und Nacktkarpfen werden in gut arbeitenden Betrieben immer seltener. Auch ohne diese Fische ist es möglich, sowohl den Wünschen des Verbrauchers als auch den Wünschen des Erzeugers gerecht zu werden.

6.3 Färbung

Wie bereits an anderer Stelle (Kapitel 5.1) geschildert, bestimmen schwarze, rote und gelbe Farbstoffe sowie das Guanin die Färbung beim Fisch. Fallen einzelne Farbkomponenten durch Mutationen aus, so entstehen erbliche Variationen wie

- Xanthorismus (durch Fehlen des Melanins): rötliche Färbung;
- Albinismus (durch Fehlen von Melanin und Lipochromen): weißliches Aussehen;
- Melanismus (durch Fehlen der Lipochrome): Schwarzfärbung;
- Alampie (durch Fehlen des Guanins): Blaufärbung.

In mitteleuropäischen Teichwirtschaften können beim Karpfen hauptsächlich vier verschiedene Färbungen festgestellt werden: gelb, grau, braun und blau. Die Reihenfolge dürfte dabei gleichzeitig die Häufigkeit wiedergeben. In den meisten Fällen ist die Zugehörigkeit zu einem bestimmten Farbtyp ohne weiteres zu erkennen. Da aber in vielen Zuchtbetrieben keine farblich reinen Stämme vorliegen, finden sich auch Übergänge, die eine einwandfreie Zuordnung erschweren. Bei den gelben, grauen und braunen Karpfen sind im Wesentlichen die Bauchpartien für den Farbeindruck maßgeblich. Die Unterschiede in der Rückenfärbung sind in der Regel weniger hervorstechend. Ein Einfluss der Färbung auf andere Eigenschaften (also eine pleiotrope Wirkung), etwa auf Wachstum oder Resistenz gegen Krankheiten, ließ sich bisher nicht sicher ermitteln und ist auch wenig wahrscheinlich. Möglicherweise könnten graue Karpfen jedoch etwas krankheitsanfälliger als gelbe Fische sein.

Im Gegensatz zu der relativ unscheinbaren Färbung der normalen Teichkarpfen können gelegentlich xanthoristische Farbmutationen beobachtet werden, die in dieser Hinsicht den Goldfischen, also den goldfarbenen Giebeln (*Carassius auratus*), gleichen. Die gold-orange Färbung wird durch das rezessive Gen g bedingt. Dagegen beruht die Rotfärbung auf dem dominanten Gen R in homozygoter oder heterozygoter Form (Hollebecq & Haffray 1995).

Bei den hin und wieder auftretenden blauen Karpfen haben wir es mit der oben erwähnten Alampie zu tun. Die Fische sehen wässrigblau aus, ihre Haut erscheint stumpf und dünn. Schon bei 1g schweren Fischen ist diese Färbung deutlich erkennbar, vor allem an der Bauchseite. Die Erscheinung geht im Alter etwas zurück, verschwindet aber nicht völlig. Probst (1949) unterschied neben der blauroten noch eine blauviolette Form und konnte in Züchtungsversuchen beweisen, dass die blaurote Färbung eine rezessive Eigenschaft ist, die nach den Mendelschen Regeln vererbt wird. Bei der Kreuzung eines normalen mit einem blauen Karpfen sind also alle Fische der ersten Nachkommengeneration normalfarbig, in der zweiten Generation erfolgt dann eine Aufspaltung in blaue und normalgefärbte Tiere im Verhältnis 1 : 3, wobei alle blauen und von den normalen ein Drittel reinerbig sind. Über das Wachstum der Bläulinge oder Schleienkarpfen, wie sie in manchen Gegenden genannt werden, herrschen geteilte Ansichten. Włodek (1963) wies nach, dass Bläulinge in jüngeren Altersstadien besser als normal gefärbte Fische, später aber wesentlich langsamer wuchsen.

In den Tropen scheint eine weit stärkere Tendenz zur Neubildung von Farbvarianten zu herrschen als in den gemäßigten Zonen, denn Xanthorismus und Albinismus treten in den wärmeren Gebieten der Erde bei verschiedenen Fischarten häufig auf (z.B. bei zahlreichen Cypriniden und Siluriden). Natürlich kann auch mit einer bewussten Auslese von Schmuckfarben durch den Menschen gerechnet werden, da z.B. der Karpfen auf Java seit Jahrhunderten als Haustier gezogen wird. Die gewöhnlichste Form des Karpfens, dort als Ikan mas, d.h. goldener Fisch, bezeichnet, kommt in einer Fülle von verschiedenen Farben vor. Neben Fischen, die dem europäischen Karpfen ähneln, kommen Übergänge von schwarz bis olivbraun vor, ferner ganz schwarze, bläuliche, gedeckt messinggelbe, grünliche, goldfarbene, gefleckte oder getigerte, weißliche, rosafarbene und zitronengelbe Tiere. Die Farbschläge werden meist durcheinander gezüchtet, ein goldfarbenes Paar kann daher sehr verschiedene Nachkommen haben. Die Sundanesen Westjavas, lebenslustige Menschen, bevorzugen die goldenen Fische, während die eigentlichen Javaner in Mittel- und Ostjava lieber dunkle Karpfen züchten, da der Genuss goldener Tiere ihrer Meinung nach sinnlich aufreizend wirkt.

Auch unter den vietnamesischen Karpfen kommen weißliche, violette, rote, schwarze und gefleckte Exemplare vor (TRẦN DINH-TRONG 1967). In einem See im amerikanischen Bundesstaat Arizona wurden albinotische Karpfen beobachtet, die allerdings dunkle Augen hatten, also offensichtlich keine echten Albinos waren. Ihr Anteil an der Gesamtpopulation lag unter 1%.

Die heute in vielen Gartenteichen gehaltenen Farb- oder Zierkarpfen, die meist Koi genannt werden, haben ihren Ursprung in Japan. Koi oder Goi ist das japanische Wort für Karpfen, der normal gefärbte Speisekarpfen wird dort als Magoi, der Farbkarpfen als Nishikigoi bezeichnet. Der Name für rote Karpfen ist Higoi.

Die intensive Zucht von Farbkarpfen begann wahrscheinlich in der ersten Hälfte des 19. Jahrhunderts in der Präfektur Niigata an der Nordwestküste der japanischen Hauptinsel Honshu, wo sich große Flächen von terrassenförmig angelegten Teichen und Reisfeldern befinden. Die prächtig gefärbten Fische wurden im Laufe der Jahre immer beliebter, und 1914 waren Farbkarpfen auf einer großen Ausstellung in Tokio zu sehen und fanden erhebliche Bewunderung. Aufgrund genetischer Untersuchungen ist anzunehmen, dass in manchen Beständen von japanischen Zierkarpfen Erbmaterial von importierten europäischen Karpfen enthalten ist. Nach dem Ende des zweiten Weltkrieges erlebte die Koizucht einen beträchtlichen Aufschwung, und mit der Entwicklung der Luftfahrt begann die internationale Verbreitung der Fische. Heute besteht weltweit ein riesiger Koimarkt, es gibt Bewertungskriterien, nach denen Zierkarpfen auf Ausstellungen beurteilt werden, und Liebhaber in vielen Ländern haben sich zu Koivereinigungen zusammengeschlossen. Für besonders schön gefärbte Fische werden enorme Preise gezahlt. Weitere detaillierte Informationen finden sich in speziellen Büchern über Zierkarpfen (KUROKI 1990, TEICHFISCHER 1991, 2001).

Insgesamt werden mehr als 100 Koi-Farbvarianten unterschieden. Diese werden oft auch als Zuchtformen bezeichnet, obwohl sich die züchterische Arbeit erst in den Anfängen befindet und die auftretenden Farben und Zeichnungen nur in

geringem Umfang genetisch fixiert sind. Die Nachkommen eines Elternpaares sind daher meist sehr unterschiedlich gefärbt, und den Idealvorstellungen der Züchter entsprechende Fische treten nur ganz vereinzelt auf.
Über die für die verschiedenen Farbvarianten verantwortlichen Gene und die Vererbung der Farbmuster gibt es erste Erkenntnisse, aber noch keinen umfassenden Überblick (Kirpičnikov 1987). Die meisten Zierkarpfen sind vollbeschuppt, es treten aber auch Formen mit reduzierter Beschuppung (z.B. Spiegelkarpfen) auf, für die der Name Doitsu benutzt wird und die auf Einkreuzung europäischer Karpfen zurückgehen könnten.

Die Koi werden meist in folgende Hauptgruppen eingeteilt (klassifiziert):

Kohaku

Diese Fische haben eine weiße Grundfarbe und besitzen rote Flecken, die möglichst tiefrot und scharf abgegrenzt sein sollen (Tafel 1 oben). Die roten Flecken sollen sich nicht nur an einer, sondern an beiden Körperseiten befinden und flächenmäßig reichlicher als die weiße Farbe vertreten sein. Erwünscht ist außerdem, dass der Kopf eine rote Färbung aufweist, die möglichst nur bis an die Augen und nicht über die Nasenlöcher gehen sollte. Fehlt die Kopffärbung, wird der Fisch als »Kahlkopf« bezeichnet und hat bei Wettbewerben keine Chance. Die Flossen sollen reinweiß sein.

Taisho-Sanke

Diese Form ist dreifarbig und durch rote (japanisch: hi) und schwarze (japanisch: sumi) Flecken auf weißem Grund gekennzeichnet. Die Farbflecken sollen kräftig ausgeprägt, gut abgegrenzt und in ihrer Ausbreitung ausgewogen auf dem ganzen Körper verteilt sein. Auf Kopf und Schwanz soll sich kein Schwarz befinden. Rote Färbung der Flossen ist unerwünscht, angestrebt werden schwarze Streifen auf weißem Grund.

Showa-Sanshoku

Die Farbvarietät ist wie der Taisho-Sanke dreifarbig, die schwarzen Flecken sind aber bei dieser Gruppe weit stärker ausgeprägt. Die Grundfarbe soll weiß wie Schnee, die Hi-Fleckung rot wie Blut und das Schwarz dunkel wie Ebenholz sein. Die weiße Farbe nimmt etwa 20% der Körperoberfläche ein. Alle Farben müssen deutlich voneinander abgegrenzt sein. Wichtig ist, dass auch der Kopf eine schwarze Fleckung aufweist. Die Basen der Brustflossen sind schwarz gefärbt.

Bekko

Zu dieser Gruppe gehören zweifarbige Karpfen, die eine weiße, gelbe oder rote

Grundfarbe besitzen, auf der sich schwarze Flecken befinden. Entsprechend ihrer Grundfarbe werden sie Shiro-Bekko, Ki-Bekko oder Aka-Bekko genannt. Der Kopf dieser Formen soll frei von schwarzen Flecken sein. Die Flossen auch der gelben und roten Fische sind meist weiß und können schwarze Streifen enthalten.

Utsurimono

Im Gegensatz zum Bekko hat der ebenfalls zweifarbige Utsurimono eine schwarze Grundfarbe, die mit weißen (Shiro-Utsuri), gelben (Ki-Utsuri) oder roten Flecken (Hi-Utsuri) versehen ist (Tafel 1 Mitte). Bei diesen Farbvarianten ist auch auf dem Kopf Schwarzfärbung vorhanden. Die Ansätze der weißen Brustflossen sollen größere schwarze Flecken aufweisen.

Asagi

Diese Form hat eine einfache (möglichst helle) blau-graue Rückenfarbe, die untere Körperhälfte des Kopfes und der Körper unterhalb der Seitenlinie sind kräftig rot gefärbt. Die Kopfoberseite ist weißlich. Die Schuppen auf dem Rücken besitzen ein dunkles Zentrum und eine hellere Randzone, so dass eine Netzzeichnung entsteht. Auch die Ansätze der Flossen sind rot.

Shusui

Diese Zierkarpfenform ist ein Asagi, der jedoch nicht vollbeschuppt ist, sondern eine Spiegel- oder Zeilbeschuppung (Doitsu) aufweist. Es befindet sich also eine Reihe gleichmäßig großer Schuppen beiderseits auf dem Rücken und unter Umständen entlang der Seitenlinie. Die rote Färbung des Bauches kann bis zur Rückenpartie reichen (Tafel 1 unten).

Koromo

Der Koromo ist ein weißer Zierkarpfen mit roten Flecken und entspricht in dieser Hinsicht einem Kohaku. Die Rotfärbung soll sehr kräftig sein und ein dunkles netzartiges Muster aufweisen.

Kawarimono

In dieser Klasse werden zahlreiche Farbvarianten ohne Metallglanz zusammengefasst. Neben vollbeschuppten Fischen sind auch Spiegelschupper (Doitsu) vertreten. Es gibt viele Untergruppen, die teilweise einfarbig, teilweise mehrfarbig sind. Hier finden sich unter anderem fast schwarze (Karasugoi) und schwarz-weiße Fische (Hajiro, Hageshiro, Kumonryu). Rot-schwarz gefärbte Zierkarpfen mit netzartiger Zeichnung (Aka-Matsuba), gelb-schwarz gefärbte mit netzartiger Zeichnung (Ki-Matsuba) sowie weiß-schwarz gefärbte mit Netzzeichnung (Shiro-Matsuba) werden wegen ihres Musters auch Pinienzapfen-Koi genannt. Goshiki sind fünffarbig und tragen die Farben Rot, Weiß, Schwarz, Blau und Dunkelblau. Bei stärkerer Vermischung dieser Farben erscheint der Körper purpurviolett gefärbt. In die große Hauptgruppe der Kawarimono werden auch einfarbige Koi gestellt. Es gibt einfarbig rote (Aka-Muji, Benigoi), gelbe (Kigoi) und braune Zierkarpfen (Chagoi). Der Kigoi kann auch rötliche Augen haben. Midorigoi sind grünlich gefärbte Zierkarpfen.

Hikarimono (Ogon)

Die Gruppe umfasst metallisch-glänzende einfarbige Fische. Es gibt weiße, silbergraue, goldgelbe und rötliche Formen (Tafel 2 oben). Hierzu gehört z.B. der Platin-Ogon. Auch in dieser Gruppe finden sich spiegelbeschuppte Zierkarpfen (Doitsu).

Hikari-Utsurimono

In diese Gruppe werden metallisch-glänzende Fische eingeordnet, die in der Färbung den Showa und Utsuri entsprechen und für die die gleichen Bewertungskriterien gelten. Sie sind durch Kreuzungen zwischen Ogon und Showa-Sanshoku bzw. Utsuri entstanden (Tafel 2 Mitte).

Hakarimoyo-mono

Hier finden sich metallisch-glänzende mehrfarbige Zierkarpfen, die nicht von der Utsuri-Gruppe abstammen. Sie sind vielfach sehr farbenprächtig. Zu dieser Klasse zählen unter anderem der Hariwake, der gold-silbern glänzend ist, der Yamoto-Nishiki, ein dreifarbiger, metallisch-glänzender Zierkarpfen, der Kikusui mit Doitsu-Beschuppung (Wasserchrysantheme), der Kujaku und der Tora-Ogon.

Tancho

Unter dem Namen Tancho werden Zierkarpfen mit weißer Grundfärbung zusammengefasst, die sich durch einen dunkelroten Fleck auf dem Kopf auszeichnen (Tafel 2 unten). Diese Zeichnung ähnelt der japanischen Nationalflagge. Der Fleck kann kreisförmig, oval, herzförmig oder viereckig sein. An anderen Stellen soll sich kein Rot befinden. Der Körper der Fische kann reinweiß sein, oder schwarze Flecken tragen.

Kinginrin

Diese Gruppe ist durch das Auftreten von perlmuttartig irisierenden Schuppen charakterisiert. Ihre Zahl sollte nicht zu gering sein und mindestens 20 betragen. Es gibt beispielsweise Kinginrin-Kohaku, Kinginrin-Sanke und Kinginrin-Showa.

6.4 Körperform

Der Wildkarpfen in den Seen und Flüssen Südosteuropas und Asiens hat eine gestreckte, schlanke Körperform, wie das deutlich in Abb. 34, die einen Fisch aus dem Velence-See in Ungarn zeigt, zu sehen ist. Demgegenüber bieten die z.B. in mitteleuropäischen Teichwirtschaften gezüchteten Karpfen ein ganz anderes Bild, sie sind wesentlich hochrückiger (Abb. 35 und 36). Die Körperform des Karpfens hat durch die Domestikation, die züchterische Auslesearbeit, die der Mensch seit Jahrhunderten leistet und mit der schon im Mittelalter begonnen wurde, eine entscheidende Änderung erfahren (STEFFENS 1964b). Auch wenn Wild- und Teichkarpfen unter gleichen Umweltbedingungen herangezogen werden, bleiben die Wildfische deutlich gestreckter (Abb. 37).

Abb. 34: Wildkarpfen aus dem Velence-See in Ungarn von sehr langgestreckter Körperform (Foto: W. STEFFENS).

Abb. 35: Vollbeschuppter, hochrückiger Teichkarpfen aus einem böhmischen Zuchtbetrieb (Foto: W. STEFFENS).

Abb. 36: Hochrückiger Deutscher Teichkarpfen aus der Oberlausitz (Foto: W. STEFFENS).

Abb. 37: Dreisömmerige Teich- und Wildkarpfen, die vom Brutstadium an gemeinsam aufgezogen wurden, unterscheiden sich deutlich in ihrer Körperform (Foto: W. STEFFENS).

Bei gleicher Gesamtlänge haben die Wildkarpfen also eine geringere Masse als die Teichfische (Abb. 38).

Erbfaktoren sind es aber nicht allein, die die Körperform bestimmen. Der Karpfen weist in dieser Hinsicht eine außerordentlich große Plastizität auf. Vererbt wird stets nur eine bestimmte Reaktionsnorm. Zusammen mit ihr sind verschiedene andere innere und äußere Faktoren, wie Alter, Geschlecht, Klima, Ernährung und Gesundheitszustand, für die endgültige Prägung der Körperform verantwortlich. Besonders große Bedeutung kommt dem Ernährungszustand zu. In Flüssen kann eventuell auch die Wasserströmung eine Rolle spielen.

Es ist bekannt, dass Fischarten aus stark fließenden Gewässern allgemein einen im Querschnitt rundlicheren Körper haben (z.B. Forellen und Elritzen) als Arten, die im Unterlauf von Flüssen oder in Seen vorkommen (z.B. Bleie und Plötzen).

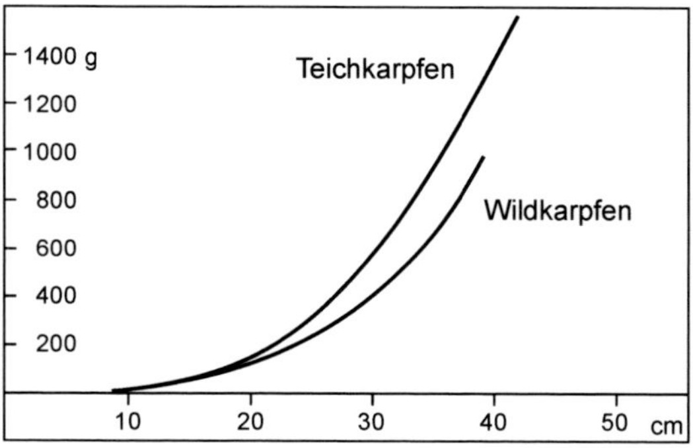

Abb. 38: Die Beziehungen zwischen Gesamtlänge und Masse bei ein- bis dreisömmerigen Wild- und Teichkarpfen (Grafik: W. STEFFENS).

Zur Charakterisierung der Körperform des Karpfens werden verschiedene Maße und Quotienten benutzt, deren Anwendung sich als brauchbar erwiesen hat. Wichtige Grundmaße sind neben der Körpermasse (p) die Gesamtlänge (L), die Körperlänge vom Maul bis zum Beginn der Schwanzflosse (l), die Körperbreite (B), die größte Körperhöhe (H) und die Kopflänge vom Maul bis zum hinteren Rand des Kiemendeckels (K). Folgende Quotienten werden häufig benutzt: Der Körperlängen-Höhen-Quotient l/H, der Körperfülle- oder Korpulenzfaktor k ($100 \cdot p/L^3$), das Verhältnis von Körperlänge zur Körperbreite l/B und schließlich das Verhältnis von Körperlänge zu Kopflänge l/K.

Für in Teichen aufgezogene Wildkarpfen aus dem Velence-See stellte ich einen Längen-Höhen-Quotienten (l/H) von etwa 3 fest. Die japanischen Wildkarpfen sind noch gestreckter und haben ein Längen-Höhen-Verhältnis von 3,6, während anatolische Wildfische einen Wert von 2,8 aufweisen. Bei unseren Teichkarpfen finden wir im Mittel etwa 2,5. Die altersbedingten Unterschiede sind zwischen ein- bis dreisömmerigen Fischen vielfach sehr gering und lassen kaum Gesetzmäßigkeiten erkennen. In höherem Alter werden die Karpfen manchmal etwas gestreckter. Eventuell wird diese Erscheinung aber auch mehr vom Ernährungszustand als vom Alter beeinflusst.

Der Körperfüllefaktor liegt bei Wildkarpfen meist zwischen 1,4 und 1,7, für mitteleuropäische Teichkarpfen schwankt er normalerweise zwischen 1,9 und 2,4.

Das Verhältnis l/B beträgt für Wildkarpfen 5,3 bis 5,7, für Teichkarpfen 4,3 bis 4,9. Die Teichkarpfen sind also nicht nur höher als die Wildkarpfen, sondern weisen auch eine größere Körperbreite auf.

Junge Karpfen haben einen verhältnismäßig großen Kopf. Kopflänge und Kopfmasse werden aber mit zunehmender Fischgröße relativ geringer (Tab. 23). Wildkarpfen zeichnen sich gegenüber Teichkarpfen durch einen kleineren Kopf aus.

Tab. 23: Die Kopfmasse (in % der Gesamtmasse) bei verschieden großen Teichkarpfen (nach WUNDER 1949).

Stückmasse (g)	100	500	1.000	1.500	3.000
Kopfmasse (%)	25	20	17	14	11

Interessant ist, dass mit dem relativ größeren Kopf der Teichkarpfen auch eine größere Maulöffnung verbunden ist. Es liegt der Gedanke nahe, dass zwischen diesem morphologischen Merkmal und dem besseren Wachstum der domestizierten Fische eine Beziehung besteht. Mit dem Wachstum des Fisches nimmt die Schwanzlänge ebenso wie die Kopfgröße relativ ab. Bei Messungen an 700 Karpfen aus verschiedenen sächsischen Teichwirtschaften ergaben sich die in Tabelle 24 angegebenen Prozentzahlen für die Schwanzlänge im Verhältnis zur Gesamtlänge.

Tab. 24: Schwanzlänge (S in % der Gesamtlänge L) bei verschieden großen Teichkarpfen.

L (cm)	16-20	21-25	26-30	31-35	36-40	41-45
S (%)	18,0	17,1	15,9	15,3	15,4	14,4

Auch das Geschlecht kann bei der Ausprägung der Körperform eine Rolle spielen. Oftmals sind die Milchner etwas gestreckter als die Rogener.

Besonders auffallend sind die Einwirkungen von Umweltfaktoren, insbesondere der Ernährungsverhältnisse, auf die Körperform des Karpfens. Daneben kommt auch dem Gesundheitszustand beträchtliche Bedeutung zu. In einem Teich mit reichlichem Nahrungsangebot, sei es durch starke Entwicklung der Kleintierwelt oder durch intensive Fütterung von Seiten des Menschen oder durch ganz schwachen Besatz, können Karpfen außerordentlich hochrückig werden. Gleich hinter dem Kopf steigt dann der Rücken steil empor und verläuft wohlabgerundet zum Schwanz hin. Auch Tiere, die vielleicht im ersten Jahr mager und schlank geblieben sind, weil sie hungern mussten, können unter günstigen Bedingungen später solche hohe Körperform erlangen. Andererseits werden die Karpfen wieder niedriger und verlieren ihren Buckel, wenn sie aus guten Verhältnissen in schlechte, also beispielsweise ganz nahrungsarme oder zu stark besetzte Gewässer kommen.

Die Breite nimmt bei Fischen, die widrigen Umweltfaktoren ausgesetzt sind, ebenfalls ab. Die Muskelpartien oberhalb der Seitenlinie fallen dann ein, und die

Karpfen bekommen einen »Messerrücken«. Zur Charakterisierung eignet sich in diesen Fällen der Korpulenzfaktor recht gut. Wenn K_2 in mitteleuropäischen Teichwirtschaften während des Winters gewöhnlich um 5 bis 10% abmagern, so macht sich das natürlich in der Körperform bemerkbar. Bei zweisömmerigen Karpfen konnte zur Zeit der Herbstabfischung für den Korpulenzfaktor k ein Durchschnittswert von etwa 1,9 ermittelt werden, im Frühjahr des nächsten Jahres lag er nur noch bei 1,6. Eine weitere Abmagerung bis auf Werte von 1,3 bis 1,4 hatte schließlich starke Verluste zur Folge.

Vereinzelt sind in Karpfenbeständen Tiere mit auffallend hohem Rücken und vielfach sehr kurzem Schwanzstiel festzustellen. In solchen Fällen liegen meist Missbildungen der Wirbelsäule, entweder Verkrümmungen oder Verkürzungen, vor. Neben der Verkürzung von Wirbeln, mit der in der Regel eine Erhöhung verbunden ist, können auch Verschmelzungen bestimmter Wirbelgruppen auftreten. Verkrümmungen dürften oft Folgen von Verletzungen oder Erkrankungen sein und gehören daher in das Gebiet der Krankheitskunde. Wirbelverkürzungen und -verschmelzungen sind dagegen in der Regel wohl erblich.

Ganz kurz soll an dieser Stelle schließlich noch auf eine besondere Form von Flossenveränderungen hingewiesen werden. Vielen Lesern sind sicher die gern in Aquarien gehaltenen bizarren Schleierschwänze (*Carassius auratus*) bekannt, die vor allem riesenhaft vergrößerte Schwanzflossen haben. Derartige Erscheinungen finden sich hin und wieder bei verschiedenen Fischarten, wenn auch nicht in derartig hervorragender Ausprägung. So wurden auch Karpfen bekannt, deren sämtliche Flossen vergrößert waren und die sogar abnorm lange Bartfäden hatten. In den Tropen treten solche Formen offensichtlich gehäuft auf.

6.5 Zuchtformen

Besonders in der ersten Hälfte des 20. Jahrhunderts ist der Ausdruck »Karpfenrasse« gern und viel benutzt worden. Abgesehen von den Schwierigkeiten, die bei der Definition des Rassebegriffes an sich auftreten, ist es an dieser Stelle nicht möglich, auf die sehr schwierigen Probleme, die sich gerade auf dem Gebiet der Karpfenzucht ergeben, näher einzugehen. Vom Standpunkt der praktischen Tierzucht aus gesehen dürfte das Vorhandensein eines einzigen mendelnden Merkmals nicht genügen, um eine besondere Rasse aufstellen zu können. Als Rasse ist vielmehr ein Komplex von Individuen einer Art aufzufassen, der sich durch mehrere erbliche morphologische und physiologische Merkmale von anderen Angehörigen seiner Art unterscheidet. Unter diesen Voraussetzungen betrachtet wird es schwer, beim Karpfen Rassen zu definieren, wie das z.B. bei Hunden oder Kaninchen möglich ist.

Sind die Differenzen weniger tiefgreifend und Tiere mit besonderen Merkmalen zudem auf ein enges Verbreitungsgebiet beschränkt, so ist es angebracht, nicht von Rassen, sondern von Stämmen zu sprechen.

Bei der Trennung der früher in Mitteleuropa gezüchteten alten »Rassen« spielte die Körperform eine wesentliche Rolle. Wie wir gesehen haben, ist sie aber eine so variable Eigenschaft, dass sie im Allgemeinen nur bedingt für solche Zwecke zu verwenden ist. Endgültig klar wurde das durch die umfassenden Untersuchungen von Spiczakow (1935). Auch die Beschuppung oder die Farbe allein können nicht als ausreichende Rassemerkmale gewertet werden.

Durch starke Bestandsvermischungen bestehen diese alten »Rassen« heute nicht mehr. Früher wurden gedrungene oder hochrückige und gestreckte oder breitrückige Karpfenrassen unterschieden. Zu den ersteren zählten der Aischgründer und der Galizier, zu den letzteren der Franke, der Böhmer und der Lausitzer.

Hiervon hat sich als echte »Rasse« der Aischgründer am längsten erhalten, er ist aber seit 1956 ausgestorben (Abb. 39). Der Fisch wurde im Gebiet zwischen der Aurach, der Regnitz und der Aisch gezüchtet. Die sehr hochrückige »Tellerform« wurde durch eine gleichmäßige Verkürzung und Erhöhung der Wirbelsäule (Chondrodystrophie) hervorgerufen, die als Rassemerkmal aufzufassen war. Dadurch entstand ein erblich bedingtes Verhältnis der Körperlänge zur Höhe von 2 und darunter. Ungleichmäßige Wirbelverkürzungen und -verschmelzungen kamen ebenfalls vor, diese waren aber als krankhafte Erscheinungen zu betrachten. Der Aischgründer war ein Spiegel- oder Nacktkarpfen mit gelblichem Bauch. Die Rogener sollten schon im 4. Jahr laichreif sein. Bei Mischbesatz war die Rasse wahrscheinlich aufgrund ihrer geringeren Beweglichkeit anderen Karpfen im Wachstum unterlegen.

Der Galizier hatte einen l/H-Wert von 2,3 bis 2,5. Er kann als die wichtigste Stammform des heutigen mitteleuropäischen Karpfens angesehen werden.

Das Verhältnis von Körperlänge zu Höhe betrug beim Franken etwa 2,65 und beim Böhmer und Lausitzer etwa 2,8 bis 3. Durch planmäßige Zucht und Einkreuzungen hatte sich der böhmische Karpfen aber bereits vor Jahrzehnten zu einem gedrungeneren Typ entwickelt, und der jetzt in böhmischen Teichwirtschaften anzutreffende Karpfen (Abb. 35) entspricht dem alten Böhmer nicht mehr.

In Deutschland gibt es heute eine relativ einheitliche Form, für die ich die Bezeichnung Deutscher Teichkarpfen gewählt habe. Der Deutsche Teichkarpfen kommt dem früheren Galizier sehr nahe (Abb. 36). Er wird hauptsächlich als Spiegler gezüchtet, andere Beschuppungstypen sind kaum mehr vorhanden. Der Bauch ist meist gelb, seltener grau oder braun. Das

Abb. 39: Aischgründer Karpfen (Foto: J. HOFMANN).

Verhältnis von Körperlänge zu Höhe beträgt etwa 2,2 bis 2,8. Die Milchner können unter unseren teichwirtschaftlichen Bedingungen im 4., die Rogener im 5. Jahr zum ersten Mal ablaichen. Aus umfangreichen populationsgenetischen Untersuchungen geht hervor, dass die genetische Differenzierung zwischen den Karpfen aus verschiedenen deutschen Teichwirtschaften sehr gering ausgeprägt ist (KOHLMANN 1997, KOHLMANN et al. 2003).

In einigen europäischen Ländern, z.B. in Ungarn und in der Tschechischen Republik, aber auch in Israel, wird der Zucht des Karpfens wesentlich größere Aufmerksamkeit geschenkt als in Deutschland. In Ungarn werden verschiedene Zuchtstämme unterschieden, die auch für Kreuzungen verwendet werden. Bekannt geworden ist der Spiegelkarpfenhybride 215. In der Tschechischen Republik wurden ebenfalls mehrere Karpfenstämme beschrieben. In einer Übersichtsdarstellung von POKORNY et al. (1995) sind 8 Stämme aufgeführt, und es wird über verschiedene Kreuzungen mit eingeführten Stämmen berichtet. Gute Zuchtleistungen weist der israelische Spiegelkarpfen Dor-70 auf.

Für Russland und andere ehemals in der UdSSR zusammengeschlossene Staaten werden vor allem folgende Stämme (Rassen), die durch Kreuzungen und Selektion entstanden sind, als wirtschaftlich wichtig angesehen (KIRPIČNIKOV 1987):

Ukrainischer Karpfen, Ropscha-Karpfen, Para-Karpfen, Mittelrussischer Karpfen, Krasnodar-Karpfen, Westsibirischer Karpfen, Kasachstan-Karpfen, Weißrussischer Karpfen. Der Ropscha-Karpfen basiert auf Kreuzung zwischen dem Amur-Wildkarpfen und Teichkarpfen mit Spiegelbeschuppung (Galizier-Typ).

Durch anschließende umfangreiche Selektionsarbeit wurde ein Schuppenkarpfen herausgezüchtet, der sich insbesondere durch hohe Kälteresistenz auszeichnet und daher für die klimatisch ungünstigen Regionen im Nordwesten Russlands (St. Petersburg) geeignet ist.

Eine in der chinesischen Teichwirtschaft weit verbreitete Zuchtform wird als Big-Belly bezeichnet. Es handelt sich dabei um einen Schuppenkarpfen. Der Name wurde diesen Fischen gegeben, weil ihre Leibeshöhle beim Erreichen der Geschlechtsreife sehr dick ist. Bei Leistungsprüfungen in Israel wuchsen die Karpfen der Big-Belly-Form langsamer als europäische Teichkarpfen. Sie hatten andererseits eine höhere Vitalität und Fruchtbarkeit (Moav et al. 1975, Wohlfarth et al. 1975). Die Geschlechtsreife trat bei Big-Belly früher ein, und die Größenunterschiede zwischen den Geschlechtern waren stärker ausgeprägt als bei den europäischen Fischen. An hohe Besatzdichten und ungünstige Bedingungen im Teich konnten sich die chinesischen Karpfen besser anpassen. Unter sehr schlechten Umweltbedingungen wuchs die Brut der chinesischen Karpfen deutlich besser (Hulata et al. 1982). Die Big-Belly-Fische waren außerdem lebhafter und ließen sich schwerer mit dem Netz fangen. Die beobachteten Unterschiede haben sich wahrscheinlich durch langwährende Auslese ergeben.

Aus Java liegen aus früherer Zeit Mitteilungen über unterschiedliche Karpfenstämme vor, die die große Variabilität des Karpfens deutlich machen. Sie verdienen es aus historischen Gründen festgehalten zu werden. Der »goldene Fisch« der Javaner, Ikan mas, Tambra oder Laok mas genannt, hatte eine langgestreckte Form und war vollbeschuppt. Aus ihm wurde in Ostjava der einheitlich dunkle und gedrungenere Puntener Karpfen herausgezüchtet.

Die Vertreter der Sinjonja-Rasse (njonja = gutaussehende Frau), bevorzugt in krassem Zitronengelb gezüchtet, zeichneten sich durch eine besondere Merkwürdigkeit aus. Mit fortschreitendem Wachstum schob sich bei ihnen die Haut konzentrisch vom Rande her über das Auge. Bei Fischen von 40cm Länge war es bereits bis auf ein winziges Loch verdeckt, und auch dies schloss sich endlich (Abb. 40). Die Tiere wurden häufig in der Gegend von Sakabumi (60 km östlich Buitenzorg) gehalten und mit Abfällen aus der Reisschälerei und Ölkuchen, die von Pilzmyzel durchwachsen waren, gefüttert. Die Beschränkung des Sehvermögens soll das Wachstum nicht beeinträchtigt, sondern sogar noch gefördert haben, da die Karpfen dadurch träger waren und das Futter besser verwerteten.

Der Kumpai hatte schleierartig vergrößerte Flossen und galt als langsamwüchsig. Die Karpfen, die von den Javanern Kantjera domas genannt wurden, fielen insofern auf, als ihre dunkle Rückenseite unvermittelt in eine helle Bauchseite überging.

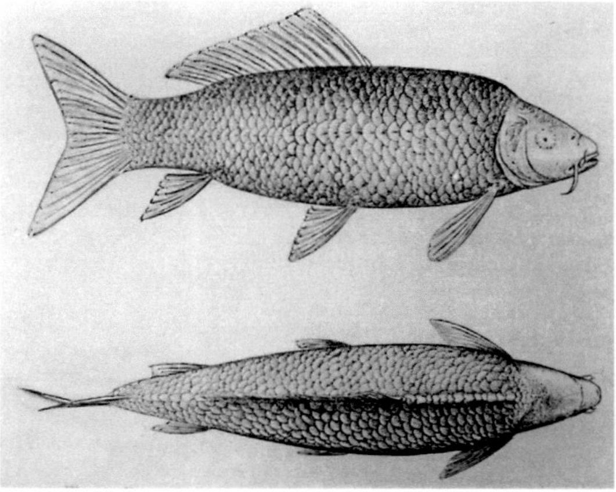

Abb. 40: Karpfen der Sinjonja-Rasse aus Java mit fast vollständig zugewachsenem Auge (Zeichnung: A. L. Buschkiel).

Eine lokale Hungerform, der Tjikö, wurde schon mit 12,5cm Länge und 36,5g Masse laichreif. Das bedeutet, dass die Reife nicht vom Erreichen einer bestimmten Größe abhängig ist. Diese Karpfen lebten im Nordosten Westjavas und zeigten unter günstigen Bedingungen ein wesentlich besseres normales Wachstum, waren also nicht etwa erblich schlechtwüchsig.

Auch in Japan werden beim normalen Teichkarpfen verschiedene Zuchtstämme unterschieden. Der Yamato-Karpfen (yamato-goi) hat ein Körperlängen-Höhen-Verhältnis von 2,6 und ist voll beschuppt. Ebenfalls ein Schuppenkarpfen ist der Shinshu-Karpfen (shinshu-goi), dessen l/H-Wert 3,0 beträgt. Der Asagi-Karpfen, ein Bläuling, wird in den ersten Lebensabschnitten als besonders gutwüchsig bezeichnet. Daneben werden die bereits erwähnten farbenprächtigen Zierkarpfen gezüchtet (siehe Kapitel 6.3), die nicht Speisezwecken dienen.

6.6 Zuchtziel und Zuchtmethoden

Das Zuchtziel ist beim normalen Teichkarpfen, der als Nahrungsmittel verwendet wird, durch wirtschaftliche Aspekte bestimmt (Kohlmann 1987). Für die als Besatz natürlicher Gewässer vorgesehenen Karpfen oder die zum Schmuck von Gartenteichen gezüchteten Farbkarpfen (Koi) können weitere Gesichtspunkte, wie z.B. die Eignung für das Leben in Seen oder die Färbung, eine wichtige Rolle spielen. Folgende Merkmale sind für den Teichkarpfen als besonders bedeutsam anzusehen:

Schnellwüchsigkeit: Bei der Karpfenproduktion wird ein hoher Zuwachs an Körpermasse in der Zeiteinheit angestrebt. Je schneller der Fisch wächst, desto rationeller kann der Teichwirt produzieren. Allerdings wird die Wachstumspotenz des Karpfens unter mitteleuropäischen Wirtschaftsbedingungen nicht voll genutzt. Wie gezeigt werden konnte, weist von den vier Beschuppungstypen der Schuppenkarpfen die größte genetisch bedingte Wachstumspotenz auf. Der Spiegelkarpfen, der in vielen Ländern vom Verbraucher bevorzugt wird, steht ihm in dieser Hinsicht allerdings nur wenig nach. Entsprechend den Anforderungen des Marktes muss sich also die Zucht schnellwüchsiger Karpfen auf Schuppen- oder Spiegelkarpfen konzentrieren. Bei der Beurteilung des Wachstums kommt es nicht auf gute Leistungen des Einzelfisches an, sondern es muss ein guter Zuwachs des Gesamtbestandes, bezogen auf die Flächeneinheit des Teiches oder das zur Verfügung stehende Wasservolumen, erreicht werden.

Gute Futterverwertung: Eine hohe Wachstumsleistung soll nicht auf starker Futteraufnahme, sondern auf guter Futterverwertung beruhen. Günstige Produktionsergebnisse lassen sich nur dann erzielen, wenn Schnellwüchsigkeit mit erblich bedingter optimaler Futterverwertung gekoppelt ist, was im Allgemeinen der Fall sein dürfte.

Anpassungsfähigkeit an örtliche Bedingungen: Von den Karpfenstämmen ist zu fordern, dass sie gute Leistungen in Hinblick auf Wachstum und Futterverwertung unter den jeweiligen örtlichen Produktionsverhältnissen erbringen. Das kann unter anderem die Eignung zur Haltung bei höheren Fischbestandsdichten und Widerstandsfähigkeit gegenüber bestimmten physiologischen Belastungen des Organismus bedeuten. Karpfen, die zum Besatz natürlicher Gewässer bestimmt sind, sollten nach anderen Kriterien bewertet werden als Fische, die zu Speisezwecken aufgezogen werden.

Günstige fortpflanzungsbiologische Eigenschaften: Die Züchtung muss in diesem Zusammenhang darauf ausgerichtet sein, dass die Rogener große Eimengen von guter Qualität entwickeln und dass das Sperma der Milchner eine hohe Befruchtungsfähigkeit aufweist. Von erheblichem Interesse ist der altersmäßige Eintritt der Geschlechtsreife. Zu frühe Ausbildung der Gonaden beeinflusst das Wachstum negativ. Es ist günstig, wenn die Geschlechtsreife erst nach dem Erreichen der Marktgröße eintritt. Wenn die Karpfen nicht mehr natürlicherweise zum Ablaichen kommen, wie das im Allgemeinen noch in vielen Teichwirtschaften üblich ist, sind Fische zu selektieren, die auch unter künstlichen Bedingungen zuverlässig reif werden und sich gut abstreichen lassen.

Geringe Krankheitsanfälligkeit (Vitalität): Mit Hilfe der Züchtung besteht die Möglichkeit, die erblich bedingte Widerstandsfähigkeit der Karpfen, d.h. ihre Resistenz gegenüber bestimmten Erkrankungen, zu steigern. Dabei ist in erster Linie an gefährliche Infektionskrankheiten zu denken, die durch Bakterien oder Viren hervorgerufen werden und oft hohe Verluste verursachen. Durch Züchtungsmaßnahmen kann aber ebenfalls die Widerstandsfähigkeit gegenüber umweltbedingten Erkrankungen erhöht werden. Besonders erfolgreich war die züchterische Arbeit auf diesem Gebiet bei der Schaffung des Ropscha-Hybriden in Russland. Wie bereits erwähnt wurde, haben diese Fische eine erhebliche Kälteresistenz. Dadurch können die einsömmerigen Karpfen kalte und lange Winter überstehen, so dass die Teichwirtschaft heute auch im Norden Russlands durchführbar ist. Ferner zeigte es sich, dass die Hybriden weniger empfindlich gegen verschiedene Infektionskrankheiten als andere Karpfenstämme sind und bei der Aufzucht geringere Verluste erleiden.

Schlachtwert: In diesem Zusammenhang spielen die Höhe des essbaren Anteils, also hauptsächlich die Filetgröße, und die Fleischqualität eine wichtige Rolle. Vom Verbraucher wird gewünscht, dass das Karpfenfleisch nicht zu fett ist. Die chemische Zusammensetzung wird allerdings in erster Linie von der Ernährung der Fische beeinflusst.

Nach dem vorliegenden Erkenntnisstand ist nicht zu erwarten, dass in absehbarer Zeit grätenärmere oder sogar grätenfreie Karpfen herausgezüchtet werden könnten, wie das von Konsumentenseite anzustreben wäre. Die Zahl der Zwischenmuskelgräten lässt sich mit Hilfe der Röntgentechnik relativ leicht an betäubten Fischen bestimmen, so dass auf dieser Basis eine Selektion bestimmter Tiere möglich wäre. Zwar ist die Grätenzahl beim Karpfen variabel, und bei Spiegelkarpfen konnten teilweise verminderte Grätenzahlen gegenüber Schuppenkarpfen festgestellt werden. Auch war eine Verringerung der Anzahl der verzweigten Gräten zu beobachten. Die genotypische Variabilität dürfte aber begrenzt sein, und es gibt die Vermutung, dass die Grätenzahl mit der Fortpflanzungsfähigkeit korreliert ist.

Der bis heute beim Karpfen vorliegende züchterische Leistungsstand wurde im Wesentlichen auf dem Wege über mehr oder weniger bewusst durchgeführte positive Massenauslese erreicht. Dieses Verfahren verspricht Erfolge bei Merkmalen mit hoher Heritabilität. Das Wachstum als wirtschaftlich besonders wichtige Eigenschaft wird aber in sehr starkem Maß auch von Umweltfaktoren beeinflusst, die Heritabilität ist hierbei relativ gering. Nach russischen Erfahrungen konnten durch Selektion Fortschritte in der Erhöhung der Krankheitsresistenz erzielt werden. Dabei wurde die Widerstandsfähigkeit der Fische bei natürlicher und künstlicher Infektion geprüft.

Da domestizierte Teichkarpfen einen hohen Homozygotiegrad aufweisen, verdient die Kreuzungszüchtung stärkere Beachtung (Kohlmann 1989, 2001). Bei diesem Verfahren werden genetisch nicht verwandte, möglichst unterschiedliche Linien miteinander kombiniert und heterozygote Gebrauchskreuzungen erzeugt, die sich unter Umständen durch einen Heterosiseffekt auszeichnen. Darunter wird die Erscheinung verstanden, dass bestimmte Leistungsparameter der Eltern von der 1. Kreuzungsgeneration (F_1-Generation) übertroffen werden. Nicht alle Kreuzungen müssen aber gute Ergebnisse bringen, daher sind zur Erzeugung von Gebrauchshybriden vorherige Testkreuzungen auf Kombinationseignung sinnvoll und notwendig. Da die Überlegenheit von Hybriden nach der ersten Generation meist erheblich zurückgeht, müssen Gebrauchskreuzungen immer wieder aus den reinen Ausgangslinien produziert werden. Für das Wachstum wurden Heterosiseffekte zwischen 10 und 20% festgestellt, für die Vitalität können die positiven Auswirkungen noch größer sein.

Auf jeden Fall ist die Kreuzung nahe verwandter Karpfen zu vermeiden, weil es hierbei zu Inzuchtdepressionen kommen kann. Inzucht führt zum Verlust genetischer Variabilität und hat beim Karpfen erwiesenermaßen einen erheblichen Leistungsrückgang zur Folge. Heterosiseffekte sind vor allem für die Merkmale Wachstum und Vitalität zu erwarten. Die Erfolgsaussichten für die Heterosiszüchtung lassen sich erhöhen, wenn die Kreuzungspartner einen besonders hohen Homozygotiegrad aufweisen. Um diesen kurzfristig zu erreichen, kann die induzierte diploide Gynogenese als Hilfsmittel eingesetzt werden (vgl. Kapitel 5.9).

Rein weibliche Karpfenbestände haben sich im Wachstum gemischt-geschlechtlichen Beständen gegenüber als überlegen erwiesen. Um derartige Monosex-Bestände zu erzeugen, werden zunächst Neo-Milchner benötigt. Diese werden dadurch gewonnen, dass an Karpfenbrut über einen Zeitraum von zwei bis drei Monaten mit dem Futter das Androgen 17α-Methyltestosteron (30 bis 100mg/kg Futter) verabreicht wird. So werden genotypische Karpfenrogener vermännlicht (Maskulinisierung), und bei ihrer Verpaarung mit normalen Rogenern entstehen dann nur weibliche Karpfen. Idealerweise werden für die Geschlechtsumkehr gynogenetische Karpfen benutzt, da es sich bei ihnen um genotypische Rogener handelt.

Die Karpfenzüchtung stützt sich zunehmend auf die Erkenntnisse der Populationsgenetik und bedient sich in wachsendem Umfang biochemischer Methoden zur Feststellung genetischer Unterschiede zwischen einzelnen Populationen. Um züchterischen Fortschritt zu erzielen, sind sorgfältige Leistungsprüfungen eine wichtige Voraussetzung. Sie können nur von darauf spezialisierten Einrichtungen durchgeführt werden. Züchterische Arbeiten erfordern daher einen erheblichen personellen und materiellen Aufwand und wirken sich nicht kurzfristig aus. Sie sollten aber auch keinesfalls vernachlässigt werden.

7 Karpfenteichwirtschaft

7.1 Geschichte der europäischen Teichwirtschaft

Schon die Römer wussten Fische als Nahrungsmittel zu schätzen. In der Zeit um Christi Geburt entwickelte sich in Rom ein sehr luxuriöser Lebensstil, und es wurden nicht selten Teiche (piscinae) angelegt, die der Fischhaltung dienten. Besonders die Salzwasserteiche wurden oft prunkvoll und kostbar ausgeführt und waren der Stolz ihrer Besitzer. Süßwasserteiche waren mehr bei den weniger begüterten Römern verbreitet. Die Anlagen dienten zunächst sicher nur der kurzfristigen Aufbewahrung von Fischen, gewisse Arten wurden aber wohl auch über längere Zeit in ihnen gehalten.

Mit der Ausbreitung ihres Herrschaftsgebietes nördlich der Alpen befanden sich die Römer in der Donauregion, wo sie den Karpfen als Nahrungsmittel kennenlernten und nutzten. Bei Ausgrabungen in diesem Raum waren Knochen von Wildkarpfen unter den gefundenen Fischresten reichlich vertreten. Es kann daher als sehr wahrscheinlich gelten, dass die Römer den Fisch auch in ihre anderen Provinzen verbreiteten, zumal sich der Karpfen leicht in lebendem Zustand transportieren lässt.

Nach dem Zusammenbruch des römischen Imperiums war der Karpfen in Mitteleuropa offensichtlich weiterhin als Nahrungsmittel beliebt. Zwischen dem 7. und 11. Jahrhundert dehnte sich das Verbreitungsgebiet der Art weiter westwärts aus (HOFFMANN 1995). Der eigentliche Beginn der Teichwirtschaft dürfte in den Zeitraum des 12. bis 14. Jahrhunderts fallen. Die starke Zunahme der Bevölkerung in dieser Zeit und der wachsende Bedarf an Lebensmitteln förderten das Interesse an der teichwirtschaftlichen Aufzucht des Karpfens ganz beträchtlich.

Der Bau von Teichen bot sich vor allem auf sumpfigen oder sandigen Flächen an, wo die landwirtschaftlichen Erträge zu wünschen übrig ließen. Initiatoren waren die weltlichen und kirchlichen Großgrundbesitzer, also die Standesherrschaften, die Rittergüter, die Kommunen und die Klöster. Möglicherweise wurden im alten Königreich Böhmen die ersten Teiche bereits im 11. Jahrhundert gebaut. Früheste urkundliche Erwähnungen von Teichen liegen für Böhmen und das heutige Oberlausitzer Gebiet aus dem 13. Jahrhundert vor. Aus der gleichen Zeit sind Aufzeichnungen über die Karpfenhaltung in Teichen von ALBERTUS MAGNUS (1193 bis 1280) überliefert.

Ein nennenswerter Aufschwung im Teichbau begann um 1450 und setzte sich bis zum Dreißigjährigen Krieg fort (Hartstock 2004). Allein in der Zeit zwischen dem Ende des 15. und dem Beginn des 16. Jahrhunderts wurden in Böhmen und Mähren mehr als 25.000 Karpfenteiche gebaut (Balon 2004). Die schwere Arbeit des Teichbaus übernahmen die Teichgräberzünfte. Der Teichbau erforderte neben einem hohen Einsatz an menschlicher Arbeitskraft und an Zugtieren auch beachtliche Fachkenntnisse, damit die Teiche richtig bespannt, d.h. mit Wasser gefüllt, und zu gegebener Zeit bei der Abfischung wieder vollständig abgelassen werden konnten.

Im Teichbuch des Bischofs von Olmütz, Janus Dubravius (1486 bis 1553), wird bereits empfohlen, unterschiedliche Teicharten zur Karpfenaufzucht zu verwenden, und es werden spezielle Regeln für die Erzeugung der einzelnen Altersstufen gegeben. Als wichtige Wirtschaftsmaßnahme wurde das Trockenlegen für die Dauer von einem Sommer nach mehrjähriger Bespannungszeit beschrieben, was offenbar gute Erfolge mit sich brachte. Um 1600 kam die Teichwirtschaft so zu beachtlicher Blüte. Vor allem im Königreich Böhmen war die Karpfenzucht zu Anfang des 17. Jahrhunderts eine wichtige Einnahmequelle.

Der Dreißigjährige Krieg brachte mit seinen Verwüstungen einen gewissen Rückschlag. Danach erfolgte bis zum Ende des 18. Jahrhunderts aber dennoch eine Weiterentwicklung der Karpfenteichwirtschaft. Später kam es durch Veränderungen im Verhältnis zwischen Getreide- und Karpfenpreisen auch wieder zu einem teilweisen Rückbau von Teichen, so dass sich die Flächen insgesamt verringerten.

Ein Aufschwung durch neue Erkenntnisse und fortschrittliche Teichwirte wie Thomas Dubisch (1813 bis 1888) und Josef Šusta (1835 bis 1914) setzte in der zweiten Hälfte des 19. Jahrhunderts ein (Abb. 41). Während in der Anfangszeit der Teichwirtschaft die Teiche vielfach mehrere Jahre lang bespannt waren und es keine sorgfältige Trennung in Altersstufen gab, wurde dieser Femelbetrieb jetzt aufgegeben, und die Fische wurden streng nach Altersklassen getrennt. Die Umtriebszeit verkürzte sich, und die Karpfen konnten in 3 bis 4 Jahren zum Speisefisch herangezogen werden. Mit dem Namen Dubisch verbindet sich noch heute für den Karpfenzüchter der Begriff für kleine Laichteiche, aus denen die Brut bald nach dem Schlüpfen abgefischt wird, um getrennt von den älteren Tieren in verschiedenen größeren Teichen heranzuwachsen.

Durch Förderung von Seiten der Fischereiwissenschaft fand im 20. Jahrhundert eine erfolgreiche Weiterentwicklung statt, und die Karpfenteiche sind in vielen europäischen Regionen ein attraktiver Bestandteil der Kulturlandschaft von erheblicher sozio-kultureller und sozio-ökonomischer Bedeutung. In ihnen werden nicht nur hochwertige Nahrungsmittel erzeugt, sondern sie stellen auch wertvolle Biotope von großer Artendiversität dar.

Abb. 41: Šusta-Denkmal am Teich Svět in Třeboň (Foto: W. Steffens).

Während Ende des 19. Jahrhunderts ein Zuwachs von 60 bis 120kg/ha als gut betrachtet wurde, betrug der durchschnittliche Zuwachs deutscher Karpfenteichwirtschaften 1939 177kg/ha und 1955 242kg/ha. In ostdeutschen Teichwirtschaften konnten um 1990 durchschnittliche Abfischungsergebnisse von 1.500kg/ha erreicht werden. Bei intensiver Verfütterung von Pellets und technischer Belüftung ergaben sich teichwirtschaftliche Spitzenerträge von 6.000 bis 12.000kg/ha, wovon 90% auf Karpfen entfielen (Steffens 2001).

7.2 Karpfenteiche

Der wesentliche Vorteil der Teichwirtschaft gegenüber der Fischerei in natürlichen Gewässern liegt in der Ablassbarkeit der Teiche und der Möglichkeit ihres geregelten Besatzes begründet. Ihre Größe schwankt je nach den örtlichen Gegebenheiten und dem Verwendungszweck zwischen wenigen Quadratmetern und mehreren Hundert Hektar. Die Speisung erfolgt in vielen Fällen durch Fließgewässer, kann aber auch durch Quellen oder durch Niederschlagswasser aus der nächsten Umgebung (Himmelsteiche) zustande kommen. Das Ablassen geschieht in modernen Betrieben durch »Mönche«, die ein allmähliches Senken des Wasserspiegels gestatten (Abb. 42).

Abb. 42: Mönch aus Beton mit eingebauter Treppe (Foto: W. Steffens).

Abb. 43: Blick auf den Teich Rožmberk bei Třeboň, der eine Wasserfläche von nahezu 500 ha hat (Foto: W. Steffens).

Beim Teichbau wird normalerweise das natürliche Gelände ausgenutzt, und es werden nur Dämme gezogen. Ausschachtungen kommen höchstens für sehr kleine Anlagen in Frage. Die Tiefe beträgt auf den Hauptflächen meist 80 bis 150cm, und auch am Abfluss werden 2m kaum überschritten. Ausnahmen bilden in dieser Hinsicht nur sehr große Teiche. So hat z.B. der wohl größte europäische Karpfenteich, Rožmberk (Abb. 43), der 1584 bis 1591 in der Nähe von Třeboň (Wittingau) angelegt wurde und dessen Wasserfläche fast 500ha ausmacht, eine Maximaltiefe von 4 bis 5m. Da Durchstrom bei Karpfenteichen gewöhnlich fehlt, sondern nur das verdunstete oder versickerte Wasser ersetzt wird, erwärmt sich das Wasser der Teiche selbst in der gemäßigten Zone während des Sommers auf für den Karpfen günstige Temperaturen von über 18°C. Auf Java haben die für mitteleuropäische Begriffe winzigen, teilweise nur wenige Quadratmeter großen Teiche holzverschalte Wände und sind höchstens 50cm tief. Karpfenteiche liegen oft auf armen Böden (bei uns vielfach Sand-, in Ungarn z.B. Soda- und Torf- und in Israel Salzböden), wo die Karpfenzucht im Gegensatz zur Landwirtschaft noch recht gute Erträge bringt.

In Mitteleuropa werden folgende Teicharten unterschieden:

Laichteiche: Kleine, vielfach unter 100m^2 große Teiche in windgeschützter und ruhiger Lage, die nur während der Laichzeit benutzt werden und in den übrigen Monaten des Jahres trockenliegen (Abb. 44). Sie müssen eine gute Grasnarbe aufweisen und werden erst kurz vor dem Einsatz der Laichfische von einem Vorwärmteich aus bespannt.

Brutvorstreckteiche: Kleine bis mittelgroße Teiche (selten über 1ha) von nicht zu großer Tiefe, die im Juni/Juli zum »Vorstrecken« der Brut bis zu einem Alter von einigen Wochen und einer Größe von etwa 5cm dienen. Aus der Karpfenbrut (K_0) werden in diesen Teichen vorgestreckte Fische (K_v). Die Teiche werden im Übrigen meist landwirtschaftlich genutzt und gut gedüngt; vor dem Bespannen wird oft Senf oder Gemenge eingesät, das sich nach der Füllung mit Wasser zersetzt und die Entwicklung von Fischnährtieren fördert (Abb. 45).

Brutstreckteiche: Normale Teiche von guter Qualität und mittlerer Größe, die nach dem Abfischen der Brutvorstreckteiche die Jungfische bis zum Herbst oder Frühjahr des nächsten Jahres beherbergen. Diese Teiche werden vielfach auch direkt mit K_0 besetzt.

Streckteiche: Normale Teiche von beliebiger Größe, die die Karpfen im 2. Lebenssommer aufnehmen. Sie liegen über Winter oft trocken.

Abwachsteiche: Normale Teiche von beliebiger Größe für die Karpfen im 3. Lebenssommer, über Winter meist trockenliegend (Abb. 46).

Abb. 44: Laichteiche einer Lausitzer Teichwirtschaft mit guter Grasnarbe während der Bespannung (Foto: W. STEFFENS).

Abb. 45: Fruchtbarer Vorstreckteich in geschützter Lage (Foto: W. STEFFENS).

Abb. 46: Typischer Karpfenabwachsteich von mittlerer Größe (Foto: W. STEFFENS).

Abb. 47: Hälterteiche für die Aufbewahrung der Speisekarpfen bis zum Verkauf (Foto: W. STEFFENS).

Winterteiche: Teiche von größerer Tiefe (1,5 bis 2m) mit regelmäßigem Wasserzufluss; sie dienen der Überwinterung der zweisömmerigen Fische. Im Sommer häufig als Streck- oder Abwachsteiche benutzt.

Hälterteiche: Kleine, oft holzverschalte oder mit Betonwänden versehene Teiche von etwa 50 bis 200m^2 Größe mit starkem Durchstrom, die für den Aufenthalt großer Mengen Speisekarpfen vom Zeitpunkt der Abfischung bis zum Verkauf eingerichtet sind (Abb. 47).

7.3 Erzeugung von Speisekarpfen in Mitteleuropa

Ausführliche Hinweise über die ordnungsgemäße Bewirtschaftung von Karpfenteichen finden sich in verschiedenen Lehrbüchern (Steffens 1986, Schäperclaus & v. Lukowicz 1998, Bohl 1999) sowie bei Füllner et al. (2000).

Wichtige Maßnahmen der Teichbewirtschaftung stellen neben der regelmäßigen Instandhaltung und Pflege die Besatzregelung, die Kalkung, die Düngung und die Fütterung dar. Außerdem ist zu bedenken, dass für die Höhe der Erträge die Temperatur eine wichtige Rolle spielt. Zwischen der Zahl der Tage mit Wassertemperaturen über 20°C und darüber (vor allem im Juli und August) und dem Karpfenertrag besteht eine gute Korrelation. Es ist daher nicht verwunderlich, dass unter den klimatischen Bedingungen Israels in den dortigen Teichwirtschaften Erträge von mehr als 4.000kg/ha üblich sind und Spitzenerträge bis zu 8.000kg/ha erzielt werden.

Durch die Kalkung lässt sich in sauren Gewässern eine Erhöhung des pH-Wertes, in kalkarmen Gewässern eine Erhöhung der Alkalinität erreichen. Kalkung kann auch einer zu starken Phytoplanktonaktivität entgegenwirken, die Tätigkeit von Bodenbakterien und dadurch die Mineralisation organischer Substanz fördern sowie die Wasserhaltekraft des Bodens verbessern. Für die Kalkung kommt der Einsatz von Branntkalk (CaO) und fein vermahlenem kohlensaurem Kalk ($CaCO_3$) in Betracht. Branntkalk ist gut geeignet für Desinfektionszwecke und wird hierfür in einer Aufwandmenge von 1.000kg pro ha auf dem feuchten Teichboden angewendet. Kohlensaurer Kalk (Kalkmergel) wird zur Grundkalkung je nach Bodenqualität in Mengen von 1.000 bis 3.000kg/ha auf dem trockenen Teichboden oder nach der Bespannung noch vor dem Fischbesatz ausgebracht. Für beide Kalkarten sind aber auch andere Anwendungs- und Ausbringungsformen verbreitet.

Die Düngung wirkt im Karpfenteich über die Erhöhung der Primärproduktion und die daraus resultierende Steigerung der Menge der Fischnährtiere. Sie spielt vor allem für Brutvorstreck- und Brutstreckteiche eine hervorragende Rolle.

Der Bedarf richtet sich nach den gegebenen Wasser- und Bodenverhältnissen. Es ist organische und anorganische Düngung der Teiche möglich.

Organische Düngung kann durch Anbau von Landpflanzen (Senf, Hafer, Roggen) oder das Ausbringen von Stallmist auf den Teichboden erfolgen. Dabei ist darauf zu achten, dass Sauerstoffmangel vermieden wird. Bei der Zersetzung des organischen Materials entsteht das für die Pflanzenernährung wichtige CO_2, das sonst vielfach nicht in ausreichender Menge vorhanden ist (Karbondüngung).

Phosphor (P) und Stickstoff (N), die bei der Verbesserung der landwirtschaftlichen Erträge von größter Bedeutung sind, stellen heute für Teiche in intensiv landwirtschaftlich genutzten und zivilisatorisch beeinflussten Regionen häufig keine Minimumstoffe mehr dar. Dort wo sie nur unzureichend zur Verfügung stehen, lassen sich durch entsprechende Düngung allerdings deutliche Erhöhungen der Karpfenerträge erzielen. Empfehlenswert ist eine jährliche Gabe von etwa 30kg P_2O_5/ha. In umfangreichen Düngungsversuchen wurde festgestellt, dass bei P-Mangel durch 1kg P_2O_5 ein Karpfenmehrertrag von 2kg erreicht werden kann. Unter Umständen ist auch eine Stickstoffdüngung bzw. eine kombinierte N-P-Düngung sinnvoll. Bei nachgewiesenem N-Mangel sind 200kg N/ha in 8 bis 10 Teilgaben zu verabreichen. In Israel erhöhten sich die Karpfenerträge durch N-P-Düngung bei gleichbleibender Zufütterung um 88%. Die Düngemittel werden meist maschinell ausgebracht.

Abb. 48: Karpfenfütterung mit einem motorisierten Futterboot (Foto: J. Herms).

Abb. 49: Schilfschneidemaschine mit Schaufelradantrieb. Der Messerbalken an der Kahnspitze befindet sich unter Wasser und ist daher nicht sichtbar (Foto: W. STEFFENS).

Bei der Verabreichung von Futtermitteln in Karpfenteichen kann prinzipiell zwischen der Zufütterung mit Getreide und der Fütterung mit vollwertigem Mischfutter unterschieden werden (vgl. Kapitel 5.8). Die Zufütterung mit Getreide oder auch Leguminosen dient als Ergänzung der im Teich produzierten Naturnahrung (Abb. 48). Der Zufütterung sind aber bei höheren Fischbesatzdichten Grenzen gesetzt. In diesen Fällen ist, ebenso wie häufig in den Spätsommermonaten, bedingt durch den Fraß der Fische nicht mehr ausreichend Naturnahrung vorhanden, so dass die Karpfen Mangel an Eiweiß und essentiellen Fettsäuren erleiden.

Wenn Naturnahrung nicht oder nicht in genügender Menge zur Verfügung steht, ist der Einsatz von Mischfutter angebracht, das den ernährungsphysiologischen Ansprüchen der Fische weit besser gerecht wird als kohlenhydratreiches Getreide. In diesem Zusammenhang ist allerdings zu beachten, dass Getreide im Wasser stabil und deswegen gegen Nährstoffverlust geschützt ist. Die Zufütterung von Getreide ist daher nur zwei- bis dreimal pro Woche erforderlich. Das Getreide stellt in dieser Hinsicht also ein ideales Karpfenfutter dar. Pelletierte oder extrudierte Mischfuttermittel zerfallen dagegen relativ schnell im Wasser, weshalb sie täglich in kleinen Mengen und unter sorgfältiger Kontrolle der Futteraufnahme verabreicht werden müssen. Hierfür ist der Einsatz von Fütterungsautomaten (z.B. Selbstfütterer) zweckmäßig.

Bei intensiver Fütterung bringt die Teichdüngung oft keinen Nutzen mehr und kann daher entfallen, weil auf diesem Wege ausreichend Pflanzennährstoffe ins Wasser gelangen. Andererseits kann es bei intensiver Wirtschaftsweise, d.h. bei hohen Fischbeständen und starker Fütterung mit Mischfuttermitteln, zeitweilig (besonders in den frühen Morgenstunden) zu Sauerstoffmangel kommen, dem gegebenenfalls durch Belüftung begegnet werden muss.

Eine wesentliche Maßnahme zur Erhaltung der Produktionsfähigkeit der Karpfenteiche stellt die regelmäßige Beseitigung übermäßiger Unterwasser- und Schwimmblattpflanzen sowie von Rohr und Schilf dar (Abb. 49). Die Gelegebekämpfung ist sinnvollerweise im Frühjahr vorzunehmen, ehe sich harte Wuchsformen ausgebildet haben. Diese laufende Teichpflege ist unverzichtbar. Es kommt sonst in kürzester Zeit, d.h. im Verlauf von wenigen Jahren, zu einem völligen Verwachsen des Teiches, was dann nur mit erheblichem Aufwand wieder rückgängig gemacht werden kann.

Vermehrung

Die Gewinnung von Karpfenbrut kann durch natürliches Ablaichen der Zuchtfische in Laichteichen erfolgen. Diese Teiche werden, wie bereits erwähnt, ausschließlich für die Fortpflanzung verwendet. Sie werden ab Anfang Mai (Beginn der Blüte der Teichlilie) mit dem Erreichen einer Wassertemperatur von 18 bis 20°C aus einem Vorwärmteich bespannt und je nach Größe mit mindestens einem Satz Laichkarpfen, d.h. einem Rogener und zwei Milchnern, besetzt (Abb. 50). Wenn die Witterung günstig ist, laichen die Fische meist nach kurzer Zeit, oft in den Morgen- oder Abendstunden des nächsten Tages, ab. Ist das nicht der Fall, was z.B. durch mangelnde Reife der Fische oder aber durch plötzliche Wetterverschlechterung verursacht sein kann, dann müssen die Karpfen herausgefangen und bei günstiger Witterung einige Tage später erneut in möglichst bisher ungenutzte Laichteiche ausgesetzt werden. Unter Umständen kann sich auch eine hormonale Stimulierung (z.B. Hypophyseninjektion) positiv auswirken.

Haben die Fische abgelaicht, werden die Elterntiere aus den Teichen entfernt. Die befruchteten Eier kleben nach der Ablage an den Gräsern der Laichteiche, und aus ihnen schlüpft nach zwei bis drei Tagen die Karpfenbrut. Sobald sie schwimm- und fressfähig und bevor der Dottersack vollständig aufgezehrt ist (nach etwa zwei Tagen), wird die Brut mit größter Vorsicht abgefischt (Abb. 51). Dazu wird das Wasser langsam abgesenkt, und die kleinen Fische können mit Gazekeschern herausgefangen (Abb. 52) und in wassergefüllten Kannen oder Plastiksäcken zu den Brutvorstreck- oder Brutstreckteichen transportiert werden (Abb. 53).

Abb. 50: Rogener des Deutschen Teichkarpfens (Foto: W. STEFFENS).

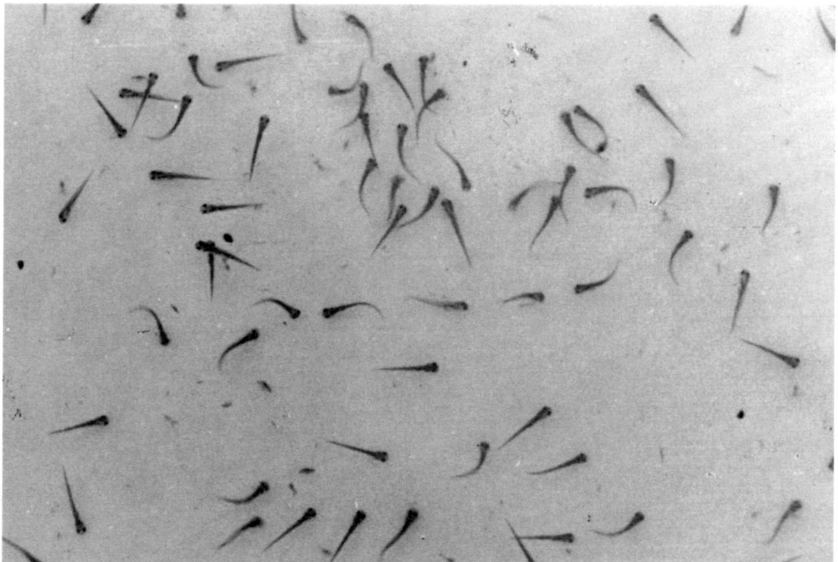

Abb. 51: Schwimm- und fressfähige Karpfenbrut (Foto: W. STEFFENS).

Abb. 52: Abfischung der Laichteiche (Foto: W. STEFFENS.)

Abb. 53: Karpfenbrut wird vorsichtig in einen Brutvorstreckteich ausgesetzt (Foto: W. STEFFENS).

Die Brutgewinnung ist andererseits aber auch durch Abstreichen der Laichfische und künstliche Besamung der Eier möglich. Dadurch wird der Teichwirt unabhängig von Unbilden der Witterung und kann unter Umständen auch frühere Brut erzeugen. Die Laichfische werden zu diesem Zweck in Becken untergebracht, deren Wassertemperatur mindestens 20°C betragen sollte. Um die Vollreife zu erreichen, ist die Anwendung von Hormonen notwendig. Hierzu können Injektionen von getrockneten, pulverisierten Hypophysen oder Releasinghormonen dienen.

Hypophysen können von Speisekarpfen entnommen werden (Abb. 54 und 55) und lassen sich nach Azetonbehandlung getrocknet über längere Zeit aufbewahren (STEFFENS 1984). Sie werden vor der Injektion fein pulverisiert und in 0,65%iger NaCl-Lösung aufgeschwemmt. Die Injektionsmenge beträgt bei den Rogenern etwa 3 bis 5mg/kg Körpermasse und wird in zwei Dosen (1. Injektion 10 bis 20%, 2. Injektion 80 bis 90% der Gesamtmenge) im Abstand von 12 Stunden intramuskulär verabreicht (Abb. 56). Die Milchner benötigen in der Regel nur 30 bis 50% der Menge der Rogener und erhalten diese in einer Portion. Die Rogener lassen sich in Abhängigkeit von der Temperatur 9 bis 12 Stunden nach der zweiten Hypophyseninjektion abstreichen (Abb. 57).

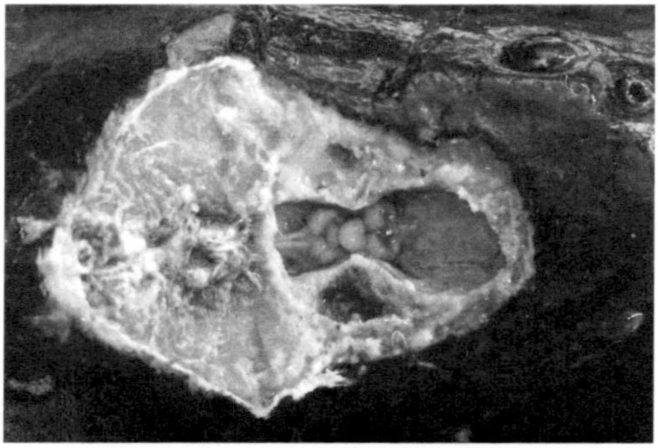

Abb. 54: Zur Hypophysenentnahme geöffnete Schädelkapsel mit freigelegtem Gehirn (Foto: W. Steffens).

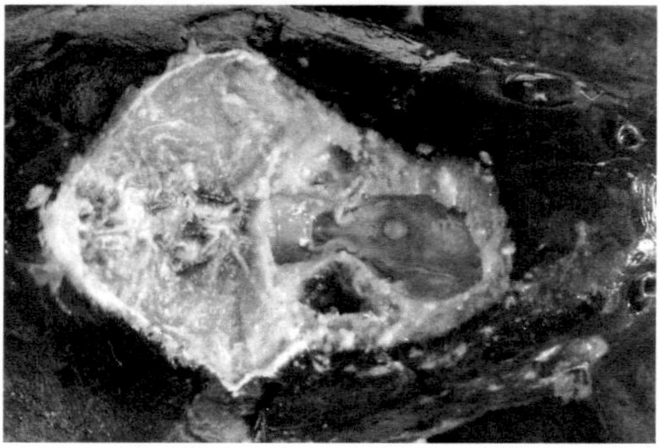

Abb. 55: Nach Entfernung des Gehirns ist die Hypophyse sichtbar (Foto: W. Steffens).

Abb. 56: Injektion von Hypophysensuspension in die Rückenmuskulatur eines weiblichen Laichkarpfens (Foto: W. Steffens).

Abb. 57: Abstreichen eines weiblichen Zuchtkarpfens (Foto: W. Steffens).

Sperma lässt sich von den Milchnern sehr sauber durch Absaugen mit Hilfe einer Pipette gewinnen und wird dann sorgfältig mit den Eiern vermischt. Anschließend wird Besamungslösung (4g Kochsalz und 3g Harnstoff/l Wasser) zugegeben, mit der eine Verlängerung der Beweglichkeit der Spermatozoen und ein gutes Befruchtungsergebnis erreicht werden. Bei diesem Vorgang ist das Ei-Sperma-Gemisch über längere Zeit umzurühren, um ein Verklumpen der Eier zu vermeiden. Durch kurzzeitigen Zusatz einer Tanninlösung (1,6g Tannin/l Wasser) wird dann die Klebrigkeit der Eier beseitigt, und sie können in die Brutapparate gegeben werden. Gute Ergebnisse bei der Beseitigung der Klebrigkeit lassen sich auch mit Talkum oder verdünnter Milch erzielen (Steffens 1991).

Hypophysierte Karpfen können in Becken bei entsprechender Wassertemperatur auch ablaichen, wenn dort ein geeignetes Laichsubstrat (z.B. in Form von Kunststoffborsten) vorhanden ist (Proske 1978). Die Elternfische werden nach der Ablage der Geschlechtsprodukte herausgefangen, die Brut lässt man in den Becken schlüpfen. Dieses Verfahren ist weniger arbeitsaufwändig als die künstliche Besamung und Erbrütung in speziellen Apparaten.

Als Weiterentwicklung der Hypophysierung ist die Anwendung von Releasinghormonen (GnRH) anzusehen, die im endokrinen Reifungsprozess eine Ausschüttung von Gonadotropin durch die Hypophyse des Karpfens selbst bewirken (Zohar & Mylonas 2001). Genutzt werden heute besonders aktive synthetisch hergestellte Analoge. Um ihre Wirksamkeit entfalten zu können, müssen sie in der Regel mit einem Dopaminantagonisten (z.B. Domperidon oder Pimozid) kombiniert werden. Bei dieser nach den Autoren auch als LinPe-Verfahren bezeichneten Methode kann mit wesentlich geringeren und genau dosierten Hormonmengen gearbeitet werden (Billard 1999). Das Verfahren ist sehr sicher und bringt gute Reifungsergebnisse (Kouřil et al. 2003).

Durch Injektion des Kombinationspräparates Ovopel (D-Ala^{6}, Pro^{9} NEt mGnRH + Dopaminantagonist Metoclopramid) ließ sich die Ovulation beim Karpfen zuverlässig erreichen. Die angewendeten Wirkstoffmengen betrugen dabei etwa 24µg/kg GnRH und 12mg/kg Metoclopramid (1. Injektion in Höhe von 10%, nach 12 Std. 2. Injektion in Höhe von 90% der Gesamtmenge). Bei Einsatz von 40 bis 80µg/kg des GnRH Azagly in zwei Teildosen trat in 40 bis 60% der Fälle Vollreife ein, ohne dass ein Dopaminantagonist zusätzlich verabreicht werden musste (Mikolajczyk et al. 2003). Die Injektionen lassen sich am einfachsten intraperitoneal (i.p.) durchführen.

Zur Erbrütung der Eier sind Zuger Gläser gut geeignet (Abb. 58). Ein Glas von 7l Inhalt kann etwa 2,5l Eier aufnehmen. 1l gequollener Rogen enthält 120.000 bis 180.000 Eier. Die Durchströmung der Gläser sollte sehr gering sein (1,5 bis 2,5l/min), so dass die Eier sich nur langsam in ihnen bewegen. Bei einer Erbrütungstemperatur von 23°C schlüpft die Brut nach 48 bis 60 Stunden. Bei Schlupfbeginn wird der Abfluss aus den Gläsern in durchströmte Becken mit Gazeeinsätzen geleitet. Wenn die geschlüpfte Brut hier nach zwei Tagen die Schwimm- und Fressfähigkeit erlangt hat, kann sie in den Becken unter Umständen auch angefüttert werden.

Abb. 58: Erbrütung von Karpfeneiern in Zuger Gläsern (Foto: W. Steffens).

Durch Haltung der Laichkarpfen in Warmwasser und hormonale Stimulierung ist es möglich, den Zeitpunkt der Bruterzeugung vorzuverlegen und Karpfen auch mehrmals im Jahr abzustreichen. Werden Rogener konstant bei 20 bis 24°C gehalten, können sie bis zu fünfmal im Jahr zum Ablaichen kommen (LINHART et al. 1995). Sinnvoll ist das aber nur, wenn dann auch entsprechende Bedingungen für die weitere Aufzucht der Brut gegeben sind. Durch die Erzeugung früher Brut lässt sich die Produktionsperiode für einsömmerige Fische verlängern.

Aufzucht einsömmeriger Karpfen

Die Brut kann in einer etwa vier Wochen dauernden Periode in Brutvorstreckteichen zu vorgestreckter Brut (K_v) aufgezogen werden. In dieser Zeit können die Karpfen eine Länge von 4 bis 5cm und eine Stückmasse von 1 bis 2g erreichen. Besetzt wird vielfach in einer Menge von 100.000 bis 200.000 K_0/ha. Die Fische ernähren sich hier anfangs ausschließlich von Naturnahrung, die sich reichlich entwickelt, wenn die Teiche gut vorbereitet (Gründüngung) und zum richtigen Zeitpunkt bespannt wurden. Für eine kontinuierliche Nährtierentwicklung ist es günstig, den Teich stufenweise zu überstauen. Sobald das Naturnahrungsangebot knapp wird, muss mit geeignetem Brutfutter zugefüttert werden. Nahrungsmangel ist unbedingt zu vermeiden, da die Fische dann sehr schnell von Kiemenwürmern (*Dactylogyrus*) parasitiert werden. Gegebenenfalls muss der Abfischungstermin vorgezogen werden. Bei der Abfischung von Brutvorstreckteichen können sich die Kaulquappen des Wasserfrosches (*Rana esculenta*) bei starkem Auftreten sehr störend bemerkbar machen (Abb. 59 und 60). Die K_v werden von hier aus in Brutstreckteiche umgesetzt. Als Richtwert für den Besatz können 20.000 bis 30.000 K_v/ha gelten.

Zur Verringerung des arbeitstechnischen Aufwandes können einsömmerige Karpfen auch ohne Vorstrecken von Anfang an in Brutstreckteichen aufgezogen werden. Hierbei gibt es unterschiedliche Intensitätsstufen. Um gute Bedingungen für die Brut zu schaffen, ist eine Gründüngung (z.B. Einsaat von Senf) zu empfehlen. Positiv wirken sich auch Bodenkalkung, organische Düngung mit Stalldung oder Gülle und Phosphordüngung aus. Das Bespannen der Teiche sollte zwei bis vier Tage vor dem Besetzen mit Brut erfolgen. Bei einem Besatz mit 30.000 bis 50.000 K_0/ha und Zufütterung von geschrotenem Getreide (vor allem in den Monaten August und September) lassen sich 500 bis 800kg/ha an einsömmerigen Karpfen mit einer Größe von 30 bis 50g aufziehen. Da die Naturnahrung ab Mitte des Sommers meist schon sehr stark reduziert ist, können trotz Getreidezufütterung Konditionsprobleme bei den einsömmerigen Karpfen auftreten, die dann zu höheren Verlusten im Winter führen.

Abb. 59: Bei der Abfischung der Brutvorstreckteiche müssen oft die Kaulquappen des Wasserfrosches ausgelesen werden (Foto: W. Steffens).

Abb. 60: Vorgestreckte Karpfenbrut (K_v) und in ihrer Mitte eine Kaulquappe des Wasserfrosches (Foto: W. Steffens).

Um im ersten Lebensjahr größere und besser konditionierte Karpfen erzeugen zu können, sind schwächere Besatzdichten und der Einsatz eiweißreicher Mischfuttermittel angebracht. Als zweckmäßig hat sich bei dieser Zielstellung ein Besatz mit nur 20.000 bis 25.000 K_0/ha erwiesen. Das Futter muss so dimensioniert sein (2 bis 3mm), dass es von den Karpfen gut aufgenommen werden kann, und wird am besten mit Hilfe von Pendelautomaten verabreicht. Die Futteraufnahme ist sorgfältig zu überwachen. Bei einer Futtermenge von 1,2 bis 1,5kg/kg K_1-Abfischung können 10.000 bis 15.000 K_1/ha mit einer Stückmasse über 70g abgefischt werden und die Flächenerträge 1.500kg/ha betragen.

Es ist günstig, die einsömmerigen Karpfen erst im Frühjahr des kommenden Jahres abzufischen. Die Brutstreckteiche müssen dann natürlich wintersicher sein. Nachteilig ist bei diesem Verfahren, dass die Teiche über Winter nicht trocken liegen können, da das winterliche Trockenlegen von Teichen die Mineralisierung des Schlammes fördert und zu einer natürlichen Desinfektion beiträgt.

Zweites und drittes Aufzuchtjahr

Im zweiten Lebensjahr sollen die Karpfen in den Streckteichen auf Stückmassen von mindestens 300g kommen. Den folgenden Winter verbringen sie in Winterteichen, um dann im dritten Jahr in den Abwachsteichen Speisefischgröße zu erreichen, die in Deutschland 1.000 bis 2.000g beträgt. Der Besatz der Teiche muss unter Berücksichtigung der natürlichen Ertragsfähigkeit, der Größe der Satzfische und der angestrebten Endstückmasse, der zu erwartenden Aufzuchtverluste und des geplanten Futtereinsatzes bestimmt werden. Kalkung und Düngung lassen sich auch in Streck- und Abwachsteichen als ertragssteigernde Maßnahmen nutzen. Im zweiten Jahr können die Teiche bei Getreidezufütterung mit 2.000 bis 5.000 einsömmerigen Karpfen (K_1)/ha besetzt werden. Für das dritte Jahr sind ebenfalls bei Getreidezufütterung Besatzdichten von 500 bis 1.000 zweisömmerigen Karpfen (K_2)/ha empfehlenswert. Die Erträge können in beiden Jahren 500 bis 1.000kg/ha betragen.

Wenn es gewünscht wird, lassen sich unter mitteleuropäischen Bedingungen auch weit höhere Erträge (2.000 bis 3.000kg/ha) in Karpfenteichen erzielen. Da Naturnahrung bei höheren Besatzdichten nicht mehr in ausreichender Menge zur Verfügung steht, müssen anstelle der Zufütterung mit Getreide physiologisch vollwertige Futtermittel (Pellets) eingesetzt werden. Bei größerer Intensität ist die Sauerstoffsituation im Teich sorgfältig zu überwachen. Im Hochsommer kann es vor allem in den frühen Morgenstunden zu Sauerstoffmangel kommen, dem durch Belüftung begegnet werden kann.

Während des Sommers werden die Entwicklung der Fische und ihr Gesundheitszustand durch Probefänge des Teichwirtes kontrolliert. Hierzu kann ein Wurfnetz dienen, mit dem die Fische insbesondere an den Futterstellen leicht zu fangen sind (Abb. 61).

Wo Warmwasser zur Verfügung steht (z.B. bei Kraftwerken) kann dieses unter Umständen zur Überwinterung von einsömmerigen Satzkarpfen genutzt werden. Die Fische kommen dann nach der Herbstabfischung in Becken, die von warmem Kühlwasser durchströmt und gegebenenfalls belüftet oder mit Sauerstoff versorgt werden (Abb. 62). Hier finden die Karpfen günstige Wachstumsbedingungen und lassen sich über Winter bei Fütterung mit vollwertigem Trockenfutter bis zu einer Größe von mehreren hundert Gramm aufziehen. Im Frühjahr werden sie in Abwachsteiche ausgesetzt, wo sie im Alter von nur zwei Sommern die Speisefischgröße erreichen. Auf diese Weise kann die Aufzuchtzeit, die unter unseren klimatischen Bedingungen üblicherweise drei Jahre dauert, um ein Jahr verkürzt werden.

Abb. 61: Wachstum und Gesundheitszustand der Karpfen lassen sich durch Probefänge mit dem Wurfnetz kontrollieren (Foto: W. Steffens).

Abb. 62: Rundbecken zur Karpfenaufzucht im Winter unter Nutzung von Warmwasser am Fuß eines Kühlturms (Foto: W. Steffens).

Im Herbst, in der Regel im Oktober und November, ist Erntezeit in der Teichwirtschaft. Vor allem die Abfischung eines größeren Abwachsteiches ist immer ein interessantes Erlebnis (Abb. 63 bis 68). Schon Tage vorher wird der Teich gezogen, d.h. am Mönch werden nach und nach die Staubretter entfernt,

Abb. 63: Abfischung eines größeren Karpfenteiches. Wasser und Karpfen haben sich vor dem Mönch gesammelt. Stecknetze verhindern das Zurückweichen der Fische im Graben (Foto: W. STEFFENS).

Abb. 64: Mit einem kleinen Zugnetz (Teichwade) werden die Karpfen am Abfischungsplatz zusammengezogen (Foto: W. STEFFENS).

Abb. 65: Ein Hebekescher bringt die Karpfen auf den Sortiertisch (Foto: E. GRIESHAMMER).

Abb. 66: Am Sortiertisch werden die Karpfen sortiert (Foto: W. Steffens).

Abb. 67: Über die Waage gelangen die Karpfen in die Transportfahrzeuge (Foto: W. Steffens).

damit das Wasser durch eine Horde (Sieb) ablaufen kann. Zumindest in der letzten Nacht vor dem Abfischen verbleibt eine Wache am Teich, denn der Wasserspiegel hat sich dann bereits so weit gesenkt, dass es für Fischliebhaber ziemlich einfach wäre, eine Anzahl von Karpfen mitgehen zu lassen. Außerdem muss die Horde jetzt immer häufiger gereinigt werden. Ein Wachwagen mit Ofen sorgt dafür, dass sich die Männer von Zeit zu Zeit aufwärmen können, denn die Nächte können empfindlich kalt sein; oft ist am Morgen der Abfischung auf den wassergefüllten Bottichen, die für die Fische bereit stehen, schon eine Eisschicht. Wenn der Tag graut, ist die Hauptfläche des Teiches trocken, und die Karpfen haben sich mit dem Rest des Wassers vor dem Mönch gesammelt. Hier werden sie nun, häufig unter Zuhilfenahme eines Teichnetzes und eines elektrisch betriebenen großen Hebekeschers, auf den Sortiertisch gebracht. Wassergefüllte Bottiche, die vielfach mit Sauerstoff versorgt werden, untersützen den Sortiervorgang. Über eine Waage kommen die Fische dann, oft unter Nutzung eines Fischaufzugs oder eines Krans, in die Transportkästen der Kraftfahrzeuge und werden in die Hälteranlage befördert.

Ein Hälterteich kann bei ständigem Durchstrom im Allgemeinen mehrere Tonnen Speisekarpfen (100 bis 200kg/m^3) aufnehmen. In ihm verbleiben die Tiere, bis sie nach Tagen oder Wochen an die Orte des Verbrauches gelangen. Während heute der Transport der Fische in Plastik- oder Edelstahlbehältern und Sauerstoffversorgung mit Lastkraftwagen erfolgt, wurden die Karpfen bis in die Mitte des 20. Jahrhunderts mit Spezialwaggons auf dem Schienenweg in den Handel gebracht (Abb. 69).

Abb. 68: Zum modernen Karpfentransport dienen Behälter aus Kunststoff oder Edelstahl mit Sauerstoffversorgung (Foto: A. ZORDEL) .

Abb. 69: Bis in die Mitte des 20. Jahrhunderts wurden Karpfen mit Spezialwaggons der Bahn über weite Strecken transportiert (Foto: W. STEFFENS).

7.4 Nebenfische und Polykultur

Verständlicherweise gelangen mit dem Zuflusswasser häufig auch andere Fischarten in die Karpfenteiche. Es kann sich dabei um erwünschte Nebenfischarten handeln, auf der anderen Seite können es aber auch Kleinfischarten sein, an denen kein wirtschaftliches Interesse besteht, deren Vorkommen aber aus ökologischen Gründen bedeutungsvoll ist.

Aus vielfältigen Erfahrungen der Teichwirte hat sich im Laufe der Zeit die planmäßige Haltung von Nebenfischen in Karpfenteichen entwickelt. Diese kann sich auf die zusätzliche Erzeugung kleiner Mengen dieser Fischarten beschränken, die in Karpfenteichen günstige Aufzuchtbedingungen finden. Es ist aber auch möglich, andere Fischarten in größerem Umfang gemeinsam mit dem Karpfen aufzuziehen. In diesem Zusammenhang wird von Polykultur gesprochen. Ihre sinnvolle Anwendung kann aufgrund des unterschiedlichen Nahrungsspektrums der Nebenfischarten zu einer besseren Verwertung der im Teich vorhandenen Naturnahrung und auf diese Weise zu höheren Erträgen führen.

Schleien

Seit langer Zeit werden Schleien (*Tinca tinca*) als Nebenfische in Karpfenteichen gehalten. Diese Cyprinidenart ist wie der Karpfen ein eurythermer Fisch und stellt an den Sauerstoffgehalt des Wassers keine besonders hohen Ansprüche. Die Schleie vermehrt sich leicht in Karpfenteichen, weswegen bei der Abfischung im Herbst häufig größere Mengen an einsömmeriger Schleienbrut vorhanden sind. Da die Schleie ein sehr ähnliches Nahrungsspektrum wie der Karpfen hat, besteht in dieser Hinsicht Konkurrenz, und die Schleie ist dem Karpfen im Wachstum unterlegen (Steffens 1995). Wenn größere Schleienmengen erzeugt werden sollen, ist es besser, die Schleien in Monokultur ohne Karpfen aufzuziehen. Die Schleien können in drei Jahren Stückmassen von 300 bis 400g erreichen.

Pflanzenfressende Cypriniden

Da der Karpfen ein Kleintierfresser ist, wird das in den Teichen reichlich vorkommende Phytoplankton von ihm nicht aufgenommen. In den Jahren nach 1960 wurden mehrere Arten von pflanzenfressenden Cypriniden in Deutschland und anderen Ländern Mitteleuropas eingeführt, um sie gemeinsam mit dem Karpfen in Teichen aufzuziehen und auf diese Weise die sich hier entwickelnden Algen besser nutzen zu können (Steffens 1990b).

Es handelt sich dabei um den Graskarpfen (*Ctenopharyngodon idella*), den Silberkarpfen (*Hypophthalmichthys molitrix*) und den Marmorkarpfen (*Aristichthys* [*Hypophthalmichthys*] *nobilis*). Die ursprüngliche Heimat dieser wärmeliebenden Fischarten, die, abgesehen vom Brutstadium, ein ganz anderes Nahrungsspektrum als der Karpfen haben, sind die großen chinesischen Flusssysteme. Der Graskarpfen frisst höhere Wasserpflanzen und lässt sich, wie schon sein Name sagt, auch mit terrestrischem Pflanzenmaterial füttern. Er kann bei der Bekämpfung unerwünschter Über- und Unterwasserpflanzenbestände in Teichen nützlich sein. Silber- und Marmorkarpfen, die sich übrigens leicht hybridisieren und fruchtbare Nachkommen haben, sind dagegen Sestonfresser, die zum Nahrungserwerb Phytoplankton, Detritus und Zooplankton aus dem Wasser abfiltrieren, wobei der Silberkarpfen mehr Phytoplankton und weniger Zooplankton als der Marmorkarpfen aufnimmt. In den ersten Lebenswochen benötigt die Brut aller drei Fischarten feines Zooplankton.

Die genannten großwüchsigen Cyprinidenarten pflanzen sich unter unseren klimatischen Bedingungen nicht fort, so dass eine unkontrollierte Ausbreitung unmöglich ist. Ihre Vermehrung muss unter Warmwasserbedingungen mit Hilfe von Hormoninjektionen erfolgen. Die Fische können gemeinsam mit Karpfen bis zu einem Alter von drei bis vier Jahren aufgezogen werden. Gras-

und Marmorkarpfen können in diesem Alter in mitteleuropäischen Teichen eine Größe von 1kg erreichen, während Silberkarpfen meist nur etwa 500g schwer werden.

Silberkarpfen tragen durch ihre Fresstätigkeit zu einer laufenden Verjüngung der Phytoplanktonpopulation in den Teichen bei, wodurch die Sauerstoffverhältnisse stabiler gestaltet werden können. Gleichzeitig lassen sich die Erträge der Karpfenteiche ohne zusätzlichen Futteraufwand beträchtlich erhöhen (Tab. 25). Die pflanzenfressenden Cypriniden sind verhältnismäßig grätenreich, ihr Absatz auf dem deutschen Markt ist schwierig. In verschiedenen asiatischen Ländern werden sie jedoch gemeinsam mit dem Karpfen in großen Mengen in Polykultur erzeugt und sind hier wichtige und gern gegessene Speisefische.

Tab. 25: Durchschnittliche Erträge (kg/ha) an Karpfen und pflanzenfressenden Cypriniden im sächsischen Binnenfischereibetrieb Wermsdorf 1987 (Steffens 1990a).

Produktionsverfahren	Karpfen	Pflanzenfressende Cypriniden
Getreidezufütterung	1.190	371
Pelletfütterung	2.887	750
Pelletfütterung mit techn. Belüftung	6.697	1.238

Raubfische

Von den in Mitteleuropa verbreiteten Raubfischen kommen als Nebenfische für Streck- und Abwachsteiche der Hecht (*Esox lucius*), der Zander (*Sander lucioperca*) und der Europäische Wels (*Silurus glanis*) in Betracht. Sie lassen sich in geringen Zahlen ohne Minderung des Karpfenertrages bis zu Speisefischgröße aufziehen und können sogar nützlich sein, wenn mit dem Zufluss größere Mengen an unerwünschten Kleinfischen (Plötzen und Barsche) in die Teiche eingewandert sind, die dem Karpfen Nahrungskonkurrenz machen. Neben Speisefischen lassen sich in den Teichen auch Setzlinge dieser Arten erzeugen, die der Teichwirt als Besatz für natürliche Gewässer abgeben kann. Die Abfischung im Herbst muss dann so vorgenommen werden, dass die empfindlichen Jungfische (insbesondere Hecht und Zander) beim Ablassen der Teiche nicht geschädigt werden.

Der aus Ostasien stammende Blaubandbärbling (*Pseudorasbora parva*) hat sich in den Jahren nach 1970 sehr stark in Europa ausgebreitet und kann bei intensiver Vermehrung in Teichen so massenhaft auftreten, dass es zu einem Rückgang der Karpfenerträge kommt. Er bildet eine ausgezeichnete Nahrung für den Zander und kann durch Zanderbesatz in Karpfenteichen reduziert und sinnvoll genutzt werden.

Maränen

Die zur Familie der Coregonidae gehörenden Maränen (Felchen) sind nur unter bestimmten Bedingungen für die gemeinsame Haltung mit Karpfen in Teichen geeignet, da sie höhere Wassertemperaturen und geringere Sauerstoffgehalte weniger gut tolerieren. In den großen und häufig verhältnismäßig tiefen und daher kühleren Karpfenteichen der Tschechischen Republik werden Große Maränen (*Coregonus lavaretus*) seit mehr als 100 Jahren als Nebenfische aufgezogen. Im Alter von drei bis vier Jahren können sie eine Größe von 0,7 bis 1,5kg erreichen.

Buntbarsche (Tilapien)

In den wärmeren Regionen der Erde sind Buntbarsche (Cichlidae) wichtige Fischarten, die vielfach gemeinsam mit Karpfen und anderen Fischarten in Polykultur aufgezogen werden (Steffens & Hilge 2000). Die wirtschaftlich bedeutendste Art ist der Nilbuntbarsch (*Oreochromis niloticus*), von dem weltweit in der Aquakultur etwa 1 Mill. t erzeugt werden. Er ernährt sich in erheblichem Umfang von feinem Phytoplankton und Detritus, ist schnellwüchsig und zeichnet sich durch eine hohe Fleischqualität aus. In Deutschland sind Tilapien aufgrund ihrer Temperaturansprüche als Nebenfische für Karpfenteiche nicht geeignet.

Neben ihrer ökonomischen Nutzung stellen die Karpfenteiche auch wertvolle Lebensräume für verschiedene Kleinfischarten dar, die teilweise als gefährdet anzusehen sind. In diesem Zusammenhang sind unter anderem das Moderlieschen (*Leucaspius delineatus*) und der Gründling (*Gobio gobio*) aus der Familie der Cyprinidae, der Schlammpeitzger (*Misgurnus fossilis*) und der Dreistachlige Stichling (*Gasterosteus aculeatus*) zu erwähnen. So kommt den Karpfenteichen in unserer Kulturlandschaft trotz ihrer primären wirtschaftlichen Nutzung auch eine beachtliche ökologische Bedeutung zu. Sie sind nicht nur Produktionsflächen, sondern darüber hinaus ein vielfältiges Pflanzen- und Tierparadies, für dessen Erhaltung der Teichwirt durch fachgerechte Bewirtschaftung sorgt.

7.5 Karpfenzucht auf Reisfeldern

Für mehr als die Hälfte der Weltbevölkerung bildet Reis das Hauptnahrungsmittel. Insbesondere in vielen tropischen Ländern Asiens spielt der Reisanbau eine wichtige Rolle. Da er auf von Wasser überstauten Flächen stattfindet, liegt eine Kombination mit der Aufzucht von Fischen nahe.

Der Reisanbau kann auf Feldern vorgenommen werden, die sich mit Niederschlagswasser füllen, wie sie z.B. im Nordosten Thailands zu finden sind (LITTLE et al. 1996). Wassermangel ist hierbei oft der begrenzende Produktionsfaktor. Weit größere Bedeutung hat der Reisanbau in Gebieten, wo ein direkter Wasserzufluss auf die Felder möglich ist. Weltweit gibt es mehr als 80 Mill. ha bewässerte Reisfelder (Abb. 70 und 71). Über die größten Produktionsflächen verfügen China, Indien, Japan, Pakistan und Indonesien, aber auch in verschiedenen anderen asiatischen Ländern hat der Reisanbau einen erheblichen Umfang. Allein in China gibt es 33 Mill. ha Reisfelder (KANGMIN 1988).

Die Fischzucht auf überstauten Reisfeldern entstand zweifellos dadurch, dass mit dem Wasser unbeabsichtigt Fische auf die Flächen kamen und hier infolge des reichen Angebots an Nährtieren gut wuchsen. Daraus entwickelten sich dann im Laufe der Zeit regelrechte Fischzuchtsysteme. In Südostasien wurde die Methode der Fischhaltung auf Reisfeldern wahrscheinlich schon vor etwa 1.500 Jahren aus Indien eingeführt. Grundsätzlich muss beachtet werden, dass der Reis stets die Hauptkultur darstellt, der sich die Fischzucht unterzuordnen hat, und dass für eine zweifache Nutzung der Flächen zusätzliche Aufwendungen und Kompromisse erforderlich sind. Andererseits können sich Reisanbau und Fischzucht auch gut ergänzen.

Neben Tilapien (*Oreochromis* spec.) und einer Reihe anderer Fischarten wird auch der Karpfen sehr häufig in Reisfeldern aufgezogen. Es wird allerdings nur ein kleiner Teil der vorhandenen Reisflächen in Kombination mit der Fischzucht genutzt. Von den 33 Mill. ha Reisfeldern in China sind etwa 25 Mill. für die Fischzucht geeignet, hierfür verwendet werden etwa 2%. Das sind jedoch immerhin 500.000ha. Auf Java dienen mehr als 50.000ha Reisfelder für die Aufzucht von Fischen, hauptsächlich Karpfen.

Durch die Fischhaltung auf Reisfeldern wird ein Düngeeffekt erzielt, so dass sich die Reiserträge um 8 bis 47% erhöhen können. Die Karpfen und anderen Fische lockern den Boden, tragen zur Bekämpfung von Algen und Unkraut sowie von Schadinsekten bei. Durch die Vertilgung von Schnecken und Mückenlarven kann die Verbreitung von Bilharziose und Malaria eingeschränkt werden. Begrenzend für die Fischzucht kann sich der Einsatz von chemischen Pflanzenschutzmitteln auswirken. Von dieser Seite her kommt der Verwendung krankheitsresistenter Reissorten zunehmende Bedeutung zu.

Abb. 70: Vorbereitung eines Reisfeldes auf den Philippinen (Foto: W. STEFFENS).

Abb. 71: Reisfelder in unterschiedlichen Entwicklungsstadien (Foto: W. STEFFENS).

Es gibt grundsätzlich zwei Möglichkeiten zur Nutzung von Reisfeldern für die Fischzucht. Einmal können Reis und Fische nacheinander kultiviert werden (Wechselwirtschaft). Dafür lässt man nach der Reisernte die Stoppeln stehen. Die Dämme werden auf Dichtigkeit überprüft und nötigenfalls erhöht. Mit Hilfe von Sieben muss die Zu- und Abwanderung von Fischen unterbunden werden. Die sich zersetzenden Pflanzenreste bilden ein gutes Substrat für Fischnährtiere. Entsprechend den klimatischen Bedingungen können Reis und Karpfen je einmal jährlich oder je dreimal in zwei Jahren produziert werden. Ersteres Verfahren wird in Indonesien (Java) als Polowidjo-Methode, letzteres als Panjelang-Methode bezeichnet. Die für die Aufzucht der Fische zur Verfügung stehende Zeitspanne beträgt im Allgemeinen 3 bis 4 Monate. Es werden entweder Setzlinge aus Brut oder Speisefische aus Setzlingen aufgezogen. Die Erträge sind stark von der Wirtschaftsweise abhängig, sie können bei zusätzlicher Fütterung 700 kg/ha erreichen.

Bei gleichzeitiger Produktion von Reis und Karpfen sollten die Dämme etwa 25 bis 60cm hoch sein. Durch Gitter am Zu- und Abfluss der Felder wird verhindert, dass unerwünschte Fische einwandern und eingesetzte entweichen können. Als günstig hat es sich erwiesen, an einigen Stellen tiefere Gräben oder Gruben anzulegen, in die sich die Fische bei extremen Temperaturen zurückziehen können. Außerdem wird dadurch die Abfischung erleichtert. Der Besatz mit Fischen sollte frühestens 5 Tage nach dem Pflanzen des Reises erfolgen, damit dieser sich gut einwurzeln kann. Wenn größere Fische eingesetzt werden, sollte die Zeitspanne zwischen Reispflanzung und Fischbesatz deutlich länger sein.

In die Reisfelder können Karpfeneier auf Nestern eingebracht werden. Die geschlüpfte Brut wächst dann in der zur Verfügung stehenden Zeit zu Setzlingen heran. Die Reisfelder können natürlich auch mit Brut besetzt werden. In China werden in diesem Fall je nach Fruchtbarkeit Besatzdichten von 6.000 bis 22.000 Stück Brut/ha empfohlen, wenn nicht zusätzlich gefüttert wird.

Bei Besatz mit Setzlingen können auch Speisekarpfen erzeugt werden. Um eine etwas längere Produktionsperiode zur Verfügung zu haben, werden in Indonesien bei der gemeinsamen Erzeugung von Reis und Karpfen langsamwüchsige lokale Reissorten angebaut.

Dort wo der Verbraucher größere Speisefische verlangt, ist es günstig, wenn nach der Ernte der Reisfelder noch Teiche für die weitere Haltung der Fische zur Verfügung stehen. Die Erzeugung von Brut in speziellen Anlagen, die Aufzucht von Setzlingen in Reisfeldern und die anschließende Produktion von Speisefischen in Teichen stellen eine geeignete Kombination dar.

In Japan wurde die Karpfenerzeugung auf Reisfeldern während des 2. Weltkriegs intensiviert. Während ohne Zufütterung im Durchschnitt nur 145kg/ha erzielt wurden, konnten die Erträge mit Zufütterung (u.a. Seidenspinnerpuppen) auf 700 bis 1.000kg Karpfen/ha erhöht werden. 10 Tage nach der Reispflanzung im

Juni wurden die Felder mit vorgestreckter Karpfenbrut besetzt, kurz vor der Reisernte Mitte September bis Ende Oktober erfolgte die Abfischung. Nach ein- bzw. zweimaliger Überwinterung der Fische in besonderen Teichen wurden die Reisfelder auch mit ein- und zweisömmerigen Karpfen besetzt, so dass am Ende des dritten Jahres Speisefische von 370 bis 750g geerntet werden konnten. Gegenwärtig ist die Fischzucht auf Reisfeldern in Japan allerdings nicht mehr stark verbreitet.

Prinzipiell ist die kombinierte Nutzung von Reisfeldern zur Aufzucht von Karpfen und anderen Fischarten eine gute Möglichkeit, wertvolles tierisches Eiweiß ohne zusätzliche Beanspruchung von Flächen in Regionen zu erzeugen, wo andere Proteinquellen nicht in ausreichendem Umfang zur Verfügung stehen. Die angewandten Verfahren und die dabei erzielten Erträge variieren beträchtlich. Günstig ist in diesem Zusammenhang, wenn der Markt keine großen Speisefische verlangt. Erhebliche wirtschaftliche Bedeutung hat die Karpfenproduktion auf Reisfeldern heute vor allem in Indonesien und China.

7.6 Karpfenzucht in Asien

In vielen Ländern des indopazifischen Raumes kann die Aufzucht des Karpfens während des ganzen Jahres betrieben werden. Die Methoden sind in den einzelnen Gebieten recht unterschiedlich. Charakteristisch ist, dass häufig sehr kleine Teiche benutzt werden, die bei intensiver Bewirtschaftung hohe Erträge bringen.

Zur Vermehrung des Karpfens dienen neben der in Europa üblichen DUBISCH-Methode, die in verschiedenen Modifikationen angewandt wird, spezielle Verfahren.

In China werden als Laichkarpfen häufig Fische von reichlich 2kg Masse im Alter von 3 bis 6 Jahren (Weibchen) bzw. 2 bis 5 Jahren (Männchen) ausgewählt. Die Laichteiche sind pflanzenfrei und haben Sandboden. Zur Eiablage werden Wasserpflanzen (*Ceratophyllum, Myriophyllum* u.a.) hineingegeben, die durch einen rechteckigen Bambusrahmen von 10 bis 25m² Größe an der Teichoberfläche zusammengehalten werden.

Die indonesischen Fischzüchter benutzen 1 bis 2 Jahre alte Laicher von 1 bis 2kg Masse. Diese können 4 bis 6 Jahre lang alle 2 bis 3 Monate zur Fortpflanzung kommen. Als Substrat für die Eier werden keine grünen Pflanzen, sondern die harten dunklen Fasern von Palmen (*Arenga*-Arten) verwendet. Diese werden mit Hilfe von Bambusstäben zu Matten von 1,50m Länge und 40 bis 60cm Breite vereinigt, die als Kakabans bezeichnet werden. Diese Kakabans schwimmen dicht unter der Wasseroberfläche der Laichteiche. Sobald nach dem ersten Laichen an der Unterseite Eier kleben, werden die Matten umgedreht. Sind beide Seiten mit Eiern besetzt, kommen neue Kakabans in die Teiche.

In Indien werden die Laichkarpfen oft in kleine Zementbecken ausgesetzt, in die wie in China Wasserpflanzen als Laichsubstrat eingebracht werden. Ein weiteres spezielles Verfahren ist die Karpfenvermehrung in Hapas. Bei diesen handelt es sich um rechteckige Stoffbehälter von 2 bis 4m Länge, 1 bis 2m Breite und 1m Tiefe, die mit Hilfe von Bambusstäben in Teichen untergebracht werden. Die Hapas werden in der Regel mit einem Rogener und 2 bis 3 Milchnern besetzt. Die Eiablage erfolgt auch hier an Wasserpflanzen. Für ein Weibchen von 1kg Masse rechnet man etwa 2kg Pflanzenmasse.

Nach dem Ablaichen wird das Substrat mit den daran klebenden Eiern meist in kleine Schlupfteiche überführt. Die Kakabans werden jetzt so beschwert, dass sie sich etwa 8 bis 10cm unter der Wasseroberfläche befinden. Ist die Brut geschlüpft, entfernt man die Pflanzenteile bzw. die Kakabans. Die letzteren lassen sich nach Reinigung und Trocknung später erneut verwenden. In den Schlupfteichen verbleibt die Brut in der Regel nur einige Tage, höchstens 2 bis 3 Wochen. Die Aufenthaltsdauer richtet sich nach der Fruchtbarkeit der Teiche, der Besatzdichte und dem Ausmaß der Fütterung.

Zur weiteren Aufzucht dienen unterschiedliche Teicharten, daneben auch Reisfelder. Die Brut wird oft in Monokultur zu Setzlingsgröße herangezogen. Der Vernichtung von Schädlingen vor dem Besetzen wird größte Beachtung geschenkt. Zu diesem Zweck werden die Teiche vor dem Besatz nach Möglichkeit trockengelegt. Die Teiche werden stark organisch und anorganisch gedüngt. Als Futtermittel dienen vor allem Reiskleie, Sojabohnenkuchen und andere pflanzliche Substanzen, Seidenspinnerpuppen (frisch und getrocknet), Krebse, Schnecken und Muscheln. Besatzdichte und Zuwachs pro Flächeneinheit sind häufig sehr hoch, weswegen die Karpfen oft umgesetzt werden. Die Wirtschaftsintensität kann in Ostasien unter günstigen klimatischen Bedingungen für uns ungeahnte Ausmaße erreichen.

Charakteristische Merkmale der chinesischen Teichwirtschaft sind Polykultur und integrierte Fischzucht (Joseph 1990). Durch gemeinsame Aufzucht mehrerer Fischarten mit unterschiedlichen Nahrungsansprüchen in einem Teich kann das vorhandene pflanzliche und tierische Nahrungsangebot besser genutzt werden, wodurch sich höhere Erträge erzielen lassen. Beim Rotationsverfahren wird nicht nur mit unterschiedlichen Fischarten, sondern auch mit bis zu drei Größenklassen bei den einzelnen Fischarten besetzt. Während der Vegetationsperiode werden die Fische, die marktfähige Größe erreicht haben, herausgefangen und dafür Jungfische nachgesetzt. Bei nicht ablassbaren Teichen wird häufig auch so verfahren, dass mit verschiedenen Arten besetzt wird, die jeweils einer Größengruppe angehören. Mit fortschreitendem

Wachstum werden die größeren Fische herausgefangen und in andere Teiche bei geringerer Besatzdichte umgesetzt. Naturgemäß können die Arten- und Größenkombinationen in der Polykultur stark variieren. Der Karpfen muss nicht immer die Hauptfischart sein, oft wird anderen Cyprinidenarten, u.a. Graskarpfen, Marmorkarpfen und Silberkarpfen, der Vorrang gegeben (Tab. 26).

Tab. 26: Polykultur mit verschiedenen Cyprinidenarten in der chinesischen Provinz Guangdong (HAO-REN 1982).

Fischart	Besatzgröße	Abfischungsgröße (kg)	Ertrag (kg/ha)
Karpfen	6-10cm	0,5-1,0	60-75
Schlammkarpfen	18-25g	0,125-0,170	1.875
Marmorkarpfen	400-500g	1,0-1,5	2.400
Graskarpfen	250g	1,0-1,5	1.125
Silberkarpfen	10-15cm	0,5-1,0	300
Schwarzkarpfen	12-15cm	1,5-2,0	112-150
Brassen	10cm	0,25-0,5	37
Gesamt			ca. 6.000

Neben der Polykultur ist die integrierte Fischzucht ein weiteres typisches Kennzeichen der chinesischen Aquakultur. Dabei werden Teichwirtschaft, Tierzucht und Pflanzenbau zu einem kombinierten System verknüpft (Aquaculture - Animal husbandry - Agriculture: AAA-System). Bei der Integration werden organische Abfälle des Pflanzenbaus und der tierischen Produktion und Verarbeitung als Nährstoffe nutzbar gemacht und z.B. sonst nicht mehr verwertbare Substanzen zur Förderung der Fischerzeugung eingesetzt (territoriales Recycling). Teichschlamm wird als Dünger auf dem benachbarten Feld oder direkt auf dem Teichdamm benutzt, und hier können dann Gemüse und Obst als menschliche Nahrungsmittel oder Grünpflanzen und Getreide als Fischfutter angebaut werden (Abb. 72 und 73).

Bei der integrierten Fischzucht lassen sich verschiedene Formen unterscheiden. Häufig ist die Kombination von Fischhaltung und Feldfruchtanbau. Abfälle der Verarbeitung von Agrarprodukten (Kleie, Ölextraktionskuchen) können als Fischfutter eingesetzt werden. Eine andere Form ist die Verbindung der Aufzucht von Fischen und landwirtschaftlichen Nutztieren. Der Kot aus der Tierproduktion (Hühner, Gänse, Enten, Schweine, Schafe, Rinder) dient nach Kompostierung als Teichdünger und fördert die Naturnahrungsentwicklung im Gewässer (STEFFENS 1996b).

Abb. 72: Orangenplantage neben einem chinesischen Fischteich mit Steinwandung (Foto: W. STEFFENS).

Abb. 73: Auf mit Teichschlamm gedüngten Teichdämmen wird in China oft Gemüse angebaut (Foto: W. STEFFENS).

Eine weitere Form integrierter Fischzucht ist die Verbindung von Teichen mit Maulbeerbaumanpflanzungen auf den Dämmen. Die Bäume werden mit Teichschlamm gedüngt und liefern dadurch einen reichen Blattertrag zur Fütterung von Seidenraupen. Deren Kot sowie später die Puppen werden als Dünger bzw. als Fischfutter genutzt.

In bestimmten Gegenden Indonesiens ist es auch üblich, Karpfen in Käfigen aus Bambusstäben aufzuziehen (Abb. 74). Diese haben meist eine Länge von 1,5 bis 3,0m, eine Breite von 0,9 bis 1,5m und sind 0,6 bis 0,7m tief. Sie werden in kleinen Fließgewässern untergebracht und sehr dicht mit Karpfen besetzt (200 bis 300 Karpfen von 8 bis 12cm Länge je Kasten). Die Fische ernähren sich von eingeschwemmten Kleintieren und werden zusätzlich gefüttert. In einem Kasten kann die Produktion bei hohen Wassertemperaturen im Verlauf von 2 bis 3 Monaten 50 bis 75kg betragen.

Abb. 74: Karpfenaufzucht in Bambuskäfigen in einem indonesischen Fließgewässer bei Bandung (Foto: M. Huet).

Die Wahrscheinlichkeit, dass bei der integrierten Fischzucht das hochpathogene Vogelgrippevirus (H5N1) durch den Kot von eventuell infiziertem Geflügel auf Fische übertragen wird, ist als gering einzuschätzen. Da dieses Virus stark an die hohe Körpertemperatur des Geflügels adaptiert ist, kann es sich bei der niedrigen Körpertemperatur der Fische nicht vermehren. Berichte über die Isolierung von Influenzaviren bei Fischen liegen bisher nicht vor. Für den Menschen besteht daher keine gesundheitliche Gefährdung durch den Verzehr von Fischen, zumal diese bei der Zubereitung in der Regel erhitzt werden.

8 Karpfenwirtschaft in natürlichen Gewässern

In vielen Ländern, z.B. in Mittelamerika, Asien und Südosteuropa, hat der in Seen und Flüssen gefangene Wildkarpfen erhebliche wirtschaftliche Bedeutung für die Berufsfischerei. Es sei auf die beachtlichen Fangmengen in Mexiko, der Türkei, Indonesien und Thailand verwiesen (Kapitel 13). Ganz anders liegen die Verhältnisse in Mitteleuropa. In unseren natürlichen Gewässern vermehrt sich der Karpfen normalerweise nicht. Selbst wenn die Fische einmal ablaichen, kommt die Brut selten hoch. Alle Karpfen, die bei uns in Seen und Flüssen leben, stammen aus Teichwirtschaften und sind daher keine echten Wildfische.

Die Möglichkeiten einer regelrechten Karpfenwirtschaft in mitteleuropäischen Binnenseen untersuchte zuerst Schäperclaus (1949). Da sich der Karpfen in der Regel nicht in unseren natürlichen Gewässern fortpflanzt, lässt sich die angestrebte Bestandsdichte durch den Besatz regulieren. Wichtigste Voraussetzung ist, dass die eingesetzten Karpfen auch wieder herausgefangen werden können, was nicht immer der Fall zu sein braucht. Der See darf daher nicht tiefer als 10 bis 15m und nicht zu steilscharig sein. Pflanzenbestand sowie Gewässerform und Untergrund müssen die Anwendung des Zugnetzes gestatten. Bedeutung kann die Karpfenwirtschaft besonders dort gewinnen, wo große Mengen kleiner minderwertiger Fische (Bleie, Plötzen, Barsche), die schwer absetzbar sind, vorkommen und sich immer wieder stark vermehren. Durch Karpfenbesatz können unter solchen Umständen bei Reduzierung dieser Arten bessere wirtschaftliche Ergebnisse erzielt werden. In geeigneten Seen sind Erträge von 20 bis 40kg/ha möglich. Als Besatz sollten große zweisömmerige Karpfen mit gutem Gesundheitszustand verwendet werden, und es ist als zweckmäßig anzusehen, immer den gleichen zuverlässigen Satzfischlieferanten zu wählen.

Karpfen, die mehrere Jahre in einem See ausschließlich auf Naturnahrungsbasis abgewachsen sind, zeichnen sich durch rötliches Fleisch von hervorragender Qualität aus. Sie sind daher nicht nur für den Berufsfischer interessant, sondern auch für den Angler eine begehrte Beute.

Zu hoher Besatz mit Karpfen kann sich negativ auf den Gewässerzustand auswirken. Durch die Wühltätigkeit der Fische kommt es zu einem Rückgang der Unterwasserpflanzen und zu einer verstärkten Trübung. Die Zahl der großen Wasserflöhe (*Daphnia*) im Plankton verringert sich, während die der kleineren Formen (*Bosmina, Ceriodaphnia*) zunimmt.

Gefangen wird der Karpfen meist zusammen mit den anderen im Gewässer vorkommenden Arten; spezielle Fangmethoden der Berufsfischerei, die nur für diesen Fisch Anwendung finden, sind selten. Hauptgerät in den Seen ist das große Zugnetz, das im Frühjahr, Herbst und Winter benutzt wird. Mit Hilfe von Ultraschallsendern konnte in einem nordamerikanischen See festgestellt werden, dass sich die Karpfen im Spätherbst vor dem Zufrieren des Gewässers regelmäßig an zwei Stellen konzentrierten, wo sie dann gut gefangen werden konnten. Sind die Gewässer zugefroren, dann wird das Garn unter dem Eis bewegt und an einem größeren Loch (Auszugswuhne) herausgezogen (Eisfischerei).

Den Fangversuchen entgeht der Karpfen oft recht gut und besser als viele andere Fischarten. Nach Unterwasserbeobachtungen zeigen aktive Karpfen am Zugnetz zunächst ein deutliches Netzmeideverhalten, was hauptsächlich auf den Staudruck des bewegten Gerätes zurückzuführen sein dürfte. Für die äußersten Enden des Flügels können daher ohne weiteres sehr große Maschenweiten gewählt werden. Mit fortschreitender Einengung im Zug beginnen die Tiere, horizontal an den Flügeln entlangzuschwimmen, und schließlich tasten sie das Netz ab und versuchen, Ausweichmöglichkeiten zu finden. Bei höheren Temperaturen (über 6°C) springt der Karpfen häufig über die Oberleine des Zugnetzes. In kaltem Wasser neigt er dagegen dazu, in Bodennähe zu bleiben und sich unter Hindernissen zu verstecken, so dass die Unterleine über ihn hinweggleitet, wenn sie keinen festen Bodenschluss hat. Um das zu verhindern wird empfohlen, eine vorlaufende Schürze aus großen Maschen zu verwenden. Gruppen finden den Fluchtweg leichter als Einzelindividuen.

Auch in Reusen, die vorwiegend im Frühjahr gestellt werden, geht der Karpfen nicht allzu leicht, zumal ihre Fangeffektivität mit zunehmender Standzeit vielfach nachlässt. Die Fische wenden sich häufig wiederholt vor der Kehle um und schwimmen zurück, bis es zu einem endgültigen Passieren kommt (Abb. 75, 76 und 77).

Während des Sommers bis in den Herbst hinein können Stellnetze gebraucht werden. In Versuchen mit verschieden gefärbten Kiemennetzen erwiesen sich braune Nylon-Monofilnetze als besonders fängig für Karpfen.

Gute Karpfenfänge werden unter Umständen mit Angeln (Grundschnüren) erzielt. Die Haken sind bei ihnen mit kurzen Mundschnüren in 2 bis 3m Abstand an der langen Hauptschnur befestigt und werden mit Würmern, Kartoffeln oder Erbsen beködert. Im Gelege kann man größere Fische mit elektrischem Fanggerät erbeuten. Eine einfache Methode des Karpfenfanges lernte ich an dem sehr flachen, durchschnittlich 1m tiefen Velence-See in Ungarn kennen. Vom Boot aus wird dem einzelnen Tier ein korbartiges Netz übergestülpt (Abb. 78). Aus einem seitlich angebrachten Sack kann der Fisch dann entnommen werden. Ein ähnliches Gerät, als Stuker bezeichnet, wurde früher auch in Norddeutschland verwendet, wobei die Fische nachts im Gelege mit einer Lampe gesucht wurden. So konnten im märkischen Grimnitzsee in einer einzigen Herbstnacht 300 Karpfen auf diese Weise gefangen werden.

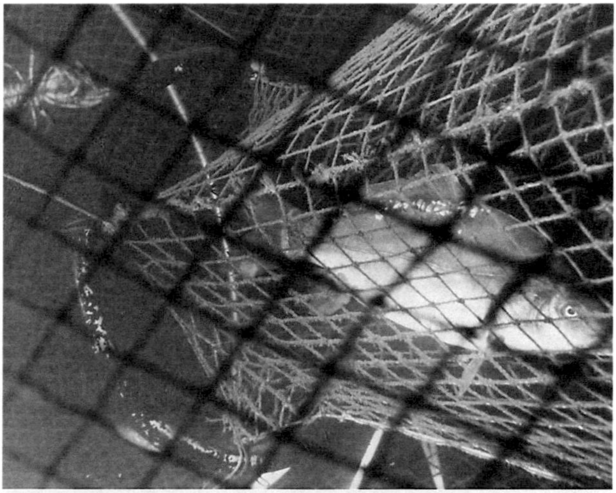

Abb. 75: Ein Karpfen wendet sich an der engsten Stelle der Reusenkehle um (Foto: M. RAUSCHERT).

Abb. 76: Karpfen beim Passieren der Reusenkehle (Foto: M. RAUSCHERT).

Abb. 77: Fischentnahme aus dem Steert einer Reuse (Foto: R. Menzel).

Abb. 78: Altertümliches Karpfenfanggerät vom Velence-See in Ungarn. Es wird dem entdeckten Fisch übergestülpt und dieser dann aus dem seitlichen Netzsack entnommen (Foto: W. Steffens).

9 Angeln auf Karpfen

Das Angeln auf Karpfen galt lange Zeit als besonders schwierig und wurde daher früher kaum systematisch betrieben. Die erfolgreiche Landung eines kapitalen Karpfens mit einer Körpermasse über 10kg galt lange Jahre als außerordentlicher Glücksfall. Erst nach dem Ende des 2. Weltkriegs kam es in England zur Entwicklung spezieller Techniken für den Karpfenfang, mit denen sich gezielt und regelmäßig auch größere Fische angeln lassen (Ball et al. 2000). Voraussetzung hierfür waren neben guter Naturbeobachtung und anglerischer Erfahrung vor allem neue Köder, gezielte Köderpräsentationstechniken und bessere Geräte. Der Aufschwung, den das Karpfenangeln erfuhr, geht auch daraus hervor, dass nach dem 2. Weltkrieg mit großem Enthusiasmus selbständige Karpfenanglervereine gegründet wurden, z.B. 1969 The British Carp Study Group, 1974 The Carp Anglers´ Association. England wurde damit zur Geburtsstätte des modernen Karpfenangelns. Eine rege Publikationsaktivität spezieller Karpfenangelliteratur begleitete die Entwicklung des gezielten Karpfenfangs. Heute existiert in ganz Europa eine beachtliche Zahl von Spezialistenvereinigungen (z.B. Deutscher Karpfenanglerclub), -zeitschriften (z.B. Carp Mirror, Carp Connect) und -internetseiten (z.B. www.carp.de).

Weitere Fortschritte beim Karpfenangeln konnten bis zum Ende des 20. Jahrhunderts durch die Perfektionierung von Ködern und Anfütterung sowie durch Veränderungen der Endmontagen erzielt werden (Maddocks 1981). Besonders zusammengesetzte und präparierte Köder - Boilies - erwiesen sich als selektiv für Karpfen.

Ein effektiver Fang ist möglich, wenn der Haken nicht vom Köder bedeckt wird (Haarmontage, Abb. 79). Eine Verlängerung des Vorfachs - das so genannte Haar - dient der Befestigung des Köders an einer eigens gebundenen Schlaufe. Dem Ausspucken des Köders lässt sich entgegenwirken, wenn das Grundblei fest auf der Schnur verankert ist (Abb. 80). Dies wird als Fluchtmontage oder Selbsthakmontage bezeichnet (Abb. 81). Ferner verbessert sich die Bissausbeute, wenn das Vorfach durch einen über das Hakenöhr gezogenen Schrumpfschlauch leicht gen Hakenspitze zeigt (Line-Aligner, Abb. 79).

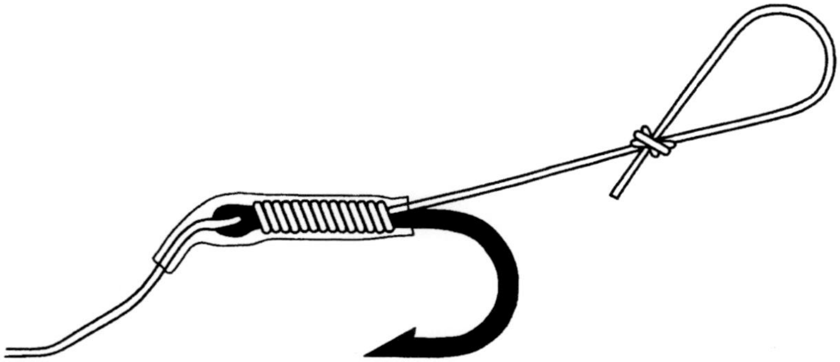

Abb. 79: Darstellung der Haarmontage (Verlängerung des Vorfachs zur Anbringung von Ködern mittels einer Schlaufe) und des Line-Aligners (leichte Neigung des Vorfachs in Richtung Hakenspitze durch Schrumpfschlauch) beim modernen Karpfenangeln (Zeichnung: M. STEINER, mit freundlicher Genehmigung des Blinker, Jahr Top Special Verlag, Hamburg).

Abb. 80: Aufnahme und Ausblasen des Hakenköders beim Karpfen. Links wird der am Haar angebotene Köder eingesaugt. Bei der Prüfung des Köders und aus anderen Gründen kann es zum Ausblasen des Köders kommen (rechts). Durch die Haarmontage und den Line-Aligner (vgl. Abb. 79) steigt die Wahrscheinlichkeit, dass der Haken in der Unterlippe Halt findet. Ein tiefes Schlucken ist beim modernen Karpfenangeln äußerst selten (Zeichnung: M. STEINER).

In vielen europäischen Ländern gibt es zahlreiche Angler, die sich auf den Fang von Karpfen spezialisiert haben und dieses Hobby sehr erfolgreich betreiben (ARLINGHAUS & MEHNER 2003). Etwa 1% aller Angler in Deutschland sind spezialisierte Karpfenangler (ARLINGHAUS 2004). Daneben angelt eine Vielzahl mehr oder weniger gezielt auf Karpfen. Für einige engagierte Karpfenangler wurde ihre Leidenschaft sogar zum Beruf. Wer tiefer in diese Materie eindringen will, sollte Spezialliteratur zurate ziehen (BURSELL 1999, PELZER & WIEMER 2004, PLICKAT 2004, JANITZKI 2005).

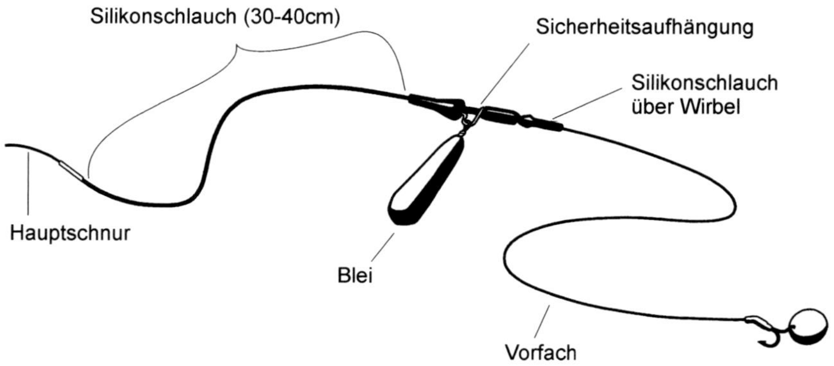

Abb. 81: Flucht- oder Selbsthakmontage beim modernen Karpfenangeln. Ersichtlich ist eine über Silikonschlauch (30 bis 40 cm) geschobene Spezialaufhängung des ansonsten fest auf die Hauptschnur montierten Grundbleis sowie eine mit einem Boilie beköderte Haarmontage mit Line-Aligner (vgl. Abb. 79). Die Spezialaufhängung sorgt dafür, dass das Blei freigegeben wird, sollte es sich am Grund festhängen. Die geknotete Verbindung zwischen Vorfach (vom Blei zum Haken) und Hauptschnur (vom Blei nach links im Bild zeigend) am Tönnchenwirbel wird durch ein Stück Silikonschlauch vor Abrieb durch Steine, Wurzeln oder Muscheln geschützt (Zeichnung: M. Steiner).

9.1 Angelgerät

Ruten

Zum Angeln auf größere Karpfen haben sich allgemein spezielle zweigeteilte Karpfenruten durchgesetzt (Abb. 82). Als zweckmäßige Länge gelten 3,66m (12 Fuß). Sollen besonders große Wurfweiten erzielt werden, sind Rutenlängen von 3,96m (13 Fuß) zu empfehlen. Zur Deklarierung wird die Testkurve benutzt, die die benötigte Zugkraft angibt, um die Rutenspitze aus waagerechter Lage im Winkel von 90° zum Griff zu biegen. Sie wird beim Karpfenangeln in Britischen Pfund (lbs) angegeben. Übliche Ruten weisen eine Testkurve von 2,5 bis 2,75 lbs auf, was etwa 1.100 bis 1.250g entspricht. Für größere Gewässer und Flüsse haben sich Ruten mit einer Testkurve von 3 bis 3,5 lbs (1.350 bis 1.600g) bewährt. Pro 500g Testkurve wird mit einem Wurfgewicht von etwa 28g gerechnet. Das optimale Wurfgewicht für Ruten mit einer Testkurve von 2,75 lbs beträgt daher etwa 75g, kann in Abhängigkeit vom Material und von der Aktion der Rute aber auch höher ausfallen. Moderne Ruten weisen meist keine parabolischen Biegekurven mehr auf, sondern haben ein steiferes Handteil. Ihre Aktion wird als semiparabolisch oder progressiv bezeichnet. Reine Weitwurfruten sind härter und haben eher eine Spitzenaktion.

Abb. 82: Moderner Rutenaufbau beim Karpfenangeln: Drei zweigeteilte Karpfenruten aus Kohlefaser (Testkurve 2,5 lbs), stabile Freilaufrollen sowie teleskopisierbare Rutenauflage (Rod Pod). Ferner zeigt das Bild elektronische Bissanzeiger sowie Swinger, die als optische Bissanzeige dienen. Ein Wurfrohr (auf dem Boden liegend) dient zum Anfüttern mit Boilies (Foto: R. Arlinghaus).

Rollen

Die Rollen sollten nicht zu klein ausfallen und ein starkes Getriebe aufweisen (Abb. 82). Neben speziell für das Angeln auf Karpfen entwickelten Rollen werden auch leichte Meeresrollen verwendet. Die Spule sollte bei einer Schnurstärke von 0,35mm mindestens 200m fassen, an ausgedehnten Gewässern ist allerdings oft eine längere Schnur erforderlich, so dass die Spule ein entsprechend größeres Fassungsvermögen aufweisen muss. Wenn mit geflochtener Schnur gefischt wird, ist eine Kreuzwicklung der Schnur unerlässlich. Wichtig ist eine zuverlässige Bremse, große Frontbremsen haben sich gut bewährt. Ein spezieller Freilauf ist nicht unbedingt notwendig, wird aber häufig aus Bequemlichkeit eingesetzt.

Hauptschnüre

Am gängigsten sind monofile Hauptschnüre aus synthetischem Material (Nylon) von 0,30 bis 0,40mm Stärke. Der verhältnismäßig grobe Durchmesser erklärt sich nicht unbedingt nur aus der Kampfkraft gehakter großer Fische, sondern ist auch deswegen sinnvoll, weil im Wasser befindliche Hindernisse beim Drill die Schnur erheblich belasten können. Entscheidend für die Qualität der Schnüre sind hohe Nassknotenfestigkeit (4 bis 11kg) und hohe Abriebfestigkeit. Die Schnüre sollen einerseits weich, andererseits aber auch nicht übermäßig dehnbar sein. Durch Vorschaltung einer starken Schlagschnur (0,50 bis 0,60mm) von 10 bis 50m Länge kann in Gewässern mit größeren Beständen von Dreikantmuscheln (*Dreissena polymorpha*) mehr Sicherheit vor Schnurbruch erreicht werden. Geflochtene Hauptschnüre besitzen eine geringere Dehnungsfähigkeit und werden deswegen bevorzugt bei weiteren Entfernungen eingesetzt. Auch sie lassen sich als Schlagschnüre einsetzen, um das Risiko eines Schnurbruchs zu reduzieren. Das trifft insbesondere bei dichten Wasserpflanzenbeständen zu.

Vorfächer

Normalerweise werden die Angelhaken mit Hilfe eines Vorfaches an der Hauptschnur befestigt (Abb. 81). Das Vorfach kann aus geflochtener oder monofiler Schnur bestehen. Bevorzugt werden meist geflochtene Materialien eingesetzt. Die zweckmäßigste Verbindung zwischen Hauptschnur und Vorfach stellt ein Tönnchenwirbel mit rundem Auge dar.

Haken

Es werden meist stabile Öhrhaken mit mittellangem Schenkel und gerader oder leicht nach innen gebogener Spitze benutzt. Die Größe richtet sich nach der zu erwartenden Fischgröße, der Weichheit des Karpfenmauls sowie der Ködergröße. Gängige Hakengrößen liegen zwischen 2 und 6. Dabei ist zu beachten, dass der Haken umso kleiner ausfällt, je höher die Zahl ist. Um gute Ergebnisse zu erreichen, muss der Haken nadelscharf sein. Dies sollte vor jedem Auswurf überprüft werden. Der Haken wird mittels der »knotenlosen Methode« am Vorfach befestigt (Abb. 83).

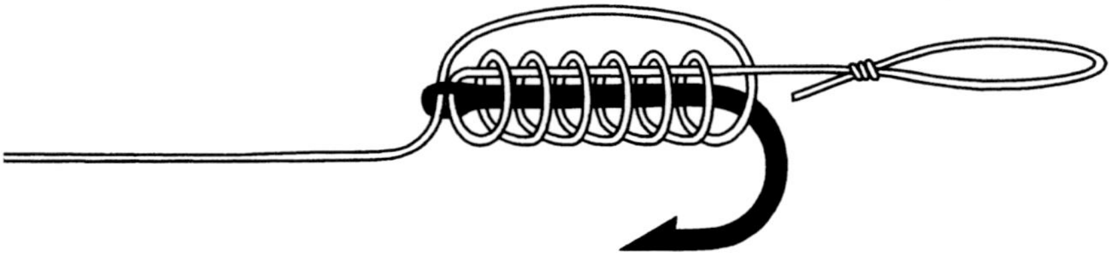

Abb. 83: Die »knotenlose Methode« der Anbindung des Hakens an das Vorfach beim modernen Karpfenangeln. Obwohl kein Knoten gebunden wird, hält der Haken sicher am Vorfach. Das Vorfach wird etwas überständig gebunden, um als Haar zu dienen (Zeichnung: M. Steiner, mit freundlicher Genehmigung des Blinker, Jahr Top Special Verlag, Hamburg).

Bleie

Die Bleie dienen als Wurfgewicht beim Auswerfen des Köders und halten diesen danach an seinem Platz im Gewässer. Außerdem haben sie Bedeutung für das »Selbsthaken«, wenn der Fisch mit dem Köder im Maul gegen den Bleiwiderstand fortschwimmt. Daher werden die Bleie heute oberhalb des Wirbels fest auf der Hauptschnur fixiert (Abb. 81). Das Bleigewicht sollte nicht zu schwach ausfallen und mindestens 80g umfassen. Es werden Bleie unterschiedlicher Größe und Form benutzt und normalerweise zusammen mit einem längeren Schlauch (ca. 30 bis 50cm) aus weichem Kunststoff auf die Hauptschnur gefädelt. Es existieren mannigfaltige Bleiformen für unterschiedliche Einsatzgebiete, z.B. torpedoförmige Bleie, Inliner, tropfenförmige Bleie, Kugelbleie, Trilobe- oder Riser-Bleie. Zum Ablegen des Köders vom Boot aus haben sich schwere Meeresbleie von 150 bis 250g bewährt.

Posen

Posen oder Schwimmer dienen als Bissanzeiger. Zum Fang kleinerer Karpfen bis 5kg sind Standardmontagen zum leichtem bis mittlerem Friedfischangeln möglich. Dabei kann der Köder am Grund oder in dessen Nähe oder oberflächennah angeboten werden. Beim meist üblichen Grundangeln wird in der Regel auf den Einsatz einer Pose verzichtet.

Elektronische Bissanzeiger

Spezialisierte Karpfenangler benutzen durchweg elektronische Bissanzeiger, die es in unterschiedlichen Ausführungen gibt. Sie werden mit einer Rutenauflage und sogenannten Swingern oder Kletteraffen kombiniert und geben bei einem Biss akustische und/oder optische Signale ab (Abb. 82). Die Swinger werden eingesetzt, um bei einem auf den Angler zuschwimmenden Fisch ebenfalls eine akkurate Bissanzeige zu erhalten.

Kescher und Abhakmatte

Um einen an der Angel befindlichen Karpfen sicher landen zu können, ist ein Kescher (Unterfangnetz) erforderlich. Er sollte robust gebaut sein und eine Bügellänge von etwa 1m aufweisen, um auch größere Fische problemlos aus dem Wasser zu bekommen. Der Fisch lässt sich schonend vom Haken lösen, wenn er zu diesem Zweck auf eine weiche, gepolsterte Abhakmatte gelegt wird.

9.2 Köder und Anfüttern

Althergebrachte Köder zum Karpfenfang sind Brot, Kartoffel oder Teigpasten sowie niedere Tiere (Würmer und Insektenlarven). Heute werden beim Karpfenangeln vor allem zwei Gruppen von Ködern verwendet, die als Partikel (Sammelbegriff für Kleinstköder aller Art) und als Boilies (abgleitet aus »to boil« = kochen) bezeichnet werden.

Partikel

Partikelköder umfassen in erster Linie Sämereien, Getreide, Nüsse, Bohnen sowie Tierfuttermittel. Zum Anfüttern der Karpfen eignen sich z.B. in Wasser eingeweichter und gekochter Mais, aber auch Roggen, Weizen und Gerste. Hanf entfaltet vielfach eine sehr attraktive Wirkung. Maiskörner können wegen ihrer Größe nicht nur zum Anfüttern, sondern ebenfalls als Hakenköder benutzt werden. Geeignete Partikelköder sind ferner Erdnüsse, Tigernüsse und verschiedene Erbsen- und Bohnensorten. Natürlich sind auch Pellets, die als Tierfutter (z.B. für Fische) dienen, sehr brauchbare Köder. Bei ihnen muss jedoch bedacht werden, dass sie häufig relativ schnell im Wasser zerfallen. Zum Anfüttern eignen sie sich jedoch sehr gut, weil sie im Wasser eine verführerische Duftspur hinterlassen.

Boilies

Unter dem Namen Boilies werden gekochte, meist kugelförmige Teigköder verstanden, die aus Mischungen von tierischen und pflanzlichen Mehlen mit Eiern bestehen. Ein Zusatz von Attraktiv- und Farbstoffen wird oft vorgenommen. Die Boilies stellen heute sehr beliebte Angelköder dar. Als Hauptkomponenten dienen unter anderem Fischmehl, gemahlenes Tierfutter (z.B. Eifutter für Vögel, Fischpellets), Milchpulver, Casein, Laktalbumin, Sojamehl, Grieß, Maismehl und andere pflanzliche Mehle, Lebermehl, Blutplasma oder Eialbumin.

Boilies werden in reicher Auswahl und sehr unterschiedlicher Qualität im Handel angeboten (Niesar et al. 2004, Arlinghaus & Niesar 2005), können aber auch vom Angler nach eigenen Vorstellungen und Erfahrungen hergestellt werden. Hierzu werden die ausgewählten Komponenten sorgfältig vermischt und dann mit Eiern zu einem knetbaren Teig verarbeitet. Aus diesem werden Kugeln von 14 bis 24mm Durchmesser fabriziert, die in Wasser gekocht und anschließend getrocknet werden. Zur Aufbewahrung sollten die getrockneten Boilies eingefroren werden. Die Härte der Boilies ist von ihrer Zusammensetzung und der Kochzeit abhängig. Ausgehärtete und gesalzene Boilies sind nahezu unbegrenzt haltbar (Arlinghaus & Meyer 2000/2001).

Boilies haben gegenüber Partikel-Futtermitteln für den Karpfenangler den Vorteil, dass sie aufgrund ihrer Größe und Härte von anderen, kleineren Friedfischen weniger gut aufgenommen werden können und daher in erster Linie Karpfen anziehen.

Durch das Anfüttern der Karpfen, das sich nachweislich positiv auf den Fangerfolg auswirkt, erhalten die Gewässer eine Zufuhr an Nährstoffen (insbesondere Phosphor), die meist unerwünscht ist (ARLINGHAUS & MEHNER 2003). Diese kann durch die Entnahme von gefangenen Fischen weitgehend ausgeglichen werden (ARLINGHAUS 2004). Zu starkes Anfüttern über längere Zeit sollte vermieden werden, um eine Verschlechterung der Gewässerqualität zu vermeiden (NIESAR et al. 2004). Die vom Gewässer tolerierbaren Anfüttermengen hängen vor allem von der Gewässerart (Tiefe, Größe), der Wasseraufenthaltszeit, der Fischbestandsdichte und dem Angeldruck ab. Besondere Vorsicht ist bei kleinen, flachen und nährstoffarmen Gewässern angebracht, wenn die Fischentnahme gering ist.

In einer repräsentativen Umfrage in der Bundesrepublik Deutschland wurde ermittelt, dass von den Anglern durchschnittlich eine Futtermenge von 7,32kg pro Jahr in die Gewässer eingebracht wird, was 60g pro effektiver Angelstunde entspricht (Tab. 27). Dabei ist allerdings zu berücksichtigen, dass nur etwa die Hälfte aller Angler anfüttert. Demnach liegt der Mittelwert für die anfütternden Durchschnittsangler etwa doppelt so hoch, wie in Tabelle 27 angegeben und damit fast im Bereich der mittleren Anfüttermenge von spezialisierten Karpfenanglern, die etwa 150g pro Stunde beträgt (ARLINGHAUS & MEHNER 2003). Anfütterung stellt immer einen Kompromiss zwischen gesteigerten Fängen und möglicherweise negativen Auswirkungen auf die Gewässerqualität dar. Im Sinne der Nachhaltigkeit sollten sozialer Nutzen (z.B. gesteigerte Fänge) und ökologische Kosten sorgsam abgewogen werden. Vor einer pauschalen Verurteilung des Anfütterns an allen Gewässern wird aus sozialer Sicht abgeraten, weil nur extreme Formen des Anfütterns bedenklich sind (NIESAR & ARLINGHAUS 2004, NIESAR et al. 2004).

Tab. 27: Durchschnittliche Anfüttermengen der in Deutschland wohnenden Angler (ARLINGHAUS 2004).

	Minimum	Maximum	Durchschnitt
Futtermenge (kg) pro Jahr	0	300	7,32
Futtermenge (kg) pro Angelstunde	0	8,33	0,06

9.3 Angelpraxis

Karpfen lassen sich prinzipiell ganzjährig fangen (Abb. 84). Vorzugsweise wird in stehenden Gewässern, Seen oder Baggerseen, gefischt. Aber auch in Fließgewässern sind gute Karpfenfänge möglich.

Abb. 84: Ein Karpfen von 30kg ist in einem deutschen Gewässer an die Angel gegangen (Foto: R. Arlinghaus).

Die Fischaktivität und damit die Fangbarkeit steigt mit der Wassertemperatur, weshalb es besonders schwierig ist, im Winter oder im zeitigen Frühjahr regelmäßig Karpfen zu fangen. Der spezialisierte Karpfenangler schreckt aber auch nicht vor Minusgraden zurück, weil nach erfolgreichem Auffinden der Wintereinstände selbst bei 4°C Wassertemperatur noch Karpfen geangelt werden können. Im Frühjahr finden sich die Karpfen häufig konzentriert in Ufernähe, insbesondere an den möglichen Laichplätzen. Die Karpfenangelei ist zu dieser Zeit allerdings sehr launisch; sehr gute und sehr schlechte Beißphasen wechseln sich fast täglich ab. Während die Sommermonate allesamt recht gute Karpfenzeiten sind, lassen sich besonders reiche Fänge im Herbst erzielen. Zu dieser Zeit geht die Naturnahrung in den Gewässern zurück, während die Wassertemperaturen z. T. noch deutlich über 12°C liegen.

Karpfen lassen sich theoretisch zu jeder Tageszeit fangen. Allerdings reagieren Karpfen sehr empfindlich auf Anglerdruck, indem die Fische Verhaltensänderungen zeigen, weswegen in stärker beangelten Gewässern die Fressphasen insbesondere in der Dämmerung oder Dunkelheit liegen (RAAT 1985). Der gute Karpfenangler angelt folglich bevorzugt über Nacht.

Grundsätzlich ist das Karpfenangeln ein Geduldsspiel. Man kann zwar durch das Anfüttern Karpfen auf bestimmte Tageszeiten und Fangplätze konditionieren. Nichtsdestotrotz muß der Angler gewillt sein, viele Stunden am Wasser zu verbringen. Dies gilt nicht für stark besetzte Gewässer, an denen die hungrigen Karpfen mitunter ganztägig beißen. Erfahrene Karpfenangler lernen, ihr Wasser zu lesen. Sie können nicht selten die Beißphasen sehr genau vorhersagen. Allgemeingültige Aussagen, die ganzjährig zutreffen, lassen sich aber schwer geben. Man wird nicht umhin kommen, die Beißphasen und Aufenthaltsorte an dem Lieblingsgewässer durch Testangeln zu ermitteln.

Es ist immer günstig, wenn der Angler bereits vor dem Angelbeginn mit den Gewässerverhältnissen vertraut ist und Kenntnisse über den Fischbestand vorliegen. Sind Fraß- und Aufenthaltsplätze der Karpfen bekannt oder zeigen sich springende Karpfen regelmäßig in bestimmten Gewässerteilen, reicht es im Allgemeinen aus, zwei Tage vor dem Angeln anzufüttern. Gute Angelplätze finden sich in der Nähe oder auf natürlichen Fraßplätzen sowie in der Nähe von natürlichen Versteckmöglichkeiten wie etwa versunkenem Holz oder Krautbänken. Der Angler sucht demzufolge den Gewässerboden nach entsprechenden Plätzen bzw. Bodenstrukturen ab. Hierbei erweist sich ein Echolot als günstiges Zubehör. Häufig sind Unebenheiten im Gewässergrund, ins Wasser ragende Bäume, Ausbuchtungen, Sandbänke oder Scharkanten sehr gute Karpfenfangplätze. In manchen Gewässern ist die dem Wind zugewandte Uferseite erfolgversprechender als die windabgewandte. Stürme führen oftmals zu wahren Fressorgien, in denen sich die Karpfen sehr gut fangen lassen. Normalerweise ist der Uferbereich zu bevorzugen. Allerdings können in größeren Gewässern die besten Karpfenplätze auch mehrere hundert Meter vom Ufer entfernt liegen, wenn sich dort z.B. eine Erhebung in einem ansonsten tiefen See befindet. In den Sommermonaten ist in geschichteten Seen auf die Sprungschicht zu achten: das Tiefenwasser könnte sauerstofffrei sein.

Entscheidet sich der Angler für einen Angelplatz, hilft das Anfüttern, die Karpfen unvorsichtiger werden zu lassen. Zum Anfüttern eignen sich Katapulte, spezielle Wurfkellen, Futterraketen oder sogenannte Wurfrohre (Abb. 82). Wurfrohre dienen dazu, Boilies auf Entfernungen bis zu 80m hinauszubefördern. Einige Angler nutzen – sofern erlaubt – Boote, die für das Anfüttern auf Entfernungen über 100m unbedingt vonnöten sind. Die Art und Menge des eingebrachten Futters ist jahreszeitlich und von Gewässer zu Gewässer verschieden. Als grobe Faustregel sollte in kleinen und nahrungsreichen Gewässern das Futter konzentriert auf eine Stelle befördert werden. In großen und naturnahrungsärmeren Gewässern bietet sich ein großflächiges Anfüttern an (Arlinghaus 2001). In sehr großen Gewässern kann das Futter auch auf einer Fläche von einem Fußballfeld eingebracht werden, um umherstreunende Fische erst auf die neue Nahrungsquelle aufmerksam zu machen. Mit zunehmender Angelzeit engt man den Futterplatz ein, um so den Fangerfolg zu verbessern. Grundsätzlich reicht eine Anfütterung über 2 bis 3 Tage in den meisten Fällen aus.

Am Angeltag wird die Rute entweder mit einem beherzten Wurf auf den Angelplatz befördert oder mit einem Boot ausgebracht. Letzteres hat den Vorteil, daß sich die Endmontage nicht verwickeln kann. Karpfenangler angeln in der Regel vom Ufer aus, so dass das eigentliche Bootsangeln von untergeordneter Bedeutung ist.

Hat ein Karpfen angebissen, beginnt der Drill. Aufgrund der Kampfstärke insbesondere großer Karpfen ist auf die feine Einstellung der Bremse zu achten. Sie sollte bei einer Flucht problemlos Schnur freigeben. Der Karpfen wird ans Ufer »gepumpt«, indem in einer vertikalen, pumpenartigen Bewegung der Rute Schnur gewonnen und anschließend mit der Rolle eingeholt wird. Der Fang größerer Karpfen kann durchaus mehrere Minuten Drillzeit in Anspruch nehmen. Es sollte jedoch vermieden werden, den Drill unnötig in die Länge zu ziehen. Zuverlässiges, starkes Gerät ist hierfür erforderlich. Keinesfalls sollte die Flucht eines starken Fisches künstlich abgebremst werden. Hier riskiert der Angler das sogenannte Ausschlitzen des Hakens und Verletzungen des Fisches. Ist der Karpfen zunehmend müde und werden seine Fluchten kürzer, ist der Fisch über den Kescher zu ziehen. Keinesfalls sollte der Kescher hinter den Fisch geführt werden. Man riskiert hier Schnurbruch oder ein Ausschlitzen des Fisches. Selbst im Dunklen kann das Keschern auch ohne Licht vonstatten gehen. Plötzliches Taschenlampenlicht lässt den »ausgedrillten« Karpfen allzu leicht erschrecken und unter Kontrollverlust flüchten.

Wie aus Tabelle 28 hervorgeht, sind spezialisierte Karpfenangler vergleichsweise junge Menschen, die relativ viel Zeit, Energie und Geld in ihr Hobby investieren. Das Angeln wird von ihnen sehr intensiv betrieben. Der Aufwand an Angeltagen pro Jahr beträgt im Mittel 75,9 Tage. Der hohe zeitliche Angelaufwand, d.h. die lange Angelzeit eines Karpfenanglers, führt dazu, dass insgesamt erhebliche Fischmengen pro Jahr gefangen werden.

Zur Schonung des Fischbestandes werden größere gefangene Karpfen nicht selten wieder in das Gewässer zurückgesetzt. Sie sind dann natürlich besonders vorsichtig zu behandeln und dürfen keine gravierenden Verletzungen aufweisen. Sofern Karpfen sorgsam behandelt werden, kann die Sterblichkeit nach dem Zurücksetzen nahezu vernachlässigt werden (Raat 1985).

Tab. 28: Vergleichende Angaben über die Angelaktivitäten von spezialisierten Karpfenanglern und Durchschnittsanglern in Deutschland (ARLINGHAUS & MEHNER 2001, ARLINGHAUS 2004).

	Spezialisierte Karpfen-angler	Durchschnitts-angler
Alter (Jahre)	28,9	40,6
Gesamtausgaben (Euro/Jahr)	5.490	920
Angeltage (Jahr)	75,9	31,2
Angeldauer (Stunden/Trip)	36,4	6,1
Gesamtfangmenge (kg/Jahr)	332,0	19,7
Einheitsfang (kg/Stunde)	0,23	0,09

Während sich in vielen europäischen Ländern das Angeln auf Karpfen großer Beliebtheit erfreut, ist der Karpfen z.B. in manchen Regionen Amerikas oder Australiens weit weniger als Angelfisch erwünscht. Hier ist man vielfach der Ansicht, dass er die Gewässer beeinträchtigt und andere Angelfische verdrängt. Karpfen gelten dann häufig als »Pest«. Aus diesem Grund gibt es teilweise Bemühungen, ihre Bestände nicht zu fördern, sondern im Gegenteil zu reduzieren.

10 Haltung im Aquarium

Einheimische Fische in einem gut eingerichteten Aquarium zu halten, ist vielfach weit schwieriger als die Pflege ausländischer Zierfische. Seitdem die Heizung kein Problem mehr ist, sind Vertreter unserer Fauna in den Kreisen der Aquarianer seltener geworden. Viele einheimische Formen verdienen aber sicher größere Beachtung und könnten besonders ernsthaften Naturfreunden manch Interessantes und Schönes bieten.

Kleine Karpfen eignen sich recht gut dazu, allein oder in Gesellschaft mit anderen passenden Arten im Aquarium gepflegt zu werden. Zweckmäßigerweise sollte das Becken nicht allzu klein gewählt werden. Am besten ist es, sich vorgestreckte Fische von 3 bis 5cm Länge zur geeigneten Zeit aus einer Teichwirtschaft zu besorgen. Die Tiere sind recht genügsam und lassen sich jahrelang halten. Da der Karpfen mit wenig Sauerstoff auszukommen vermag, ist bei sachgemäßer Einrichtung des Beckens keine Belüftung notwendig. Soll stärker besetzt werden, so kann man allerdings kaum darauf verzichten. Unangenehm macht sich das Wühlen der Fische bemerkbar. Hiergegen schafft eine Abdeckung des Bodens mit gröberem Kies Abhilfe. Auch die Verwendung eines gut arbeitenden Filters ist ratsam. An das Futter werden keine besonderen Ansprüche gestellt, es kann sowohl lebende Nahrung als auch Trockenfutter verabreicht werden.

Es muss jedoch beachtet werden, dass der Karpfen ein Warmwasserfisch ist, wenn er auch ein großes Anpassungsvermögen an niedrige Temperaturen hat. Wir können den Fisch ohne Probleme im ungeheizten Aquarium bei Zimmertemperatur halten, ohne dass er gesundheitliche Schädigungen erleidet. Allerdings entfaltet er in Wasser von vielleicht 18°C bei weitem nicht die Lebhaftigkeit wie bei 25°C, frisst nicht so intensiv und hat deswegen ein relativ langsames Wachstum.

So kann das Kuriosum eintreten, dass ein mehrjähriger Fisch noch keine 10cm lang ist und nur wenige Gramm wiegt, während gleichaltrige Geschwister im Teich schon eine Masse von mehreren Kilogramm haben. Das kann uns in mancher Hinsicht aber eigentlich nur lieb sein, denn bei intensivem Wachstum würde der Karpfen schnell eine Größe erreichen, die ihn als Bewohner eines normalen Gesellschaftsbeckens im Wohnzimmer ungeeignet macht. Karpfen, die teils im Teich, teils im Aquarium (unter sicher extrem ungünstigen Ernährungsbedingungen) gehalten wurden, hatten bei nahezu gleichem Alter von 3 bis 3,5 Monaten im Teich eine Länge von 16 bis 17cm und eine Stückmasse von 230g Masse erreicht, während die im Aquarium gehaltenen Karpfen nur 10 bis 11,5mm lang und 15 bis 20mg schwer waren. Derartig

zurückgehaltene Fische sind imstande, unter günstigeren Verhältnissen sehr schnell wieder im Wachstum aufzuholen.
Schaffen wir dem Karpfen im Aquarium sehr günstige Lebensbedingungen, d.h. Temperaturen über 22°C und ein reiches Nahrungsangebot, dann kann er recht schnell wachsen. Die Pflege größerer Karpfen, wie sie in zoologischen Gärten oder öffentlichen Aquarien erwünscht ist, erfordert erheblichen technischen Aufwand (Abb. 85). Solche Fische verlangen Riesenaquarien, die sorgfältig abgedeckt sein müssen. Eine Bepflanzung der Becken ist nicht möglich, da die Vegetation durch die Aktivität der Tiere binnen kürzester Frist zerstört ist. Ohne gute Belüftung, häufigen Wechsel und Filterung des Wassers ist nicht auszukommen. Zur Fütterung ist extrudiertes Trockenmischfutter gut geeignet. Es sollte zurückhaltend gefüttert werden, da Futterreste und Kot das Wasser schnell und anhaltend trüben.

Abb. 85: Große Spiegelkarpfen im Aquarium (Foto: W. Steffens).

Die Karpfen können sehr zahm werden und lassen sich daran gewöhnen, Futter aus der Hand anzunehmen. In Hellabrunn fraßen große Karpfen übrigens unter anderem Gründlinge, die in ihr Becken gesetzt worden waren. Karpfen lassen sich auch daran gewöhnen, dünnen Futterbrei aus Babyflaschen über einen Sauger aufzunehmen.
Besondere Erwähnung verdient ein Karpfen, der lange Zeit im Aquarium von Frankfurt (Main) gehalten wurde und ein Alter von 38 Jahren erreichte. Hinsichtlich der Lebensdauer von Aquarienfischen liegt dieses Tier damit an zweiter Stelle hinter einem Sterlet *(Acipenser ruthenus)*, der es im Aquarium auf 69 Jahre brachte.

11 Koi im Gartenteich

Mit der weltweiten Verbreitung von Farbkarpfen (Koi) sind viele Gartenteiche entstanden, in denen diese schönen Fische gehalten werden. Um den Karpfen günstige Lebensbedingungen zu bieten und ungestörte Freude an den Fischen zu haben, sind bei der Anlage und Unterhaltung von Gartenteichen bestimmte Gesichtspunkte zu beachten, über die sich Interessenten vor dem Beginn des Teichbaus und vor dem Kauf von Fischen in der Fachliteratur informieren können (Teichfischer 1984, Holmes & Pitham 2003). Zweckmäßigerweise sollte der Rat von Fachleuten eingeholt werden, die über einschlägige Erfahrungen verfügen.

Lage und Größe des Teiches richten sich nach dem vorhandenen Platz und den zur Verfügung stehenden Mitteln. Ist ein Gartenteich sehr klein, kann er in kurzer Zeit überlastet sein. Bei einem sehr großen Teich ist andererseits zu bedenken, dass der Pflegeaufwand entsprechend höher ist. Der Teich sollte sich gut in den gesamten Garten einpassen und ein Blickfang sein. Die Nähe von Laubbäumen ist zu vermeiden, weil der herbstliche Laubeinfall erhebliche Probleme bringt.

Gartenmärkte bieten vorgefertigte Teiche in unterschiedlicher Form und Größe aus Kunststoffen wie Polyethylen und glasfaserverstärktem Polyester an. Ihr Maximalvolumen beträgt in der Regel 3 bis 4m^3, ihre größte Tiefe etwa 1m. Zur Haltung von Koi sind sie nur bedingt geeignet, weil sie für größere Fische einfach zu klein und nicht tief genug sind.

Für das Anlegen eines Koiteiches kommen vor allem zwei Methoden in Betracht (Abb. 86 und 87). Am einfachsten ist die Herstellung eines mit schwarzer Folie ausgekleideten Teiches. Folienteiche können in natürlicher Form, d.h. mit flach auslaufenden Uferpartien angelegt oder mit steiler abfallenden Wänden versehen werden. Zur Randbefestigung ist es günstig, einen Betonstreifen zu gießen, der etwa 20 bis 30cm tief und ebenso breit sein sollte. Die hier endende Teichfolie lässt sich dann gut mit Platten oder Steinen abdecken. Nach der Fertigstellung des Randstreifens, der die Form des Teiches vorgibt, kann der Aushub des Bodens erfolgen. Die Teichtiefe sollte mindestens 1,50m erreichen. Für die Folie wird eine Dicke von 0,5 bis 1mm empfohlen, es werden verschiedene Materialien (PVC, Verbundstoff oder Butylen) angeboten. Zum Schutz der Folie vor mechanischen Beschädigungen ist es sinnvoll, auf dem Boden (unter der Folie) zunächst eine Polyesterunterlage als Polster einzubringen.

Abb. 86: Koiteich von etwa 60 m² Größe mit flach auslaufenden Uferpartien als Blickfang in einem Wohngarten. Die Filteranlage befindet sich von Pflanzen verdeckt im Hintergrund des Teiches (Foto: K. Wusthoff).

Abb. 87: Koiteich mit steiler Wandung in einem nach japanischem Stil gestalteten Garten (Foto: B. Teichfischer).

Koiteiche können natürlich auch massiv, z.B. mit Hilfe von Hohlblocksteinen oder aus armiertem Beton, errichtet werden. Sie müssen frostsicher gegründet sein. Beim Mauern eines Teiches aus Steinen wird anfangs eine ausreichend starke, armierte Fundamentplatte aus Beton gegossen, auf die dann die Wände des Teiches gesetzt werden. Diese werden innen verputzt und mit Fiberglasmatten und Epoxidharz wasserdicht präpariert.

Zum Betreiben eines Koiteiches ist eine gut funktionierende Filteranlage unerlässlich. Beim Teichbau sind daher die entsprechenden Anschlüsse für Zu- und Abfluss zu berücksichtigen. Es werden viele unterschiedliche Filtersysteme angeboten. Zweckmäßig sind Mehrkammersysteme, in denen das Wasser nicht nur mechanisch, sondern auch biologisch gereinigt wird. Die Filter dürfen nicht zu klein dimensioniert sein. Bei der biologischen Reinigung wandeln Bakterien (*Nitrosomonas, Nitrobacter*) das von den Ausscheidungen der Fische stammende giftige Ammoniak über das ebenfalls giftige Nitrit in das ungefährliche Nitrat um.

Zur Reinigung kann das Wasser mit einer Tauchpumpe von der tiefsten Stelle des Teiches abgesaugt und in einen neben dem Teich aufgestellten Filterbehälter gepumpt werden, von wo aus es nach der Reinigung wieder im freien Fall in den Teich zurückfließt. Durch davor gepflanzte Sträucher kann die Filteranlage abgedeckt werden, so dass sie den Anblick des Teiches nicht beeinträchtigt. Schwerkraftbetriebene Filter befinden sich auf dem gleichen Niveau wie der Teich, d.h. sie werden im Erdboden untergebracht und sind durch eine Rohrleitung von größerem Durchmesser mit dem Teich verbunden. Eine Tauchpumpe am Ende des Filtersystems fördert das gereinigte Wasser dann in den Teich zurück. Idealerweise sollte das gesamte Wasservolumen des Teiches mehrmals täglich das Filtersystem durchlaufen. Filter müssen periodisch entsprechend ihrer Belastung gesäubert werden. Zur Erhaltung einer guten Wasserqualität im Gartenteich kann auch ein gewisser Wasserwechsel beitragen.

Ist der Teich stark besetzt, muss belüftet werden. Hierfür eignen sich Luftpumpen am besten. Sauerstoffmangel kann hauptsächlich in den frühen Morgenstunden eintreten.

In kleinen und vor allem flachen Koiteichen sind die Karpfen unter mitteleuropäischen Bedingungen in der kalten Jahreszeit gefährdet. Längere Eisbedeckung kann zum Ersticken der Fische führen. Einem zu starken Temperaturabfall im Winter lässt sich mit Hilfe einer elektrischen Heizung entgegenwirken. Zu tiefes Absinken der Wassertemperatur kann in gewissem Umfang auch durch Abdecken des Teiches vermieden werden.

Wasserpflanzen halten sich bei Anwesenheit von größeren Karpfen meist nicht lange in Gartenteichen. Zu ihrem Schutz können abgesperrte Bereiche im Teich dienen, unter Umständen tragen auch Pflanzkästen zu ihrem Überleben bei.

Abb. 88: Nach einer gewissen Gewöhnungszeit lassen sich Koi von Hand füttern (Foto: B. Teichfischer).

Zur Fütterung der Farbkarpfen stehen hochwertige Trockenfuttermittel in reicher Auswahl zur Verfügung, die in verschiedener Form und Größe erhältlich sind. Die Futtermenge richtet sich nach der Wassertemperatur, je höher sie ist, desto mehr Futter wird aufgenommen und verwertet. Unter günstigen Bedingungen sind Karpfen sehr schnellwüchsig (vgl. Kapitel 5.10). Da es bei der Haltung von Farbkarpfen aber nicht in erster Linie auf die Erzielung von Wachstumsrekorden ankommt, ist der Koifreund gut beraten, wenn er restriktiv und nicht unbedingt bis zur vollständigen Sättigung füttert. Dadurch wird auch vermieden, dass nicht aufgenommene Futterpartikel zur Verschmutzung des Wassers beitragen. Schon nach kurzer Zeit können die Koi sehr zahm werden und lassen sich aus der Hand füttern, wie das bereits in Kapitel 10 geschildert wurde (Abb. 88).

Da die Carotinoide, die die Hautfärbung in besonderem Maße prägen und die Schönheit der Koi ausmachen, nicht in vollem Umfang von den Fischen synthetisiert werden können, müssen sie in gewisser Menge mit der Nahrung zugeführt werden. Futterzusätze von synthetischem Astaxanthin oder Mikroalgen, z.B. *Chlorella vulgaris,* haben sich hierfür bewährt (Gouveia et al. 2003). Mit der Verabreichung eines sorgfältig zusammengesetzten Mischfutters kann also durchaus ein Beitrag zu einer guten Farbausprägung und damit zum schönen Aussehen der Koi geleistet werden.

Tafel 1

Der Ginrin-Kohaku hat großflächige rote Flecken auf weißem Grund und besitzt irisierendschimmernde Schuppen (Foto: B. TEICHFISCHER).

Der Shiro-Utsuri ist ein schwarzer Koi mit weißen Flecken. Der Ansatz der Brustflossen soll schwarz gefärbt sein (Foto: B. TEICHFISCHER).

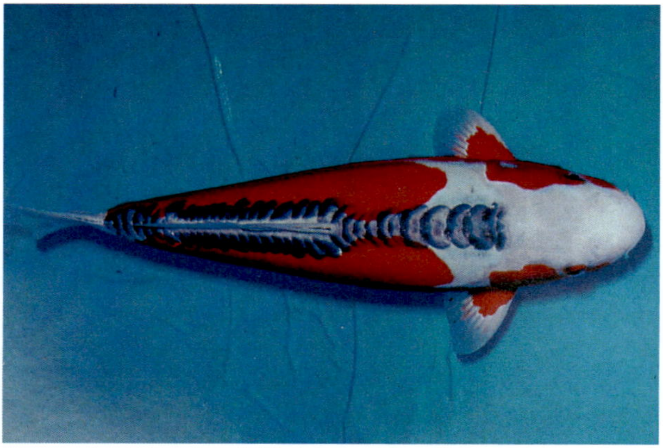

Bei diesem Hi-Shusui reicht die rote Bauchfärbung bis an die auffällige Rückenbeschuppung heran (Foto: B. TEICHFISCHER).

Tafel 2

Der Yamabuki-Ogon ist goldgelb gefärbt (Foto: B. TEICHFISCHER).

Der metallisch-glänzende, dreifarbige Kin-Showa gehört zur Koigruppe der Hikari-Utsurimono (Foto: B. TEICHFISCHER).

Der Tancho-Sanke hat einen runden roten Fleck auf dem Kopf, der Körper ist schwarz-weiß gezeichnet, die Brustflossen weisen schwarze Streifen auf (Foto: B. TEICHFISCHER).

12 Der Karpfen als Nahrungsmittel

Die meisten Speisekarpfen fallen bei uns in den Monaten Oktober und November an, wenn in den Zuchtbetrieben die Teiche abgelassen werden. Da die Fische leicht gehältert werden können, ist es möglich, den Markt während des ganzen Winters und bis in das Frühjahr hinein mit ihnen zu versorgen. Hieraus mag sich die volkstümliche Ansicht erklären, der Karpfen schmecke besonders gut in den Monaten mit »r« (d.h. von September bis April). Ich habe ihn allerdings auch zu anderer Jahreszeit mit Genuss verspeist. Karpfen aus Fängen in natürlichen Gewässern (z.B. Seen) kommen ohnehin während des ganzen Jahres auf den Markt. Sie sind aber nicht ständig im Angebot, weil ihr Aufkommen in Deutschland gering ist.

Grundsätzlich sind alle Karpfen, die bei uns angeboten werden, mögen sie nun in Teichen oder in Seen aufgewachsen sein, als vorzügliche Bioprodukte zu betrachten. Ihre Erzeugung erfolgt nachhaltig und umweltschonend, sie weisen eine hohe Qualität als Nahrungsmittel auf und sind nicht von Schadstoffen belastet. Die vorgegebenen Grenzwerte werden weit unterschritten (Karl 2005). Größere Karpfen aus Seen sind häufig etwas kräftiger im Fleisch, das zudem aufgrund der ausschließlichen Aufnahme von Naturnahrung vielfach rötlich gefärbt ist.

Die übliche Speisefischgröße liegt in den meisten mitteleuropäischen Ländern zwischen 1.000 und 2.000g. In vielen Gebieten der Erde werden aber auch wesentlich kleinere Karpfen für den menschlichen Verzehr verwendet, wie Tabelle 29 zeigt.

Tab. 29: Bevorzugte Speisekarpfengrößen in verschiedenen Ländern.

Region oder Land	Speisekarpfengröße (g)
Mitteleuropa	1.000 - 2.000
Russland	> 400
China	250 - 500
Indonesien	50 - 150
Israel	600 - 1.000
Ägypten	100 - 500
Nigeria	300 - 500

Sehr günstig ist, dass - im Gegensatz zu den meisten Fischen, die in Seen und Flüssen sowie im Meer gefangen werden - die Karpfen aus den Teichwirtschaften lebend in die Fischgeschäfte gelangen. Es ist damit die Gewähr gegeben, dass der Verbraucher auf jeden Fall hochwertige, lebendfrische Ware erhält. Nach den geltenden gesetzlichen Bestimmungen müssen die Tiere geschlachtet verkauft werden.

Das Fleisch des Karpfens ist wie das anderer Fische leicht verdaulich. Es zeichnet sich gegenüber Warmblüterfleisch durch einen relativ geringen Gehalt an Bindegewebe aus (3 bis 5% im Vergleich zu 8 bis 20% bei Rindfleisch). Schon aus dieser Sicht ist Fischfleisch als Nahrung für Kleinkinder und Senioren besonders wertvoll.

Die Höhe des essbaren Anteils ist von der Größe der Fische und ihrem Ernährungszustand abhängig und beträgt im Mittel 50% (Tab. 30). Je größer die Karpfen werden, desto höher liegt der Anteil des Fleisches. Zweisömmerige Karpfen von 280g Stückmasse hatten einen Anteil von 41,7%, dreisömmerige Fische von 1.100g Stückmasse einen solchen von 45,6%. Einschließlich der Haut, die ja normalerweise mitgegessen wird, entspricht das einem essbaren Anteil von 49 bzw. 54% (Steffens 1974). Karpfen von knapp 1.000g Stückmasse wiesen nach Getreide- oder Lupinefütterung einen Filetanteil (ohne Haut) von 39% auf (Oberle et al. 1997). Bei Fischen, die mehrere Kilogramm wiegen, entfallen auf Muskulatur und Haut 60 bis 70%, wenn die Geschlechtsorgane, die bei Rogenern 20% und mehr ausmachen können, nicht mit berücksichtigt werden. Die Heranzucht so großer Karpfen in Teichwirtschaften ist allerdings unrentabel und daher nicht üblich. Bei industrieller Verarbeitung liegt der zu gewinnende essbare Anteil allerdings deutlich unter den genannten Werten. Die Körperform spielt im Hinblick auf den Filetanteil keine Rolle, der Fleischansatz ist bei hochrückigen Fischen nicht besser als z.B. bei Wildkarpfen von gestreckter Körperform.

Tab. 30: Essbarer Anteil von Speisekarpfen (nach verschiedenen Autoren).

Essbarer Anteil	%
Muskulatur ohne Haut	45
Muskulatur mit Haut	55
Muskulatur, Leber und Gonaden	60

Der essbare Anteil erhöht sich wesentlich, wenn die Leber und, soweit vorhanden, auch die Gonaden mit verwendet werden. Für 1 bis 2kg schwere dreisömmerige Karpfen wurden als Anteil für die Innereien 17% der Gesamtmasse ermittelt, von denen wiederum 80% auf Leber und Gonaden entfielen, die genießbar sind. Selbst wenn es einiger Arbeit bedarf, die Leber vom Darm zu trennen, lohnt sich diese Mühe doch, denn im Geschmack dürfte die Leber des Karpfens der von Quappe oder Hecht kaum nachstehen. Auch Rogen und Milch schmecken bei geeigneter Zubereitung sehr gut.

Vollbeschuppte Fische weisen durch ihre Beschuppung schon verhältnismäßig viel Abfall auf (Abb. 89). Bei einer durchschnittlichen Karpfenmasse von 700g betrug ihr Schuppenanteil 4,5% (3,8 bis 5,5%), während Spiegelkarpfen nur einen Schuppenanteil von 0,9% (0,6 bis 1,2%) hatten. Auch hieraus ist zu ersehen, wie wirtschaftlich wertvoll der Spiegelkarpfen ist.

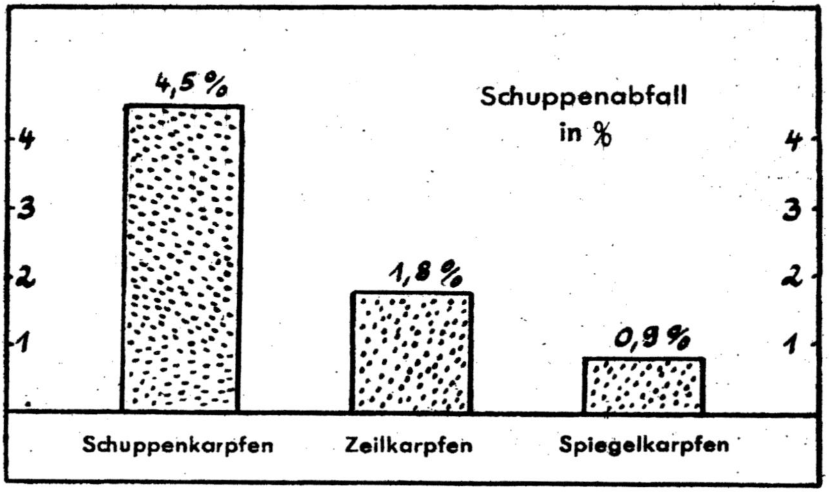

Abb. 89: Die Höhe des Schuppenabfalls bei Schuppen-, Zeil- und Spiegelkarpfen (Grafik: W. Steffens).

Die chemische Zusammensetzung des essbaren Anteils geht aus den Tabellen 31 bis 33 hervor. Hinsichtlich des Eiweißgehaltes kann beim Karpfen je nach den Aufzuchtbedingungen mit einem Muskelproteingehalt zwischen 16 und 20% gerechnet werden. Mit wachsender Fischgröße steigt der Fettgehalt in der Muskulatur an, während der Wassergehalt abnimmt. Der Fettgehalt lässt sich übrigens schnell und leicht bereits am lebenden Fisch bestimmen. Der Art der Ernährung kommt erhebliche Bedeutung für die Zusammensetzung des essbaren Anteils zu. Proteinreiche Nahrung erhöht den Proteingehalt des Fischkörpers, proteinarme (energiereiche) Nahrung führt dagegen zu einer Reduzierung des Proteingehaltes und einer beträchtlichen Steigerung des Fettgehaltes (Schwarz & Kirchgessner 1988). Demzufolge können die Werte für die Trockensubstanz zwischen 20 und 30% in weiten Grenzen schwanken. Entsprechend dem Fettgehalt, der in umgekehrtem Verhältnis zum Wassergehalt steht, variiert der Energiegehalt. Enthält das Muskelfleisch mehrere Prozent Fett, so steigt der Energiegehalt auf über 500 kJ/100g an. Der Gehalt an Asche (Mineralstoffen) liegt meist zwischen 1,0 und 1,3%.

Tab. 31: Gehalt an Wasser, Nährstoffen (% der Frischsubstanz) und Energie (kJ/100 g) der Muskulatur von Karpfen (nach verschiedenen Autoren).

Material	Wasser	Protein	Fett	kJ/100 g
Junge Fische aus dem Dojransee,190 g	80,4	16,0	1,3	323
Teichfische	77,9	19,8	1,9	411
Fische aus dem Asowschen Meer	76,6	17,5	3,5	434
Fische, Nahrung nur Zooplankton, 960 g	75,7	18,4	4,6	492
Stark gefütterte Fische	73,5	16,7	8,7	623
Gefütterte Fische, Getreide, 960g	71,5	18,9	8,1	637

Tab. 32: Chemische Zusammensetzung (% der Frischsubstanz) und Energiegehalt (kJ/100 g) der hautlosen Rückenmuskulatur zwei- und dreisömmeriger Karpfen aus Teichen ohne und mit Getreidezufütterung (nach Steffens 1974).

Material	Wasser	Protein	Fett	Asche	kJ/100g
K_2, ungef.	81,6	16,9	0,3	1,2	299
K_2, gefütt.	78,7	16,9	3,4	1,0	420
K_3, ungef.	79,9	17,6	1,2	1,3	346
K_3, gefütt.	70,0	16,1	12,7	1,1	769

Tab. 33: Chemische Zusammensetzung (% der Frischsubstanz) und Energiegehalt (kJ/100 g) der hautlosen Rückenmuskulatur von Speisekarpfen unterschiedlicher Größe nach Pelletfütterung (nach Steffens 1974).

Fischgröße	Wasser	Protein	Fett	Asche	kJ/100g
< 1.000 g	74,2	17,5	6,3	1,3	543
1.000-2.000 g	73,7	17,0	7,2	1,1	570
> 2.000 g	68,4	17,3	12,3	1,2	774

Tab. 34: Gehalt an Nährstoffen (% der Frischsubstanz) und Energie (kJ/100 g) im Fleisch von verschiedenen Süßwasser- und Meeresfischarten sowie Warmblütern (nach Anwand 1973).

Tierart	Protein	Fett	kJ/100 g
Hecht	17,0	0,5	309
Zander	18,5	0,5	334
Blei	19,0	1,5	382
Aal	16,0	26,0	1.286
Kabeljau	16,0	0,5	292
Makrele	20,0	5,0	535
Hering	18,0	15,0	891
Kalb	17,0	7,5	582
Rind, mittelfett	16,0	8,0	584
Schwein, mittelfett	12,0	24,5	1.160

Tabelle 34 stellt den Angaben über den Nährstoff- und Energiegehalt des Fleisches beim Karpfen Werte für andere Fischarten und Warmblüter gegenüber. Die gute Mittelstellung, die der Karpfen einnimmt, ist ohne weiteres zu erkennen (vgl. Tab. 31 bis 33).

Die Aminosäurenzusammensetzung des Proteins der Karpfenmuskulatur ist in Tabelle 35 wiedergegeben. Durch die günstigen Relationen der essentiellen (unentbehrlichen) Aminosäuren (insbesondere Methionin und Cystin, Threonin, Lysin) hat das Fischeiweiß eine hohe biologische Wertigkeit.

Tab. 35: Aminosäurenzusammensetzung des Proteins der Karpfenmuskulatur (nach verschiedenen Autoren).

Aminosäure	g/100g Protein
Arginin	6,0 (5,1-7,1)
Histidin	2,9 (2,2-3,9)
Isoleucin	5,6 (5,1-6,2)
Leucin	9,0 (7,7-10,9)
Lysin	9,6 (6,2-12,0)
Methionin	3,2 (2,9-3,7)
Cystin	1,5 (0,8-1,9)
Phenylalanin	4,7 (4,0-6,0)
Tyrosin	4,5 (3,4-5,6)
Threonin	5,2 (4,7-5,9)
Tryptophan	1,2 (1,1-1,3)
Valin	6,0 (5,0-6,6)

An intrazellulär vorhandenen freien Aminosäuren und verwandten Verbindungen, die zusammen mit den nach dem Tod der Fische entstehenden Abbauprodukten von Nukleotiden an der Bildung des für den Karpfen typischen Geschmacks bei der Zubereitung beteiligt sind, wurden Taurin, Glycin und Histidin in besonders großen Mengen festgestellt, während Anserin nur in sehr geringer Konzentration vorhanden war (Tab. 36). Das Dipeptid Carnosin fehlte völlig. Die Gehalte an Taurin, freiem Glycin und Histidin sind in ihrer Höhe offensichtlich besonders stark von äußeren Einflüssen abhängig.

Besondere Beachtung verdient die Qualität des Karpfenfettes. Seine ernährungsphysiologische Bedeutung ist völlig anders zu bewerten als die von Warmblüterfett. Das Karpfenfett weist, wie das Fett vieler anderer Süßwasser- und Meeresfische, eine sehr günstige Fettsäurenzusammensetzung auf. Insbesondere sind die Gehalte an den essentiellen Omega-3- und Omega-6-Fettsäuren sehr hoch. Diese basieren auf der α -Linolensäure (18:3 n-3) und der Linolsäure (18:2 n-6), die von Tieren und vom Menschen nicht synthetisiert werden können und daher mit der Nahrung aufgenommen werden müssen. Aufgebaut werden sie in Pflanzen (Algen) und gelangen dann über die Nahrungskette in den Fischorganismus. Durch Kettenverlängerung und Desaturierung werden aus der α-Linolensäure die Eicosapentaensäure (EPA, 20:5 n-3) und die Docosahexaensäure (DHA, 22:6 n-3), aus der Linolsäure die Arachidonsäure (20:4 n-6) gebildet. Fisch stellt unter den menschlichen Nahrungsmitteln die wichtigste Quelle der Omega-3-Fettsäuren dar.

Tab. 36: Gehalte an freien Aminosäuren (µmol/ml Muskelextrakt) in der weißen und roten Muskulatur von Spiegelkarpfen (nach Partmann & Schlaszus 1973).

Aminosäure	Weiße Muskulatur	Rote Muskulatur
Taurin	19,80	28,90
Threonin	1,26	0,95
Serin	2,06	1,69
Glutamin	0,91	0,67
Glutaminsäure	0,63	0,93
Sarkosin	0,44	0,74
Glycin	16,20	7,53
A-Alanin	6,01	4,66
Valin	1,46	1,16
Methionin	0,37	0,19
Isoleucin	1,13	0,93
Leucin	1,80	1,50
Tyrosin	0,49	0,48
Phenylalanin	0,56	0,53
Lysin	5,60	5,75
Anserin	0,34	0,32
Histidin	15,10	8,60
Arginin	1,28	1,24

Karpfen, die nur Naturnahrung aufgenommen haben, weisen verständlicherweise höhere Gehalte an Omega-3-Fettsäuren auf als Karpfen, die eine Zufütterung von Getreide erhielten (Tab. 37). Da der Fettgehalt der Karpfen, die zusätzlich mit Weizen gefüttert wurden, jedoch doppelt so hoch ist wie der der Fische, die sich ausschließlich auf der Basis von Naturnahrung ernährten, ist der absolute Gehalt an den essentiellen Fettsäuren der Omega-3- und Omega-6-Serie bei beiden Fischgruppen gleich hoch.

In welchem Maße sich die Fettsäurenzusammensetzung des aufgenommenen Futters in den Fetten der damit ernährten Fische widerspiegelt, geht aus Tabelle 38 hervor. Besonders beachtenswert sind die hohen Gehalte des Karpfenfleisches an den Omega-3-Fettsäuren. Durch die Verfütterung hochwertiger Mischfuttermittel mit günstiger Fettsäurenzusammensetzung lassen sich Karpfen aufziehen, die eine hervorragende Fettqualität haben (Steffens 1997).

In zahlreichen Untersuchungen konnte gezeigt werden, dass die reichliche Aufnahme der langkettigen hochungesättigten Fettsäuren der Omega-3-Serie (insbesondere Eicosapentaensäure und Docosahexaensäure) zur Prophylaxe und Therapie von Herz-Kreislauf-Erkrankungen (Senkung des Blutdrucks und des Gehaltes an Neutralfetten und LDL-Cholesterol im Blut, Besserung bei Herz-Rhythmus-Störungen) beitragen kann (Steffens & Wirth 2005). Auch bei einer Reihe weiterer Erkrankungen ließen sich positive Effekte beobachten.

Der Karpfen ist daher ebenso wie andere Fische als ein ausgesprochen gesundheitsförderndes Nahrungsmittel anzusehen.

Der Vitamingehalt des Karpfens sollte ebenfalls nicht unterschätzt werden, wenn auch Zahlen hierüber bisher erst in geringem Umfang vorhanden sind und naturgemäß nur ungefähr die Größenordnung des quantitativen Vorkommens angeben können (Tabelle 39).

Tab. 37: Gehalt an Fett (% der Frischsubstanz) und an ausgewählten Fettsäuren (%) in der Rückenmuskulatur von Speisekarpfen nach ausschließlicher Aufnahme von Naturnahrung und nach Zufütterung mit Getreide (nach Wirth & Steffens 1996).

Gehalt an Fett und Fettsäuren	Ausschließliche Aufnahme von Naturnahrung	Zufütterung mit Getreide
Fettgehalt	1,8	3,4
18:3 n-3	8,7	5,8
20:5 n-3	3,3	1,9
22:6 n-3	1,0	0,4
18:2 n-6	15,2	10,3
18:4 n-6	2,2	0,9
Summe Omega-3-FS	15,1	9,3
Summe Omega-6-FS	19,5	12,0
Omega-3/Omega-6	0,8	0,8

Tab. 38: Gehalt an Fett (% der Frischsubstanz) und an ausgewählten Fettsäuren (%) im Mischfutter und in der Rückenmuskulatur damit gefütterter Speisekarpfen (nach Steffens & Wirth 1995).

Gehalt an Fett und Fettsäuren	Futter I	Karpfen aufgezogen mit Futter I	Futter II	Karpfen aufgezogen mit Futter II
Fettgehalt	12,9	5,9	23,8	5,2
18:3 n-3	9,3	13,8	7,4	11,9
20:5 n-3	6,7	2,7	13,8	8,0
22:6 n-3	11,9	5,6	12,8	9,2
18:2 n-6	11,0	7,9	5,8	3,5
20:4 n-6	7,5	8,8	8,1	9,2
Summe Omega-3-FS	32,1	23,0	39,7	30,8
Summe Omega-6-FS	20,5	17,4	16,3	13,6
Omega-3/Omega-6	1,6	1,3	2,4	2,3

Tab. 39: Vitamingehalt (Angaben pro 100g) des Karpfenfleisches (nach verschiedenen Autoren).

Vitamin	Gehalt (pro 100g)
Vitamin A	44µg (10-140)
Thiamin (B_1)	68µg (50-80)
Riboflavin (B_2)	53µg (40-80)
Pantothensäure	0,1-2,4mg
Niacin	1,9mg (1,5-2,8)
Pyridoxin (B_6)	150µg (100-200)
Biotin	1-10µg
Inosit	4,5-10,7mg
Vitamin B_{12}	0,2µg
Vitamin C	1mg

Einige Angaben über den Mineralstoffgehalt des Karpfenfleisches sind in Tabelle 40 zusammengefasst. Von den Mengenelementen sind Phosphor und Kalium besonders reichlich vertreten. Neben den Mengenelementen sind im Fleisch auch zahlreiche Spurenelemente zu finden. Wie alle Süßwasserfische enthält der Karpfen relativ wenig Jod. Durch Zusatz geringer Mengen von jodhaltigen Meeresalgen (z.B. *Laminaria digitata*) zum Karpfenfutter lässt sich innerhalb weniger Wochen eine wesentliche Erhöhung des Jodgehaltes im Fleisch erreichen (Oberle et al. 2003). Noch höhere Jodkonzentrationen als in der Muskulatur fanden sich nach der Verabreichung von Futter, das mit Jod angereichert war, in der Karpfenhaut.

Tab. 40: Mineralstoffgehalt (Angaben pro 100g) des Karpfenfleisches (nach verschiedenen Autoren).

Mineralstoff	Gehalt (pro 100g)
Mengenelemente:	
Kalzium (Ca)	63mg (12-182)
Phosphor (P)	247mg (176-255)
Magnesium (Mg)	51mg (15-55)
Kalium (K)	387mg (284-400)
Natrium (Na)	30mg (22-51)
Chlor (Cl)	50mg (30-62)
Spurenelemente:	
Eisen (Fe)	700µg (300-2.000)
Kupfer (Cu)	40-87µg
Nickel (Ni)	24µg (3-27)
Mangan (Mn)	55-70µg
Zink (Zn)	900-1.600µg
Selen (Se)	7-130µg
Molybden (Mo)	38µg (37-53)
Fluor (F)	32µg
Jod (I)	1,7µg

Karpfen aus nährstoffreichen Teichen können unter Umständen einen erdigen Geschmack und Geruch aufweisen. In Süddeutschland wird dann gesagt, dass die Karpfen »moseln«. Diese unmittelbar nach der Abfischung zu beobachtende Geschmacks- und Geruchsbeeinträchtigung wird durch Stoffwechselprodukte verschiedener Mikroorganismen hervorgerufen, die in den Teichen leben. Hauptsächlich sind es zwei oder drei chemische Verbindungen, die hierbei eine Rolle spielen, nämlich Geosmin ($C_{12}H_{22}O$), 2-Methylisoborneol (MIB, $C_{11}H_{20}O$) und Isopropyl-methoxypyrazine. Diese fettlöslichen Substanzen werden vor allem von Cyanobakterien (z.B. *Anabaena, Oscillatoria, Microcystis*) und Actinobakterien (z.B. *Streptomyces, Nocardia*) synthetisiert. Die Organismen können in jedem Gewässer auftreten und machen sich nur störend bemerkbar, wenn es zu Massenentwicklungen kommt. Die Aufnahme ihrer Stoffwechselprodukte erfolgt in erster Linie über die Kiemen der Fische. Die Substanzen werden im Fettgewebe gespeichert, und ihr Abbau bzw. ihre Ausscheidung beanspruchen eine gewisse Zeit. Werden die Karpfen einige Tage in sauberem Wasser gehältert, sind im Allgemeinen keine Geschmacks- und Geruchsbeeinträchtigungen mehr feststellbar.

Die Speisekarpfen aus Teichwirtschaften werden in der Regel nach der Abfischung für kürzere oder längere Zeit in Hälterteichen untergebracht, bevor sie auf den Markt gelangen. Da die Hälterung in Mitteleuropa in den Herbst- und Wintermonaten bei niedrigen Wassertemperaturen vorgenommen wird, ist die Stoffwechselaktivität der Karpfen stark eingeschränkt. Aus diesem Grund verlieren sie trotz fehlender Nahrungsaufnahme nur wenig an Körpersubstanz, und ihre Qualität als Nahrungsmittel verändert sich kaum. Bei ordnungsgemäßer Hälterung kommt es im Verlauf von zwei Monaten zu einem Masseverlust von 4%, nach drei Monaten ist mit einem Masseverlust von etwa 5% zu rechnen.

In vielen Gegenden Mitteleuropas ist der Karpfen das Festessen für bestimmte Feiertage, eine Sitte, die wohl auf die mittelalterliche Bedeutung des Fisches als Fastenspeise oder gar auf den alten Opferschmaus zurückgeht. Die Zubereitung kann sehr verschieden sein, als Karpfen blau oder gebraten, kalt- oder heißgeräuchert, mit Mohnstrudel oder als Bierfisch, in Ungarn auch mit Paprika, immer findet der Fisch seine Liebhaber. In Franken wird der Karpfen in der Saison nach der herbstlichen Abfischung der Teiche in Fischrestaurants gebacken angeboten. In vielen Gebieten Deutschlands ist das Karpfenessen Silvestersitte. Die Schuppe eines Silvesterkarpfens im Geldbeutel soll Glück für das neue Jahr bringen.

13 Erträge und wirtschaftliche Bedeutung

Die Weltfangerträge an Fischen, Krebsen, Muscheln und Schnecken basieren in erster Linie auf der Meeresfischerei. Durch intensive Befischung mit laufend verbesserter Technik sind einige marine Fischbestände inzwischen stark zurückgegangen. Aus diesem Grund stagnieren die globalen Fangerträge seit einer Reihe von Jahren oder sind möglicherweise sogar rückläufig (Tab. 41). Andererseits sind die Fänge an Süßwasserfischen und insbesondere auch an Cypriniden in den letzten Jahren leicht angestiegen.

Tab. 41: Weltfangerträge (Mill. t) an Fischen, Krebsen, Muscheln und Schnecken 2000-2003 (nach FAO 2005a).

	2000	2001	2002	2003
Gesamtfang	95,475	92,807	93,004	90,220
davon:				
Binnengewässer	8,735	8,724	8,728	8,942
Süßwasserfische	6,808	6,926	6,739	7,601
Cyprinidae	0,573	0,556	0,618	0,635

Im Gegensatz zu den globalen Fangerträgen sind die Erträge der Fischzucht (Aquakultur) seit geraumer Zeit enorm angewachsen. Von 1995 bis 2003, d.h. in einem Zeitraum von weniger als 10 Jahren, hat sich die Aquakulturerzeugung von Süßwasserfischen fast verdoppelt (Tab. 42). Einen beachtlichen Anteil an dieser Entwicklung der Fischzucht haben die Cypriniden.

Der Karpfen zählt weltweit zu den wirtschaftlich wichtigsten Süßwasserfischen. Die herausragende Bedeutung, die ihm heute als Nahrungsmittel zukommt, ist das Ergebnis der Domestikation, denn die Karpfenerträge aus der Fischzucht übertreffen die Fänge aus natürlichen Gewässern um ein Vielfaches.

Tab. 42: Welterträge (Mill. t) der Süßwasserfischzucht 1995-2003 (nach FAO 2005b).

	1995	2000	2003
Süßwasserfischzucht	12,943	19,473	23,143
davon:			
Cypriniden	10,406	15,452	17,215

Die Cyprinidenerträge aus Fischzuchtanlagen setzen sich zu mehr als 50% aus vier Cyprinidenarten zusammen. Unter ihnen nimmt der Karpfen hinter Silber- und Graskarpfen den dritten Platz ein (Tab. 43).

Tab. 43: Welterträge (Mill. t) der wichtigsten Cypriniden aus Fischzuchtanlagen 2000-2003 (nach FAO 2005b).

	2000	2001	2002	2003
Cypriniden gesamt	15,452	16,275	16,675	17,215
davon:				
Silberkarpfen	3,450	3,918	3,851	3,828
Graskarpfen	3,383	3,462	3,595	3,683
Karpfen	2,683	3,069	3,139	3,240
Marmorkarpfen	1,636	1,660	1,723	1,929

Die Erträge an Speisekarpfen aus Zuchtanlagen haben sich während der vergangenen 50 Jahre gewaltig erhöht. 1950 betrug die Welterzeugung noch weniger als 100.000t. Die Produktionshöhe von 500.000t wurde erstmalig 1984 übertroffen, und bereits 1987 wurde ein Ertrag von 1 Million t überschritten. Seit 2001 sind es jährlich mehr als 3 Mill. t, die in der Aquakultur produziert werden (Tab. 44).

Tab. 44: Welterzeugung von Karpfen (Mill. t) in Fischzuchtanlagen 1950-2003 (nach FAO 2005b).

1950	1960	1970	1980	1990	2003
0,093	0,168	0,242	0,365	1,134	3,240

Der mit weitem Abstand größte teichwirtschaftliche Erzeuger von Karpfen ist China, wo seit einiger Zeit jährlich mehr als 2 Mill. t Karpfen unter intensiven Aquakulturbedingungen aufgezogen werden (Tab. 45). Erst mit erheblichem Abstand folgen Indien und Indonesien mit jeweils fast 400.000t bzw. reichlich 200.000t. Weitere Länder mit einer beachtlichen Karpfenproduktion von etwa 50.000t sind Myanmar (Burma) und Brasilien. Die Anfänge der Karpfenteichwirtschaft in Ägypten liegen um 1950. In Iran und Mexiko begann eine nennenswerte Karpfenproduktion erst nach 1975 bzw. 1980. Japan hatte in den Jahren zwischen 1972 und 1984 eine hoch entwickelte Karpfenzucht mit Erträgen von mehr als 20.000t. Heute werden hier nur noch etwa 8.000t in Aquakultur erzeugt. Eine ähnliche negative Entwicklung hat die Karpfenzucht in Israel genommen. Die höchsten Erträge aus der Teichwirtschaft wurden hier in den Jahren von 1970 und 1973 mit über 10.000t erzielt. Zur Zeit beträgt die teichwirtschaftliche Speisekarpfenproduktion in diesem Land etwa 7.000t.

Tab. 45: Wichtige außereuropäische Erzeuger von Speisekarpfen (Mill. t) in Fischzuchtanlagen 2000-2003 (nach FAO 2005b).

Land	2000	2001	2002	2003
China	2,120	2,193	2,236	2,267
Indien	0,075	0,342	0,359	0,385
Indonesien	0,180	0,195	0,200	0,220
Myanmar (Burma)		0,030	0,030	0,050
Brasilien	0,055	0,055	0,055	0,050
Ägypten	0,016	0,018	0,016	0,017
Laos	0,011	0,013	0,015	0,016
Iran	0,007	0,010	0,014	0,015
Bangladesch	0,024	0,013	0,012	0,015
Mexiko	0,008	0,012	0,013	0,013
Israel	0,006	0,006	0,008	0,007
Thailand	0,006	0,005	0,005	0,007
Kambodscha	0,004	0,004	0,004	0,005

In Europa sind Polen und die Tschechische Republik die führenden Länder in der Karpfenteichwirtschaft (Tab. 46). Diese Länder verfügen über teichwirtschaftliche Flächen von etwa 60.000ha bzw. 50.000ha (Steffens 2004b). Die in Europa vorhandenen Produktionsmöglichkeiten werden gegenwärtig nicht in vollem Umfang ausgeschöpft, weil der Karpfenabsatz begrenzt ist.

Tab. 46: Wichtige europäische Erzeugerländer von Speisekarpfen (1.000 t) in Teichwirtschaften 1989-2003 (nach FAO 2005b, ergänzt).

Land	1989	2000	2001	2002	2003
Polen	21,8	22,6	22,0	19,0	20,5
Tschechien		17,1	17,4	16,6	16,9
Deutschland	19,0	13,0	11,3	11,0	10,6
Ungarn	15,0	8,7	8,2	7,7	7,9
Frankreich	4,5	5,7	5,4	5,2	4,7
Serb. u. Montenegro		2,8	2,7	2,4	2,6
Rumänien	15,0	2,3	2,4	2,7	2,3
Litauen	4,5	1,9	2,0	1,7	2,3
Kroatien		2,0	2,8	1,8	1,6
Bulgarien	9,2	1,3	0,5	1,1	1,1
Russ. Föderation	122,3	34,2	42,3	46,7	45,8
Ukraine	76,4	20,0	20,0	20,0	15,0
Weißrussland	17,7	5,9	3,8	4,5	3,4

In den beiden Teilen Deutschlands wurden 1989 zusammen noch etwa 19.000t Speisekarpfen in Teichen erzeugt. Nach der Wiedervereinigung ging die Produktion deutlich zurück und liegt heute zwischen 11.000 und 12.000t. Haupterzeugerland ist Bayern, gefolgt von Sachsen und Brandenburg. Insgesamt steht in Deutschland eine Teichfläche von 39.000ha zur Verfügung.

Auch in vielen osteuropäischen Ländern sowie in der Russischen Föderation, in der Ukraine und in Weißrussland ist es im Ergebnis der politischen und wirtschaftlichen Veränderungen zu einem erheblichen Rückgang der teichwirtschaftlichen Karpfenerzeugung gekommen. Im gesamten europäischen Raum gibt es mehr als 500.000ha Teichfläche, die zur Karpfenproduktion genutzt werden können. Davon entfallen etwa 200.000ha auf die Russische Föderation, die Ukraine und Weißrussland.

Wie bei zahlreichen anderen domestizierten Tierarten spielt auch beim Karpfen die Wildform nur noch eine sehr untergeordnete wirtschaftliche Rolle. Bei den meisten Karpfen, die in natürlichen Gewässern leben und gefangen werden, handelt es sich nicht um echte Wildfische, sondern um Abkömmlinge von ausgesetzten Zuchtkarpfen. Weltweit wurden im Jahr 2003 reichlich 70.000t Karpfen in natürlichen Gewässern gefangen (Tab. 47). Größere Bedeutung hat der Karpfenfang in der Türkei und Mexiko sowie in Indonesien und Thailand.

Tab. 47: Weltfang an Karpfen (1.000 t) in natürlichen Gewässern 2000-2003 (nach FAO 2005a).

	2000	2001	2002	2003
Weltfang	65,6	61,7	70,3	71,8
davon:				
Türkei	14,1	12,3	13,0	13,8
Mexiko	15,3	14,7	13,7	13,6
Indonesien	7,0	8,2	9,5	10,2
Thailand	7,0	6,8	9,9	9,7
Weißrussland			3,8	4,9
Tschechien	3,6	3,6	3,9	4,0
Ungarn	3,2	2,5	2,8	2,9
Japan	4,1	3,6	3,4	2,9
Russische Föderation	4,0	2,7	2,6	2,5
Kasachstan	0,7	0,7	1,4	1,5
Slowakei	0,9	1,0	1,2	1,0

14 Krankheiten und Parasiten

Das Sprichwort vom gesunden und munteren Fisch trifft für unseren Karpfen leider nicht immer zu. Aufgrund der für unser Auge meist verborgenen Lebensweise der Fische ist allerdings nur wenigen bekannt, dass auch sie zahlreichen Erkrankungen ausgesetzt sind. Außerdem ist die Fischkrankheitskunde (Fischpathologie) eine verhältnismäßig junge Wissenschaft.

Die Krankheitsursachen können mannigfacher Art sein. Es kann sich dabei um Infektionen mit Viren, Bakterien oder Pilzen, aber auch um einen Befall durch Algen, Urtiere, Würmer oder Krebse handeln. Andererseits sind oft ungünstige Umweltfaktoren der Anlass von Fischerkrankungen oder Fischsterben. Hierher gehören Schäden durch mangelhafte Ernährung oder durch schlechte Wasserqualität sowie durch mechanische Verletzungen. Schließlich kennen wir noch Krankheiten, die vorwiegend genetisch bedingt sind, also erbliche Missbildungen und dergleichen.

Wenn im Folgenden auf wichtige Krankheiten des Karpfens eingegangen wird, so können diese kurzen Ausführungen natürlich keinen Anspruch auf Vollständigkeit erheben. Selbstverständlich sind domestizierte Tiere, die oft vom Menschen unter stark veränderten Bedingungen und auf engem Raum gehalten werden, leichter für Krankheiten anfällig als wildlebende. Auf der anderen Seite sind Vorbeugungs- und Bekämpfungsmaßnahmen bei einem Teichfischbestand, der weitgehend unter Kontrolle des Züchters steht, wesentlich einfacher durchzuführen als z.B. in Wildgewässern. Alle hier aufgeführten Krankheiten, mögen sie sich wirtschaftlich auch sehr erheblich auswirken können, bilden für den Menschen keine Ansteckungsgefahr. Wer sich über Einzelheiten genauer informieren möchte, sei auf Standardwerke hingewiesen (Roberts & Schlotfeldt 1985, Schäperclaus et al. 1990, Lechleiter & Kleingeld 2002). Bei den angegebenen Möglichkeiten zur Behandlung sind Verfahren aufgeführt, die in wissenschaftlichen Versuchen erprobt wurden. Es muss allerdings ausdrücklich darauf hingewiesen werden, dass Medikamente zur Krankheitsprophylaxe oder -therapie bei Nutzfischen in der Bundesrepublik Deutschland nur sehr begrenzt zur Verfügung stehen. Beim Auftreten von Erkrankungen sollte man sich an den zuständigen Veterinär oder Fischgesundheitsdienst wenden.

14.1 Virus- und Bakterienkrankheiten (Virosen und Bakteriosen)

Frühjahrsvirämie des Karpfens

Die nach dem englischen Namen spring viremia of carp abgekürzt als SVC bezeichnete Krankheit wird durch das *Rhabdovirus carpio* hervorgerufen (Abb. 90). Das Virus ist etwa 155 x 80 nm groß und vermehrt sich vermutlich im Cytoplasma infizierter Zellen (Tesarčík et al. 1977).

Abb. 90: Elektronenmikroskopische Aufnahme der Virionen von *Rhabdovirus carpio* (Foto: L. Valíček)

Die Frühjahrsvirämie ist eine akute und stark ansteckende Virusinfektion, die alle Altersstadien des Karpfens, aber auch andere Cypriniden, befallen kann. Die Erreger werden wahrscheinlich hauptsächlich über die Kiemen aus dem Wasser aufgenommen, wo das Virus bei 16°C mehrere Wochen lang infektiös bleiben kann. Der Erreger kann aber auch durch blutsaugende Parasiten (z.B. Karpfenläuse und Fischegel) übertragen werden. Die Inkubationszeit variiert in Abhängigkeit von der Temperatur zwischen 5 und 60 Tagen. Nicht selten treten Sekundärinfektionen durch Bakterien (Aeromonaden oder Pseudomonaden) auf. Die Krankheit bricht vor allem im Frühjahr aus, wenn die Wassertemperatur über 13°C ansteigt. Bei einer Erwärmung des Wassers auf mehr als 20°C wird die Gefahr von Krankheitsausbrüchen und Verlusten wesentlich geringer, weil das Immunsystem des Karpfens ab dieser Temperatur zu wirken beginnt. Aus diesem Grunde tritt die Frühjahrsvirämie in wärmeren Klimaregionen nicht auf. Von entscheidender Bedeutung für den Ausbruch der Krankheit ist die Kondition der Fische (Steffens 1967, Schreckenbach 2003b). Mangelernährung mindert die natürliche Abwehrkraft des Karpfenorganismus, weswegen die Fische vor der Überwinterung im Herbst über ausreichende Energiereserven verfügen sollen (Steffens 1964a).

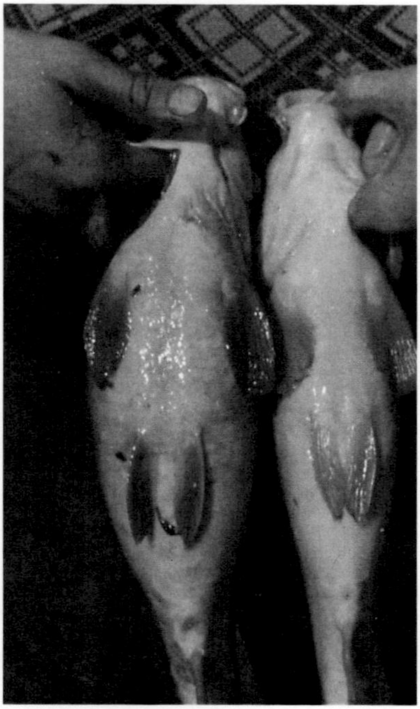

Abb. 91: An Frühjahrsvirämie erkrankter Karpfen (K_3) mit Flüssigkeitsansammlung in der Leibeshöhle. Rechts daneben ein gesunder Fisch zum Vergleich (Foto: W. STEFFENS).

Abb. 92: Glotzaugen (Exophthalmus) bei einem an Frühjahrsvirämie erkrankten Karpfen (Foto: W. STEFFENS).

Anzeichen für eine Erkrankung der Karpfen sind Fischansammlungen am Teichauslauf, Dunkelfärbung, Gleichgewichtsverlust, Blutungen in Haut, Kiemen und Flossen, Glotzaugen (Exophthalmus) und Flüssigkeitsansammlung (Ascites) in der Leibeshöhle (Abb. 91 und 92). Nach diesem letzten Merkmal wurde die Krankheit lange Zeit auch als Bauchwassersucht (akute Form) bezeichnet. Bei akuten Ausbrüchen können die Verluste über 50% betragen. Die SVC hat insbesondere in der zweiten Hälfte des 20. Jahrhunderts in Teichwirtschaften Deutschlands und anderer europäischer Länder erhebliche Probleme bereitet.

Da das Virus in Europa weit verbreitet ist, kann es beim Zukauf von Karpfen leicht zu einer Einschleppung der Krankheit kommen. Karpfeneier lassen sich mit Hilfe von Jodophoren desinfizieren. Ein Schutz gegen die Erkrankung ist durch Immunisierung (Einsatz von Vakzinen) denkbar (AHNE 1980, KÖLBL 1980, FIJAN 1981). Mit Hilfe von Antibiotikabehandlung konnten die Verluste durch Bauchwassersucht in früherer Zeit erheblich reduziert werden (SCHÄPERCLAUS 1967), da hierdurch bakteriellen Sekundärinfektionen begegnet wurde. Bei Krankheitsverdacht sollte durch virologische Untersuchung (Virusanzüchtung, PCR – Polymerase-Ketten-Reaktion) Klarheit geschaffen werden. Ein prophylaktischer Einsatz von Antibiotika ist abzulehnen, da er zu Resistenzbildung führen kann.

Koi-Herpes-Virus-Infektion

Diese sehr gefährliche Infektion, die auch als mass mortality of common carp and koi (MMCK) oder carp nephritis and gill necrosis (CNG) bezeichnet wird und erst seit Ende des vergangenen Jahrhunderts bekannt ist, wird durch das Koi-Herpes-Virus CyHV3 (KHV oder CNGV) verursacht. Sie wurde zum ersten Mal 1996 bei Koi-Beständen diagnostiziert, kann aber ebenso bei normalen Teichkarpfen auftreten (Hoffmann et al. 2004). In Deutschland wurde sie im Jahr 1997 erstmalig festgestellt, 2003 wurden bereits etwa 200 Infektionen gemeldet (Schlotfeldt 2004). Weitere betroffene Länder in Europa sind Belgien, Dänemark, Frankreich, Großbritannien, die Niederlande, Österreich, Polen und die Schweiz. Aber auch außerhalb Europas ist die Seuche aufgetreten, so in Indonesien, Israel, Japan, Südafrika, Taiwan, USA, Thailand (Haenen et al. 2004).

Das Virus wird oral aufgenommen und über Darm und Blut (Leukozyten) an die Niere weitergegeben. Die Krankheit ist nicht auf bestimmte Altersklassen der Karpfen und Koi begrenzt. Auch bei Graskarpfen und Goldfischen wurde das Virus bereits festgestellt, ohne dass diese Fische erkrankten. Das Virus kann in klinisch gesunden Fischen unerkannt vorhanden sein. Krankheitssymptome treten oft schon wenige Tage nach dem Zukauf von infizierten Fischen auf. Bei niedrigen Wassertemperaturen sind die Symptome schwächer ausgeprägt, und der Infektionsverlauf ist langsamer. Temperaturen um oder über 20°C bewirken dagegen einen raschen Krankheitsverlauf und können einen Totalverlust innerhalb kurzer Zeit zur Folge haben. Die Inkubationszeit wird in Abhängigkeit von der Temperatur mit 7 bis 21 Tagen angegeben.

Anzeichen einer Infektion mit dem Koi-Herpes-Virus sind lethargisches Schwimmen, verstärkte Atmung und Verweigerung der Nahrungsaufnahme. Es können auch Schleimabsonderungen und Hauttrübungen vorkommen. Bei genauer Untersuchung der Fische fallen vermehrte Schleimbildung und Schwellung der Kiemen ins Auge, die später in großflächige Nekrosen übergehen. Leber, Milz und Niere weisen vielfach kleine Nekroseherde oder teilweise Schwellungen auf. Zur Untersuchung auf eine mögliche Infektion sollen Niere, Gehirn und Kiemen von 5 Fischen, die mindestens 4 Monate alt sind, Verwendung finden (Bergmann et al. 2004). Am sichersten lässt sich der Erreger über PCR (Polymerase-Ketten-Reaktion) an Kiemengewebe nachweisen.

Da die Koi-Herpes-Virus-Infektion eine ernsthafte Bedrohung der Karpfenbestände darstellt, müssen die Bemühungen in erster Linie auf Erhaltung und Aufbau virusfreier Bestände gerichtet sein. Eine sorglose Hereinnahme von möglicherweise infizierten Fischen in die eigene Anlage ist unbedingt zu vermeiden. Auch Fische, die als durchseucht oder immun angeboten werden, stellen eine Gefährdung dar. Es muss außerdem immer mit einer Übertragung des Virus durch Transportwasser oder verunreinigte Gerätschaften gerechnet werden. Auf jeden Fall sollten krankheitsverdächtige Fische virologisch untersucht werden. Die Krankheit ist in Deutschland anzeigepflichtig. Gegenwärtig gibt es keine Therapiemöglichkeiten.

Pocken

Die Krankheit hat mit den menschlichen Pocken nichts gemein. Sie äußert sich in einer milchglasartigen Wucherung von Epithelzellen, hauptsächlich auf Rücken- und Schwanzflosse. Die Karpfen werden dadurch unappetitlich und unverkäuflich. Als Folgeerscheinung kann Knochenweiche auftreten.

Über die Ursache des Pockenpapilloms herrschte lange Zeit Unklarheit. Nach licht- und elektronenmikroskopischen Untersuchungen von Schubert (1966) ist heute bekannt, dass die Krankheit durch ein Virus hervorgerufen wird. Die Viruspartikeln haben, solange sie nach der Bildung an der Matrix im Nukleus liegen, eine einschichtige Hülle, nach Austritt aus dem Nukleus sind sie im Zytoplasma von einer zweischichtigen Hülle umgeben. Ihrer Morphologie und Ultrastruktur entsprechend gehören sie zur Gruppe der Herpes-Viren (CyHV1). Der Durchmesser des Virus-Innenkörpers beträgt 78nm, der der Außenmembran 180nm. Die Inkubationszeit wird auf 1 Jahr und länger geschätzt. An der Auslösung der Krankheit sind wahrscheinlich auch bestimmte genetische Veranlagungen und Umwelteinflüsse (Wasserchemismus) beteiligt.

Die Karpfenpocken haben heute keine wirtschaftliche Bedeutung mehr. Das ist eventuell auf eine züchterische Beeinflussung der Bestände zurückzuführen. Eine spezielle Bekämpfung der Krankheit ist bisher nicht möglich. Durch Umsetzen erkrankter Fische in andere Wasserverhältnisse (fließendes Wasser) konnten die Pocken innerhalb kurzer Zeit zum Abheilen gebracht werden.

Erythrodermatitis

Diese bakterielle Erkrankung wird in Kurzform als ED oder CE (carp erythrodermatitis) bezeichnet. Sie wird durch einen atypischen Stamm von *Aeromonas salmonicida* (*A. salmonicida* subsp. *nova*) verursacht. Der Erreger überlebt in toten Fischen nur relativ kurze Zeit.

Neben dem Karpfen befällt diese Erkrankung, die früher als chronische Form der Infektiösen Bauchwassersucht angesehen wurde, auch andere Cypriniden. Sie kann zu allen Jahreszeiten auftreten, ist aber in erster Linie eine Sommerinfektion, bei höheren Temperaturen (ab 17°C) werden die typischen Symptome sichtbar (Fijan 1973). Diese bestehen in Blutergüssen auf Haut und Flossen und insbesondere in teilweise tiefen Geschwüren in der Muskulatur, die unter Umständen bis in die Leibeshöhle durchbrechen können (Abb. 93). Günstige Umwelt- und Ernährungsbedingungen führen zu Rekonvaleszenz. Im Frühjahr, Herbst und Winter verläuft die Krankheit langsamer und fordert meist mehr Verluste. Die Übertragung der Erythrodermatitis ist durch infizierte (auch symptomlose) Fische, Wasser und Gerätschaften möglich.

Zur Prophylaxe kann eine Vakzinierung der Karpfen durchgeführt werden. Für die Therapie eignen sich Injektionen von Antibiotika oder Sulfonamiden, wofür ein vorheriger Resistenztest notwendig ist. Wenn die Fische Futter aufnehmen, lässt sich auch Medizinalfutter einsetzen. Die Schwierigkeit dieser Methode besteht darin, dass die Fische kaum oder gar nicht fressen, wenn sie bereits erkrankt oder die Temperaturen niedrig sind.

Abb. 93: Offene Geschwüre bei einem an Erythrodermatitis erkrankten K_2. Unter der Rückenflosse und den Wunden ist je ein Fischegel zu sehen (Foto: W. Steffens).

Bakterielle Kiemenerkrankung

Diese Krankheit, die insbesondere bei einsömmerigen Karpfen auftritt, wird durch eine Infektion mit *Flexibacter columnaris* verursacht, weswegen sie auch als Columnaris-Krankheit bezeichnet wird. Der Krankheitserreger gehört zu den Myxobakterien und hat eine charakteristische gleitende Beweglichkeit.

Zu Krankheitsausbrüchen kommt es vor allem bei Temperaturen über 18 bis 20°C, also in den Sommermonaten. Anfänglich treten kurzzeitig Schwellungen der Lamellenspitzen der Kiemen auf. Im weiteren Verlauf können die Kiemenblättchen völlig zerstört werden, so dass lediglich die Kiemenbögen stehen bleiben (Bräuer & Herms 1998). Wegbereiter für die bakterielle Infektion mit *F. columnaris* sind häufig ungünstige Umweltbedingungen oder andere Schädigungen der Kiemen. Die Erkrankung kann sich über Wochen erstrecken. Stark befallene Fische magern ab, färben sich dunkel und stehen oft am Zufluss des Teiches. Zur Vorbeuge können Branntkalkgaben in einer Menge von 100kg/ha in 14-tägigem Abstand von Nutzen sein. Beim Autreten der Krankheit ist auch ein Einsatz geeigneter Antibiotika mit dem Futter möglich.

14.2 Pilzkrankheiten (Mykosen)

Kiemenfäule

Die Kiemenfäule (Branchiomykose) ist eine bereits länger bekannte Fischkrankheit, die beim Karpfen durch den Algenpilz *Branchiomyces sanguinis* hervorgerufen wird. Die verzweigten Pilzschläuche haben eine Breite von 8 bis 30µm. In ihnen bilden sich Sporen von 5 bis 9µm Durchmesser, die die Krankheit verbreiten. Der Parasit schmarotzt in den Blutgefäßen der Kiemen, ist aber nur sehr kurze Zeit nachweisbar.

Die Kiemenfäule tritt vor allem in nährstoffreichen Gewässern und bei Temperaturen über 20°C auf, ist also eine Sommerkrankheit, und zeichnet sich durch einen schnellen Krankheitsverlauf aus. Neben Karpfen aller Altersklassen können auch andere Fischarten befallen werden. Die Symptome sind ähnlich wie die der durch hohe pH-Werte und Ammoniumgehalte bedingten Kiemennekrose. Die Kiemen werden fleckig, im Endstadium kann es zum Ausfall von Kiemenblättchen kommen. Innerhalb weniger Tage können hohe Verluste (30 bis 50%) auftreten.

Zur Prophylaxe ist eine sorgfältige Teichhygiene (Trockenlegung und Desinfektion des Teichbodens) zu empfehlen. Eine vorbeugende Bekämpfungsmaßnahme in gefährdeten Teichen besteht in mehrmaligen Branntkalkgaben (jeweils etwa 100kg/ha).

Verpilzungen

Verpilzungen der Fische sind in der Regel sekundäre Erscheinungen. Sie werden durch Fadenpilze der Gattungen *Saprolegnia* und *Achlya* hervorgerufen. Primäre Ursachen für das Auftreten dieser parasitären Pilze sind meist Verletzungen von Haut, Kiemen oder Flossen beim Fang und der Hälterung der Fische oder Befall mit anderen Hautparasiten. Im Wasser sehen die Fadenpilze typischerweise wie grauweiße Wattebäusche aus.

Eine Bekämpfung der Verpilzung ist im Wesentlichen auf die Vermeidung oder Beseitigung ihrer primären Ursachen beschränkt. Unter günstigen Bedingungen kann es zu einer Abheilung kommen. In Einzelfällen, z.B. bei wertvollen Koi-Zuchtfischen, lässt sich schwacher Befall mit Kaliumpermanganatlösungen beseitigen (10g $KMn0_4$ auf $1m^3$ Wasser, Badedauer bis zu 60 Min.). Auch der Einsatz von Formaldehyd als Bad ist möglich (250 bis 400ml auf $1m^3$ Wasser, Badedauer bis zu 60 Min.). Die Behandlung kann jeden dritten Tag wiederholt werden. Hat die Überwucherung durch den Pilz stärkere Ausmaße angenommen, so trägt das zu einer weiteren Schwächung bei und führt in der Regel zum Tod der Fische.

14.3 Urtierkrankheiten (Protozoonosen)

Befall mit *Ichthyobodo* (*Costia*)

Ichthyobodo necatrix, früher *Costia necatrix* genannt, ist einer der Erreger der ansteckenden Haut- und Kiementrübung, der bei starkem Befall einen milchigblauen Überzug verursacht und Zerstörungen der Epithelzellen hervorruft. Das Geißeltierchen hat eine nieren- oder bohnenförmige Gestalt, seine Länge beträgt meist 10 bis 12µm, die Körperbreite 6 bis 8µm. Es hat zwei unterschiedlich lange Geißeln (Abb. 94). Typisch für den lebenden Parasiten sind seine taumelnden Bewegungen.

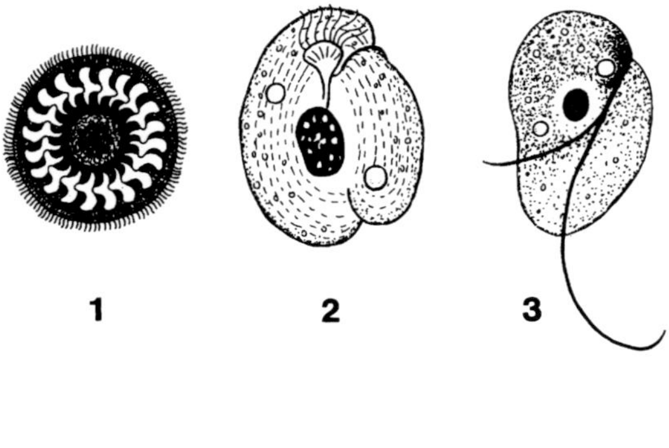

Abb. 94: Erreger der ansteckenden Hauttrübung des Karpfens. 1 *Trichodina* sp. (mittlerer Durchmesser: 45µm); 2 *Chilodonella cyprini* (Länge: 60µm, Breite: 45µm); 3 *Ichthyobodo necatrix* (Länge: 11µm, Breite: 7µm) (Zeichnung: W. Steffens).

Brutfische werden besonders leicht von *Ichthyobodo* befallen, bei größeren Karpfen treten Verluste höchstens in den Hältern auf, wo die Fische dicht zusammenstehen. Der Hautflagellat ist in erster Linie ein Schwächeparasit, der bei normalen größeren Fischen kaum Schäden anrichten kann. Eine massenhafte Vermehrung mit tödlichen Folgen für die befallenen Fische kann bei Verletzungen, Schwächungen, Nahrungsmangel, inneren Erkrankungen, niedrigen Temperaturen, ungünstigen pH-Werten und auch bei dichtem Zusammenstehen der Karpfen in den Hältern eintreten. Befallene Fische zeigen vielfach Scheuerbewegungen und verklebte Flossen. Die Verhütung und Bekämpfung des *Ichthyobodo*-Befalls muss in erster Linie in einer Vermeidung der primären Krankheitsursachen bestehen. Bewährt haben sich Kochsalz- und Formaldehydbäder, deren Konzentration und Dauer nach der Größe der Fische variieren.

Kochsalzbad: 1 bis 1,5%ige Lösung in Abhängigkeit von der Fischgröße; Badedauer: 10 bis 20 Min. (Kurzbad).

Formaldehydbad: 150 bis 250ml auf $1m^3$ Wasser; Badedauer: 30 bis 45 Min. (Kurzbad).

Befall mit Blutflagellaten

Beim Karpfen wurden *Cryptobia* (*Trypanoplasma*) *cyprini* und *Trypanoplasma borreli* beschrieben, bei denen es sich wohl um die gleiche Art handelt. Diese Blutparasiten sind in gewissem Grade mit dem Erreger der menschlichen Schlafkrankheit (*Trypanosoma*) vergleichbar. Die Länge der Geißeltierchen beträgt im Mittel etwa 20 bis 25µm. Sie kommen im Darm von Fischegeln vor und werden durch deren Biss auf den Karpfen übertragen.

Sieben Tage nach der Infektion sind die zweigeißligen Protozoen im Fischblut nachweisbar. Krankheitserscheinungen konnten 18 Tage nach der Infektion beobachtet werden. Sie äußerten sich in ausgeprägter Anämie, blassen Kiemen, lethargischem Verhalten, Vergrößerung der Milz, Exophthalmus und Nierenschwellung. Durch Zerstörung des exkretorischen Gewebes wird die Osmoregulation der Fische erheblich beeinträchtigt (Steinhagen et al. 1998). Bei starkem Befall können die Karpfen 25 bis 30 Tage nach der Infektion sterben.

Eine Bekämpfung der Parasiten ist durch Vernichtung oder Reduzierung der Fischegel möglich. Die Anfälligkeit der Karpfen hängt offensichtlich auch von genetischen Faktoren ab. Stress wirkt sich negativ auf die Resistenz der Fische gegenüber dem Parasitenbefall aus.

Befall mit *Chilodonella*

Chilodonella cyprini, ein Wimpertierchen von herzförmiger Gestalt und etwa 60µm Länge und 45µm Breite, ruft wie *Ichthyobodo* Haut- und Kiementrübung bei vielen Fischarten hervor (Abb. 94). Der Befall kann u.U. so stark sein, dass sich die Haut in Fetzen vom Fisch ablöst. *Chilodonella* ist ein Berufsparasit, der sich nur auf in ihrer Kondition beeinträchtigten Fischen massenhaft vermehren kann, dann aber als gefährlicher, echter Krankheitserreger zu gelten hat. Außerhalb des Fischorganismus geht das Wimpertierchen innerhalb kurzer Zeit ein.

Vor allem bei schlecht genährten Karpfen in Winterteichen (hohe Bestandsdichte!) kommt es leicht zu Massenbefall und Verlusten durch *Chilodonella.* In den nordöstlichen Gebieten Russlands war der Parasit lange Zeit ein ernstes Problem für die Überwinterung der einsömmerigen Karpfen. Die Bekämpfung von *Chilodonella* ist durch Kochsalz- oder Formaldehydbäder möglich (s. *Ichthyobodo*).

Befall mit Urceolariidae

Peritriche Ciliaten der Familie Urceolariidae bilden eine weitere, jedoch weniger gefährliche Gruppe von Erregern der Haut- und Kiementrübung. Die Parasiten sehen von oben betrachtet kreisrund, von der Seite gesehen glockenförmig aus (Abb. 94). Sie sind vielfach nicht besonders wirtsspezifisch. Auf Karpfen wurden bisher mindestens 7 Arten aus 3 Gattungen festgestellt: *Trichodina domerguei* f. *acuta* (Durchmesser 30 bis 76µm, 20 bis 35 Haken), *T. pediculus, T. nigra, T. reticulata, Trichodinella epizootica, Tripartiella bulbosa, Tripartiella copiosa* (Ivanova 1971, Lom & Haldar 1977, Das & Haldar 1987).

Die Befallsintensität der Parasiten weist jahreszeitliche Unterschiede auf. *Trichodina pediculus* und *T. domerguei* sind besonders im Winter zu finden, erstere ist eine kälteliebende Form, während die zweite auch im Sommer anzutreffen ist. *T. nigra* ist wärmeliebend (Optimaltemperatur: 20 bis 21°C), das Gleiche gilt für *Tripartiella bulbosa. Trichodinella epizootica* tritt dagegen besonders stark im Frühjahr und Herbst auf (15 bis 17°C). Auch in der Lokalisation der Parasiten auf den Fischen gibt es Differenzen. *Trichodina domerguei* und *T. pediculus* bevorzugen die Haut, *Trichodinella epizootica* und *Tripartiella bulbosa* sowie *T. copiosa* sind dagegen mehr Kiemenformen. Wie andere Hauttrüber rufen die Parasiten Epithelschädigungen hervor. Gefährdet sind vor allem jüngere Altersstadien. Ein latenter Befall ist häufig zu beobachten, erst unter extremen Verhältnissen (starke Besatzdichte) kommt es bei geschwächten Fischen zu Verlusten. Zu beachten ist, dass die Übertragung über eine kürzere oder längere Lebensphase im freien Wasser möglich ist. Die Behandlungsmöglichkeiten sind die Gleichen wie bei *Ichthyobodo* und *Chilodonella.*

Befall mit *Ichthyophthirius*

Der Befall mit dem holotrichen Ciliaten *Ichthyophthirius multifiliis* wird auch vielfach als Grießkörnchenkrankheit bezeichnet, weil die Parasiten als weiße Pünktchen mit bloßem Auge auf dem Fisch zu erkennen sind (Abb. 95 und 96). Das Wimpertierchen ist von kugeliger oder birnenförmiger Gestalt, kann 0,5 bis 1,0mm Größe erreichen und hat einen bohnenförmigen Makronukleus.

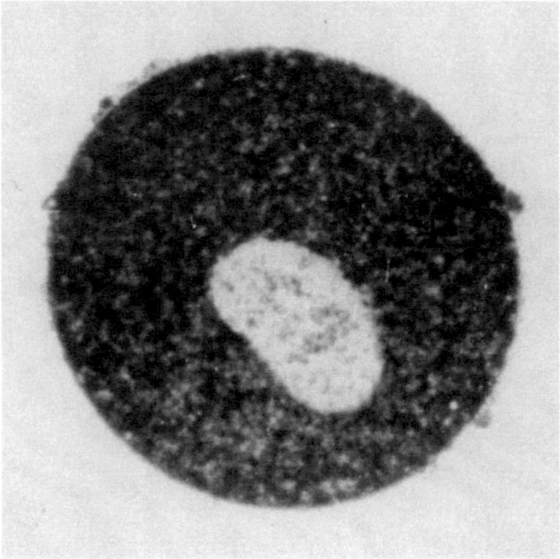

Abb. 95: *Ichthyophthirius multifiliis*, der Erreger der Grießkörnchenkrankheit (Foto: W. Steffens).

Abb. 96: Zweisömmeriger Karpfen mit Ichthyophthirius-Befall (Foto: W. Steffens).

Der Parasit befällt die Kiemen und die Haut der Fische, und zwar schmarotzt *Ichthyophthirius* nicht auf der Haut, sondern setzt sich zwischen Ober- und Lederhaut fest und ruft hier Zerstörungen hervor, die bis zum Ablösen ganzer Hautpartien reichen können. Auf dem Rücken des Karpfens finden sich meist mehr Parasiten als auf den Seiten und dem Bauch, besonders stark befallen sind auch die Kiemen. Der reife Parasit fällt vom Fisch ab, bildet eine Zyste und teilt sich in zahlreiche (bis zu 1.000) Schwärmer. Diese können dann erneut Fische, vor allem wenn sie dicht zusammenstehen, befallen. Die Dauer des Entwicklungszyklus und die Endgröße des Parasiten sind temperaturabhängig. Bei 5°C dauert der gesamte Zyklus 40 Tage (Durchmesser 0,85 mm), bei 10°C 14 Tage (Durchmesser 0,60mm) und bei 20°C nur 10 Tage (Durchmesser 0,50mm). Fische, die eine *Ichthyophthirius*-Invasion durchgemacht haben, können eine gewisse Immunität gegenüber Neubefall aufweisen.

In Teichen mit normaler Besatzdichte entstehen durch die Grießkörnchenkrankheit üblicherweise keine Verluste. Besonders gefährdet sind dagegen Karpfen in Brutteichen und Hältern sowie in intensiven Produktionsanlagen. Eine typische Erkrankung konnte ich im April bei K_2 in einer thüringischen Teichwirtschaft beobachten. Bei der Abfischung von Winterteichen traten vereinzelte Parasiten auf. Da die Fische, bevor sie in die Abwachsteiche kamen, noch längere Zeit dicht gedrängt in Hältern standen, breiteten sich die Wimpertierchen stark aus und riefen hohe Verluste hervor. Bei sofortigem Besatz der Abwachsteiche wäre es sicher nicht zu einem derartig folgenschweren Befall gekommen.

Bei der Bekämpfung muss beachtet werden, dass der Parasit nicht auf, sondern in der Haut sitzt. Sehr starker Befall führt vor allem bei kleineren Fischen oft zum Tode. Da das bewährte Malachitgrün für Fische, die als Lebensmittel dienen, nicht mehr verwendet werden darf, muss sich die Behandlung darauf beschränken, reife Parasiten und Schwärmer außerhalb des Fisches mit den gegen andere Protozoen üblichen Mitteln abzutöten. Gute Ergebnisse wurden mit Natriumperkarbonat ($NaO\text{-}O\text{-}COONa \cdot 1{,}5H_2O$) erzielt (Buchmann et al. 2003). Bei einer Konzentration von 12,5mg/l und 12°C wurden die infektiösen Stadien innerhalb von 2 Std. abgetötet.

Kokzidiose

Erkrankungen durch einen Befall mit Kokzidien sind praktisch von allen Haustieren bekannt. Die Fischkokzidien unterscheiden sich von denen der Säugetiere dadurch, dass die Sporen noch im Körper des Wirtes reifen und dass bei der Mehrzahl die Oocystenhülle sehr dünn ist. Beim Karpfen können wir zwei Formen der Darmkokzidiose unterscheiden, die Knötchen- und die Enteritis-Kokzidiose. Die Knötchen-Kokzidiose wird durch *Eimeria subepithelialis* hervorgerufen. Dieser Parasit ist an 1 bis 3mm großen weißen Knötchen im Fischdarm erkennbar. Seine Sporen haben eine mittlere Größe von 7 x 9µm. Nennenswerte Bedeutung hat die Knötchen-Kokzidiose bei Karpfen bisher nicht.

Weit gefährlicher ist die Enteritis-Kokzidiose, die sich in einer Entzündung des Darmes und im Auftreten von gelblichem Darminhalt äußert und vor allem bei einsömmerigen Karpfen im Frühjahr zu beobachten ist. Ihr Erreger ist *Eimeria carpelli* (= *Eimeria cyprini*). Die Sporen sind 5 bis 8µm groß (Abb. 97). Stärkere Infektionen führen zu Abmagerung und bei kleinen Karpfen auch häufig zu hohen Verlusten. Zur Verhütung der Erkrankung sollen Jungfische nicht mit älteren vermischt werden. Durch Desinfektion des Teichbodens mit Branntkalk können die Erreger vernichtet werden.

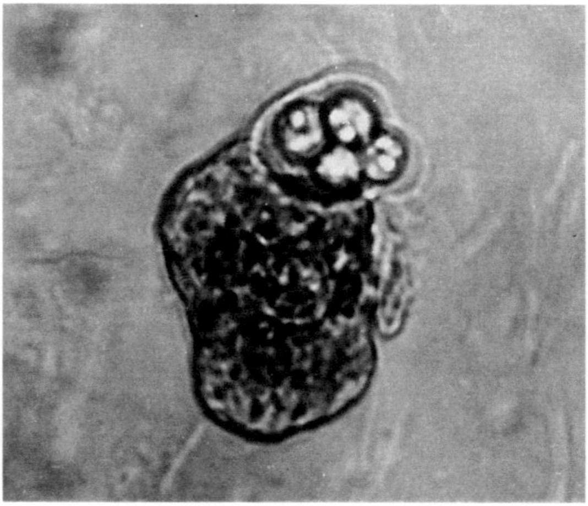

Abb. 97: *Eimeria carpelli* aus dem Darm einsömmeriger Karpfen (Foto: D. Barthelmes).

Schwimmblasenentzündung

Die Schwimmblasenentzündung (SBE, Aerocystitis) ist seit Anfang der 1960er Jahre in den Teichwirtschaften vieler europäischer Länder aufgetreten (Russland, Polen, Ungarn, Österreich, Deutschland, Tschechische Republik) und hat hier teilweise größeren Umfang angenommen (Mattheis 1969). Als primärer Erreger wird das Myxosporidium *Sphaerospora renicola* angesehen (Körting et al. 1984, Odening 1987, Schreckenbach 2003a). Der Parasit ist in unterschiedlichen Entwicklungsstadien in Niere, Schwimmblase und Blut zu finden. Als Zwischenwirt dienen Tubificiden. In diesen erfolgt während des Winters die Vermehrung. Im folgenden Jahr werden Actinosporen ins Wasser entlassen, die dann die Jungkarpfen infizieren.

Die offensichtlich sehr infektiöse Krankheit ist unter unseren klimatischen Verhältnissen als Sommerkrankheit zu betrachten und tritt vor allem im ersten und zweiten Lebensjahr der Karpfen auf. Unter Umständen kann es zu erheblichen Verlusten der Bestände kommen, die sich allerdings nach einigen Jahren oft wieder normalisieren. Die Inkubationszeit beträgt 4 bis 8 Wochen.

Die Schwimmblasenentzündung äußert sich anfangs in feinen Blutungen an der Schwimmblasenwandung. Diese leichte Form der Erkrankung im ersten Lebenssommer der Fische kann schnell ausheilen. Beim Fortschreiten der Krankheit können stärkere Entzündungen und Verdickungen und schließlich Zerstörungen der Schwimmblasenwand auftreten, was zum Tod der Fische führen kann. Als Folge entzündlicher Prozesse sind Narbenbildung, bräunliche Gewebstrümmer, Flüssigkeitsansammlung in der Schwimmblase und Zystenbildung zu beobachten. Beide Schwimmblasenkammern können weitgehend zerstört werden. Dies führt vielfach dazu, dass die erkrankten Karpfen keine normale Schwimmstellung mehr bewahren können, sondern »Kopfsteher«-Haltung einnehmen. Neben der Schwimmblase werden auch andere Organe, insbesondere die Niere, in Mitleidenschaft gezogen. Häufig treten sekundäre bakterielle Infektionen auf.

Um einer Verbreitung der SBE entgegen zu wirken, ist anzuraten, erkrankte Bestände zu isolieren. Hybriden zwischen dem Teichkarpfen und dem Wildkarpfen weisen nach russischen Erfahrungen eine größere Krankheitsresistenz auf als der Teichkarpfen. Ein geeignetes praktisches Verfahren zur Vorbeugung ist der Wechsel der Teichbewirtschaftung mit Satz- und Speisekarpfen (Herms & Schlotfeldt 1999). Dabei wird davon ausgegangen, dass sich die Erreger der SBE im Darm von Tubificiden vermehren. Da diese Würmer von Karpfenbrut nicht so stark gefressen werden, kommt es in den Brutstreckteichen zu einer erheblichen Vermehrung der Erreger, während in Speisefischteichen eine Reduzierung der Tubificiden erfolgt und damit der Parasitenvermehrung entgegen gewirkt wird. Über Fischeier wird die Krankheit nicht übertragen, weswegen es zweckmäßig ist, jeden Kontakt zwischen Laichfischen und Eiern zu vermeiden.

14.4 Wurmkrankheiten (Helminthosen)

Dactylogyrus-Befall

Verschiedene Arten von monogenen Saugwürmern der Gattung *Dactylogyrus* kommen auf den Kiemen des Karpfens vor und verursachen hier die Kiemenwurmkrankheit. Die Trematoden zeichnen sich durch einen vierzipfligen Kopf aus, auf dem 4 Augenpunkte zu erkennen sind. Zur Festheftung dient eine Haftscheibe mit 2 Mittelhaken und mehreren Randhaken am Hinterende des Körpers. Alle Angehörigen der Gattung *Dactylogyrus* vermehren sich durch Ablage von Eiern (Abb. 98), aus denen zunächst Larven entstehen, die sich wieder auf dem Fisch anheften und zu den Kiemen wandern.

Abb. 98: Ei des Saugwurms *Dactylogyrus vastator* (Foto: W. STEFFENS).

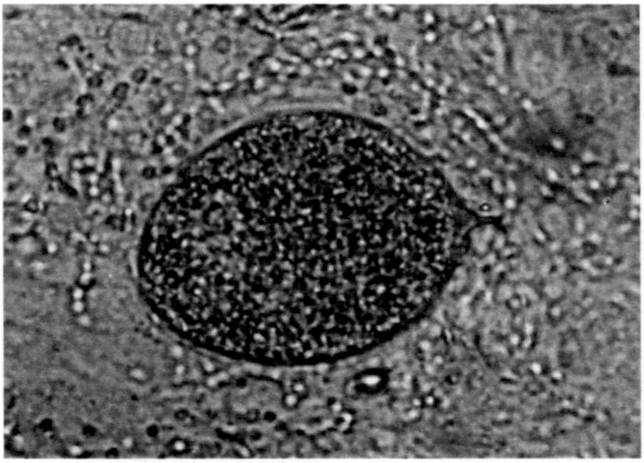

Bei der Kiemenwurmkrankheit handelt es sich um eine ausgesprochene Brutkrankheit, die beim Karpfen hauptsächlich durch *D. vastator*, die in unseren Teichwirtschaften wohl häufigste Art, hervorgerufen wird (Abb. 99). Diese Trematode hat eine Länge bis 1mm und eine Körperbreite von 50 bis 160µm. Sie kommt in einzelnen Exemplaren auf fast jedem Fisch vor, ohne Schaden zu verursachen. Gefährlich wird sie bei Karpfenbrut, die durch Nahrungsmangel geschwächt ist. Bei ihr sind die Kiemenblättchen dann oft massenhaft mit *Dactylogyrus* befallen, was durch eine graue Verfärbung der Kiemen und manchmal sogar durch ein Abspreizen der Kiemendeckel erkennbar ist und zu erheblichen Verlusten führen kann. Haben die kleinen Karpfen eine Größe von über 6cm erreicht, so sind sie nicht mehr durch diesen Parasiten gefährdet.

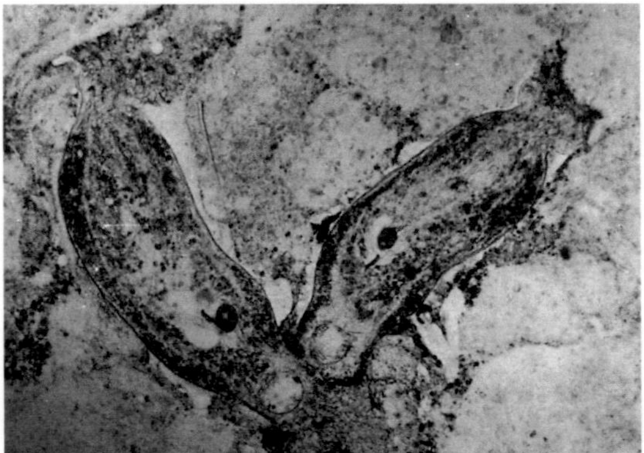

Abb. 99: Zwei Exemplare der monogenen Trematode *Dactylogyrus vastator* von den Kiemen eines Jungfisches (Foto: W. STEFFENS).

Im Allgemeinen eine geringere wirtschaftliche Bedeutung haben einige weitere auf dem Karpfen parasitierende *Dactylogyrus*-Arten, nämlich *D. anchoratus, D. extensus* und *D. minutus* (Abb. 100). *D. anchoratus* ist bis etwa 600µm lang und 100µm breit, *D. extensus* kann 2mm Länge und 300µm Breite erreichen, während *D. minutus* sehr klein ist und nur auf 500µm Länge und 100µm Breite kommt. *D. achmerovi* wurde von Karpfen in Ungarn beschrieben (MOLNAR 1976).

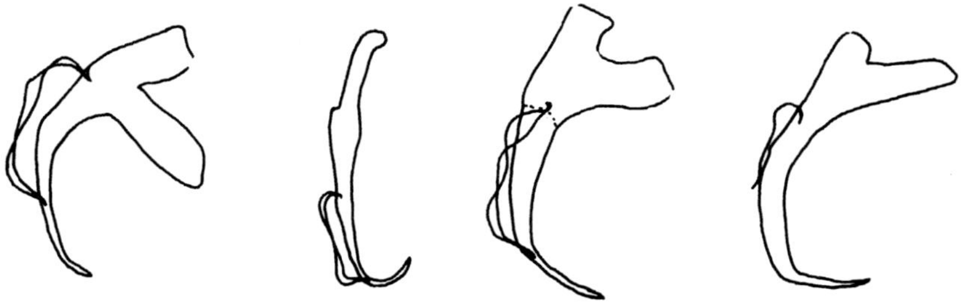

Abb. 100: Mittelhaken von *Dactylogyrus*-Arten des Karpfens. 1 *D. vastator*, 2 *D. anchoratus*, 3 *D. extensus*, 4 *D. minutus* (Zeichnung: W. STEFFENS).

Zur Verhütung der Kiemenwurmkrankheit werden die Laichkarpfen mit Kochsalz- oder Formaldehydbädern von *Dactylogyrus* befreit.

Kochsalzbad: 10 bis 15kg NaCl auf $1m^3$ Wasser; Badedauer: 5 bis 10 Min. (Kurzbad).

Formaldehydbad: 300 bis 400ml auf $1m^3$ Wasser; Badedauer: 30 Min. (Kurzbad).

Für die Brut ist es besonders wichtig, dass sie schnell, d.h. innerhalb von 4 Wochen, bei reichlichem Nahrungsangebot eine Größe von 5 bis 6cm erlangt, womit sie gegen *Dactylogyrus* widerstandsfähig wird.

Für Koi wird ein Dauerbad mit Mebendazol (75mg auf $1m^3$ Wasser, Badedauer 24 Std.) empfohlen (LECHLEITER 2000).

Gyrodactylus-Befall

Auch die artenreiche Gattung *Gyrodactylus* gehört zu den monogenen Trematoden. Diese Saugwürmer haben einen augenlosen zweizipfligen Kopf, an ihrem Hinterende befindet sich eine Haftscheibe, die mit einem Paar Mittelhaken und einer Reihe von Randhaken ausgerüstet ist. Alle *Gyrodactylus*-Arten sind lebendgebärend, unter günstigen Bedingungen kann ein Individuum innerhalb weniger Wochen Tausende von Nachkommen haben.

Bei Karpfen aus deutschen Teichwirtschaften sind von Haut, Flossen und Kiemen mehrere Spezies bekannt. Am häufigsten ist *G. katharineri,* eine relativ große Art von 0,7 bis 1,2mm Körperlänge und 150 bis 300µ*m* Körperbreite. *G. medius* ist mit 350 bis 500µm Länge und 70 bis 140µm Breite wesentlich kleiner. *G. cyprini* hat eine Körperlänge von 420 bis 900µm, eine Körperbreite von 70 bis 170µm und zeichnet sich durch besonders große Mittelhaken aus (Abb. 101). Weitere bei Karpfen in Deutschland festgestellte Arten sind *G. shulmani, G. stankovici, G. kherulensis* und *G. procerus* (LUX 1990). Die genannten Parasiten ernähren sich vom Fischepithel und können bei starkem Befall die Oberhaut und das Kiemengewebe der Karpfen zerstören. In größerer Zahl treten sie meist nur nach vorhergehenden Schwächungen der Fische auf. Vor, während und unmittelbar nach der Laichzeit scheint das Entwicklungsoptimum zu liegen. Bei höherer Temperatur vermehrte sich *G. katharineri* auf Schuppenkarpfen sehr intensiv, während schuppenarme Fische dagegen einige Tage nach der Infektion parasitenfrei waren (Gelnar 1987).

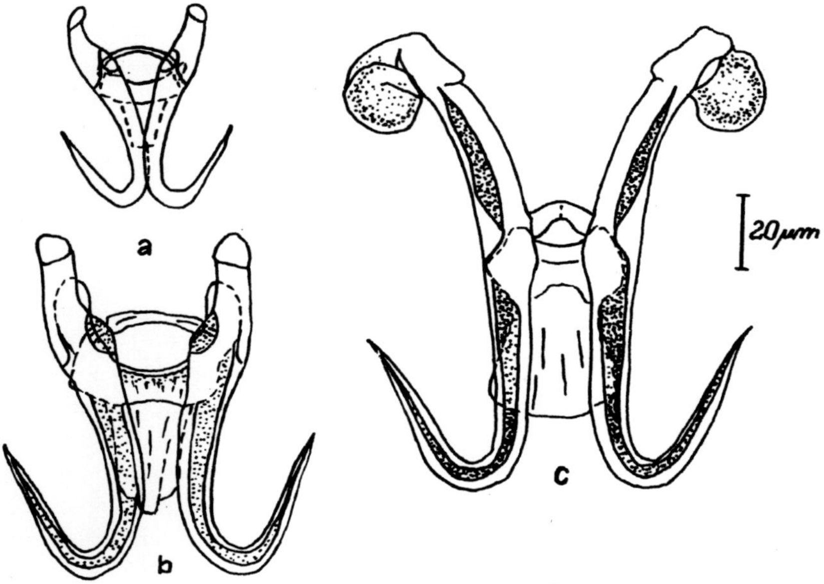

Abb. 101: Mittelhaken von *Gyrodactylus medius* (a), *G. katharineri* (b) und *G. cyprini* (c) im gleichen Maßstab (Zeichnung: W. Steffens).

In erster Linie auf den Kiemen des Karpfens lebt *G. sprostonae* (Abb. 102). Diese Art hat eine Körperlänge von 300 bis 420µm und eine maximale Breite von 70 bis 100µm. Sie verletzt bei ihren Bewegungen das Kiemenepithel des Karpfens, wodurch es zu Wucherungen, übermäßiger Schleimabsonderung und schließlich zu Atemnot und Erstickung des Fisches kommen kann. Massenbefall, verbunden mit nicht unerheblichen Verlusten, wurde in den Monaten Juni bis Oktober bei zwei- und dreisömmerigen Karpfen in Streck- und Abwachsteichen sowie in Hältern beobachtet. Bei einem schwer erkrankten Speisekarpfen ließ sich eine Gesamtzahl von über 400.000 Parasiten berechnen (Mattheis & Gläser 1970).

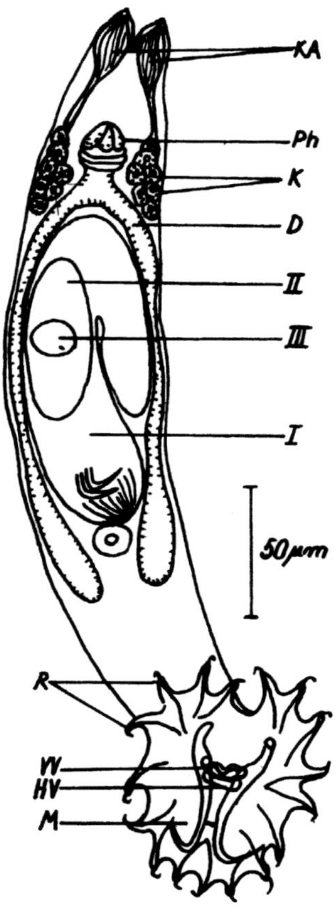

Abb. 102: *Gyrodactylus sprostonae.* D Darm, HV hinteres Verbindungsstück der Mittelhaken, K Klebdrüsenzellen, KA Ausführgänge der Klebdrüsen, M Mittelhaken, R Randhaken, VV vorderes Verbindungsstück der Mittelhaken, I, II, III Embryo der 1., 2. und 3. Generation (Zeichnung: W. Steffens).

Zur Prophylaxe und Therapie des *Gyrodactylus*-Befalls können bei Laichkarpfen und, falls nötig und möglich, auch anderen befallenen Altersstadien, Bäder mit Kochsalz oder besser noch mit Formaldehyd angewandt werden (vgl. Therapie des *Dactylogyrus*-Befalls). Der Einsatz von Natriumperkarbonat hat sich ebenfalls bewährt (Buchmann & Kristensson 2003).

Befall mit *Diplozoon*

Diese monogene Trematode soll hier nur wegen ihrer interessanten Biologie erwähnt werden, als Krankheitserreger beim Karpfen ist sie unbedeutend. Innerhalb der Gattung *Diplozoon* gibt es zahlreiche Arten, die sehr wirtsspezifisch sind. Von Karpfenkiemen ist *D. nipponicum* beschrieben worden. Die Parasiten entwickeln sich aus Eiern, die zunächst freischwimmenden Larven setzen sich auf dem Fisch fest. Mit dem Eintritt der Geschlechtsreife kommt es zum Verwachsen von zwei Exemplaren, die sich mit ihrem Rückenzapfen und ihrem Bauchsaugnapf wechselseitig aneinander heften. Auf diese Weise entsteht die bekannte Form des Doppeltiers. Abb. 103 zeigt ein Doppeltier von den Kiemen eines Wildkarpfens aus dem Velencer See in Ungarn.

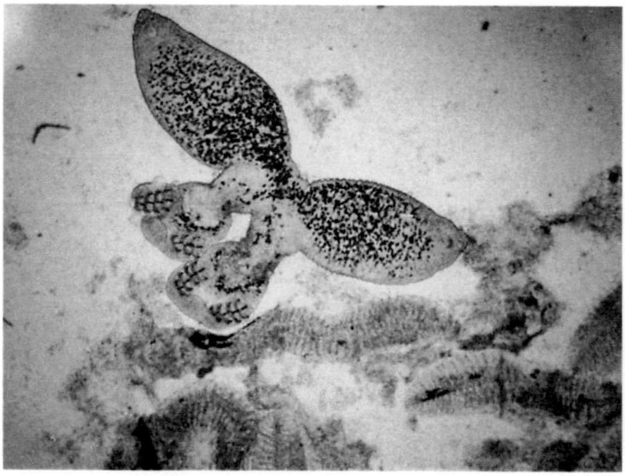

Abb. 103: Das Doppeltierchen *Diplozoon* sp. von den Kiemen eines Wildkarpfens aus Ungarn (Foto: W. STEFFENS).

Befall mit Larven von *Diplostomum spathaceum*

D. spathaceum ist ein Saugwurm (digene Trematode), der als geschlechtsreifes Tier im Darm von verschiedenen fischfressenden Vögeln (Möwen, Seeschwalben) lebt. Mit dem Kot des Endwirtes gelangen die Eier des Parasiten ins Wasser. Hier schlüpfen aus ihnen freischwimmende Wimperlarven (Miracidien), die nach kurzer Zeit in Wasserschnecken, den ersten Zwischenwirt, eindringen. In der Leber der Schnecken erfolgt eine Weiterentwicklung zu Sporocysten. Aus diesen entstehen dann die fischparasitären Cercarien. Diese verlassen die Schnecken, schwärmen bis zu zwei Tagen im Wasser umher und dringen, wenn sich die Gelegenheit dazu bietet, über Haut oder Kiemen in Fische (den zweiten Zwischenwirt) ein. Dabei wird der vorher vorhandene Gabelschwanz abgeworfen. Im Fischinneren setzt eine zielgerichtete Wanderung in die Augenlinse ein, wo es zum letzten Larvenstadium, der etwa 0,4mm langen Metacercarie kommt (Abb. 104). Wird ein befallener Fisch von einem Vogel gefressen, so entsteht in dessen Darm aus der Metacercarie der geschlechtsreife Wurm, und der Kreislauf schließt sich.

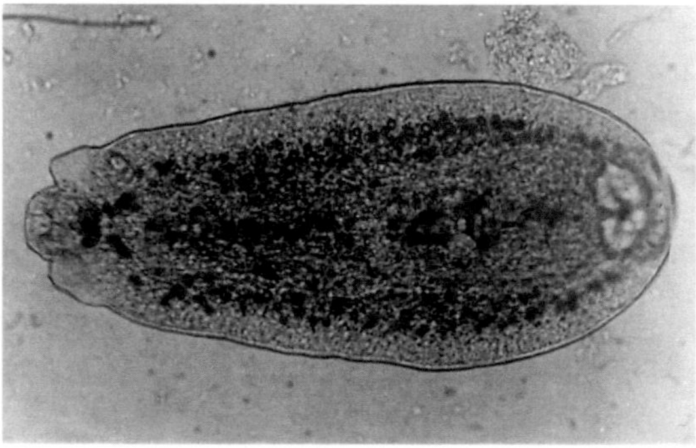

Abb. 104: Larvenstadium von *Diplostomum spathaceum* aus dem Auge eines Karpfens (Foto: W. STEFFENS).

Bei Karpfenbrut sind wiederholt stärkere Verluste festgestellt worden, die auf das Eindringen großer Mengen von Cercarien zurückzuführen waren. SASSMANN (1964) konnte beobachten, dass die Gabelschwanzcercarien in den Sommermonaten bis August die Schnecken verlassen. Kleine Karpfen von 10 bis 15mm Länge können bereits innerhalb weniger Stunden eingehen, wenn sie mit befallenen Wasserschnecken zusammen gehalten werden. Lediglich wenige Cercarien erreichen beim Karpfen allerdings die Linse, so dass die beispielsweise bei Quappen oder Forellen häufig auftretende Augentrübung (Wurmstar), die vielfach zur Erblindung der Fische führt, selten oder nur in geringerem Ausmaß vorkommt. Größere Karpfen sind offensichtlich weniger empfindlich gegen das Eindringen von *Diplostomum*-Cercarien. Zur Verhütung von Brutverlusten durch diese Parasiten muss der Entwicklungskreislauf des Saugwurms unterbrochen werden. Das ist in den Teichen, die mit Karpfenbrut besetzt werden, am ehesten durch Vernichtung der Wasserschnecken möglich.

Befall mit Larven von *Posthodiplostomum cuticola*

P. cuticola, der Erreger der Schwarzfleckenkrankheit, ist ebenfalls eine digene Trematode. Der Entwicklungsgang dieses Parasiten ist ähnlich wie der von *Diplostomum spathaceum* (DÖNGES 1964). Die geschlechtsreifen Würmer leben in fischfressenden Vögeln (besonders Reihern). Aus den mit dem Kot ins Wasser kommenden Eiern entwickeln sich bei Wassertemperaturen über 10°C Larven, die in die Wasserschnecke *Planorbis planorbis,* den ersten Zwischenwirt, eindringen. Im Fisch, dem zweiten Zwischenwirt, lokalisieren sich die Metacercarien in Haut und Flossen und rufen hier durch Melanophorenkonzentration die für die Krankheit typischen schwarzen Flecken hervor. Das Temperaturoptimum für die Entwicklung von *P. cuticola* liegt zwischen 24 und 28°C. Aus den südlichen Gebieten Russlands sind verlustreiche Erkrankungen bei jungen Karpfen in Teichen und natürlichen Gewässern durch die Larven dieses Saugwurmes bekannt geworden. In Deutschland kommt der Parasit beim Karpfen gelegentlich vor. Eine Bekämpfung ist durch Vernichtung der Schnecken denkbar.

Befall mit Larven von *Bucephalus polymorphus*

B. polymorphus lebt als geschlechtsreifer Wurm in Zandern. Als erster Zwischenwirt dient die Wander- oder Dreikantmuschel (*Dreissena polymorpha*), in der sich die Sporocysten und Gabelschwanzcercarien des Parasiten entwickeln. Der Karpfen und andere Cypriniden sind die zweiten Zwischenwirte, wo sich die Metacercarien vor allem in Haut, Flossen und Kiemen encystieren. Zu einem starken und mit Verlusten verbundenem Befall mit Metacercarien von *B. polymorphus* kam es im Juni 1984 im Main (HOFFMANN et al. 1990).

Befall mit *Sanguinicola inermis*

Die digene Trematode *S. inermis* ist der Erreger der Blutwurmkrankheit. Der Parasit hat keine Saugnäpfe und kommt als geschlechtsreifer Wurm von etwa 1mm Länge im Blutgefäßsystem des Karpfens vor. Die abgelegten Eier gelangen mit dem Blutstrom in zahlreiche Organe und unter anderem in die Kiemen. Viele Parasiten befinden sich auch während der Eiablage selbst in den Kiemengefäßen. Aus den Eiern schlüpfen Miracidien, die sich nach außen durchbohren. Ihre weitere Entwicklung erfolgt in Wasserschnecken verschiedener Arten über Sporocysten bis zu Gabelschwanzcercarien, die die Zwischenwirte verlassen und wiederum in Fische eindringen.

Schäden entstehen vor allem bei Karpfen während des ersten Lebenssommers (Juli/August), wenn die Eier so zahlreich in den Kiemengefäßen auftreten, dass sich die Kapillaren verstopfen. Dadurch kann es zu Wachstumsverzögerungen und umfangreichen Fischsterben kommen. Die Kiemenschädigungen begünstigen ferner einen sekundären Befall mit anderen Ektoparasiten (Sassmann 1965). Eine Invasion der Karpfen mit *Sanguinicola* lässt sich in der Teichwirtschaft durch Bekämpfung der Wasserschnecken verhindern bzw. auf ein geringes Maß beschränken.

Befall mit Caryophyllaeidae

Zu dieser Familie gehören u.a. die primitiven, ungegliederten Bandwürmer *Caryophyllaeus fimbriceps, C. laticeps, Caryophyllaeides fennica* und *Khawia sinensis* (Reimer 2004). Sie leben als geschlechtsreife Tiere im Karpfendarm, an dessen Wandung sie sich mit ihrem Kopf festheften. Bei stärkerem Befall kann es dabei zu ernsthaften Schädigungen des Darmepithels und hohen Verlusten unter den Karpfen kommen. Aus den Eiern der Würmer, die von Oligochaeten (z.B. *Tubifex* sp.) aufgenommen werden, entwickeln sich Larven, die mit den Zwischenwirten dann in den Karpfen gelangen und hier zum geschlechtsreifen Wurm heranwachsen.

C. fimbriceps, der häufigste Nelkenkopfbandwurm beim Karpfen, wird 1,5 bis 2,5cm lang. Seine bis 2mm großen Larven nimmt der Karpfen meist im Frühjahr mit Tubificiden auf. Der stärkste Befall mit den geschlechtsreifen Würmern ist im Mai und Juni festzustellen. Einzelne Karpfen können mehrere hundert Parasiten beherbergen, an denen vor allem jüngere Tiere vielfach zugrunde gehen.

Seit einer Reihe von Jahren findet sich beim Karpfen im mitteleuropäischen Raum auch *Khawia sinensis,* deren ursprüngliche Heimat das Amurgebiet ist und die gefährlicher als *C. fimbriceps* einzuschätzen ist (Mattheis & Spangenberg 1974). *Khawia sinensis* kann eine Länge von 15cm und eine Breite von 4mm erreichen (Abb. 105 und 106). Auch bei dieser Art liegt die höchste

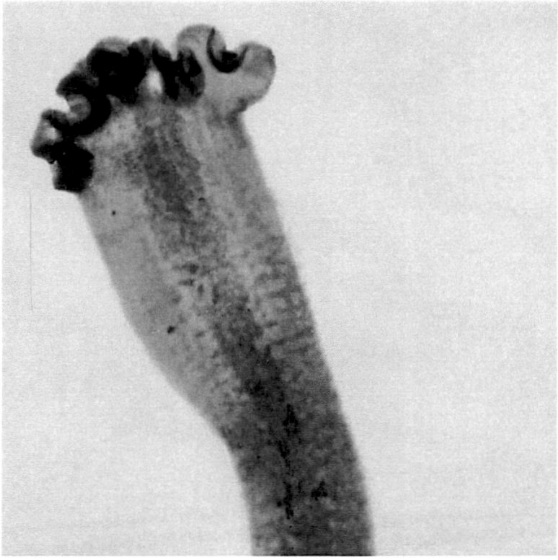

Abb. 105: Kopf von *Khawia sinensis* aus dem Darm eines Karpfens (Foto: TH. MATTHEIS).

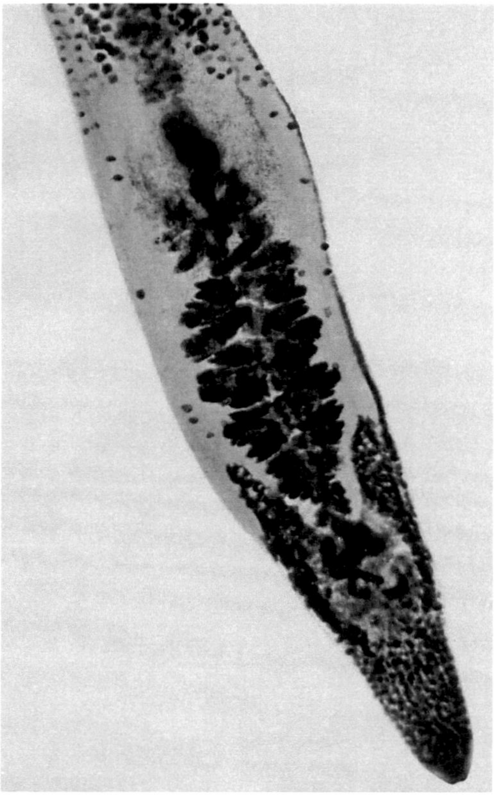

Abb. 106: Hinterende von *Khawia sinensis* mit dem typischen Genitalkomplex (Foto: TH. MATTHEIS).

Intensität des Befalls im Mai und Juni, ab August beginnen die adulten Würmer abzusterben. In den Sommermonaten erreicht der Wurm nach 15 Tagen im Karpfen die Geschlechtsreife und verlässt nach etwa 25 Tagen den Fischdarm. Die Lebensdauer der adulten Würmer, die überwintern, kann 6 bis 7 Monate währen. Besonders gefährdet sind einsömmerige Fische. Die Befallsextensität kann 0,5 bis 0,9, die Befallsintensität bis 300 Parasiten betragen. Zweisömmerige Karpfen, die 60 Parasiten enthielten, wuchsen schlechter als nicht befallene Fische und hatten im Verlauf von 2 Monaten 15% Verluste.

Der relativ kleine und nur 0,7 bis 1,5cm lange Nelkenkopfbandwurm *Atractolytocestus huronensis* wurde 2001 in Ungarn festgestellt und 2003 erstmals auch in Sachsen nachgewiesen (Bräuer 2004). Die Infektion mit diesem Parasiten erfolgt schon bei der Karpfenbrut, die Würmer finden sich vor allem im vorderen Abschnitt des Darms. Hier rufen sie Schädigungen der Schleimhaut hervor, bei starkem Befall kann das zum Tod der Fische führen.

Zur Vorbeugung gegen das Auftreten von Caryophyllaeiden müssen Fischimporte auf nicht fressfähige Brut beschränkt werden. Die Eier und Zwischenwirte (Tubificiden) sind durch sorgfältiges Trockenlegen der Teiche über Winter und Desinfektion mit Branntkalk (10t/ha) zu vernichten. Befallene Fische sind mit Anthelminthika zu behandeln, die bei richtiger Anwendung guten Erfolg versprechen.

Befall mit *Bothriocephalus acheilognathi*

B. acheilognathi stammt ebenso wie *Khawia sinensis* aus dem Amurgebiet und hat sich mit dem Graskarpfen (*Ctenopharyngodon idella*) nach dem Westen ausgebreitet. Heute ist die Art bereits in Mitteleuropa zu finden, mit einer weiteren Verschleppung muss gerechnet werden. Der gegliederte Bandwurm kann eine Länge von 15 bis 20cm und darüber (bis 30cm) erreichen, die Körperbreite beträgt 2,5 bis 3,5mm. Der Kopf ist herzförmig und hat 2 Saugnäpfe (Abb. 107). Neben dem Karpfen werden zahlreiche andere Fischarten befallen. Aus den Eiern des Bandwurmes schlüpfen Wimperlarven (Coracidien), die sich in Hüpferlingen (Copepoden) zum Procercoid entwickeln. Dieses wird mit den Nährtieren vom Fisch aufgenommen, in dessen Darm dann der geschlechtsreife Parasit entsteht.

B. acheilognathi ist wärmeliebend (Optimaltemperatur: 25°C) und gilt insbesondere für einsömmerige Karpfen als außerordentlich gefährlicher Schmarotzer. Die Extensität des Befalles kann bis 0,98 gehen, die Intensität kann 50 bis 60 Parasiten/Fisch, in extremen Fällen auch weit über 1.000 erreichen. Der stärkste Befall ist bei den Jungkarpfen von Juni bis August zu beobachten. Als Folge der durch die Würmer bedingten Darmentzündung bleiben stark invadierte Fische im Wachstum zurück. Zu Verlusten kommt es vor allem oft im Winter.

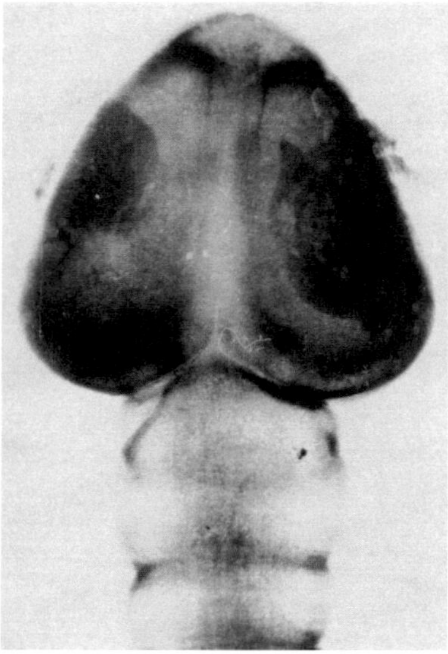

Abb. 107: Kopf von *Bothriocephalus acheilognathi* (Foto: K. Schreckenbach).

Zur Prophylaxe und Therapie des *Bothriocephalus*-Befalls beim Karpfen gilt im Prinzip das, was schon bei der Behandlung von *Khawia sinensis* ausgeführt wurde. Die Eier des Bandwurms lassen sich am Teichboden mit Branntkalk abtöten. Befallene Fische müssen mit Anthelminthika behandelt werden.

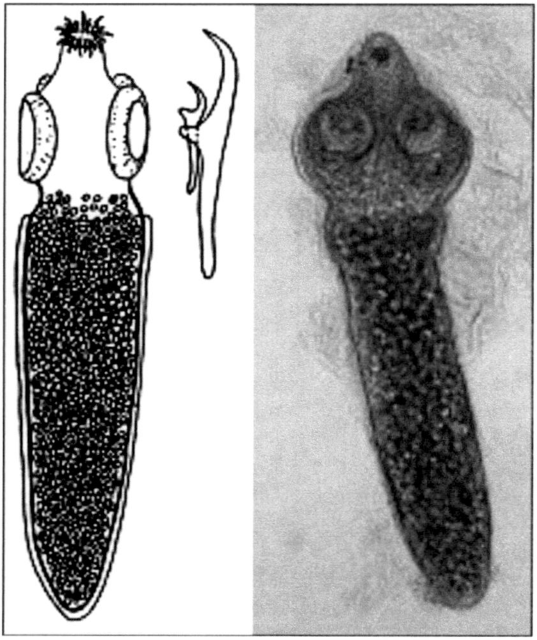

Abb. 108: *Valipora campylancristrota* (Foto und Zeichnung: Th. Seifert).

Befall mit Larven von Dilepididae

Seit 2002 sind bei Karpfen in mitteleuropäischen Teichwirtschaften vermehrt Metacestoden aus der Bandwurmfamilie der Dilepididae festgestellt worden

(Seifert et al. 2004). Von diesen Parasiten ist aus Osteuropa und Russland bekannt, dass sie bei Massenbefall hohe Fischverluste hervorrufen können. Für die Teichwirtschaft sind folgende Arten von Bedeutung: *Valipora campylancristrota, Neogryporhynchus cheilancristrotus* und *Paradilepis scolecina* (Abb. 108 bis 110).

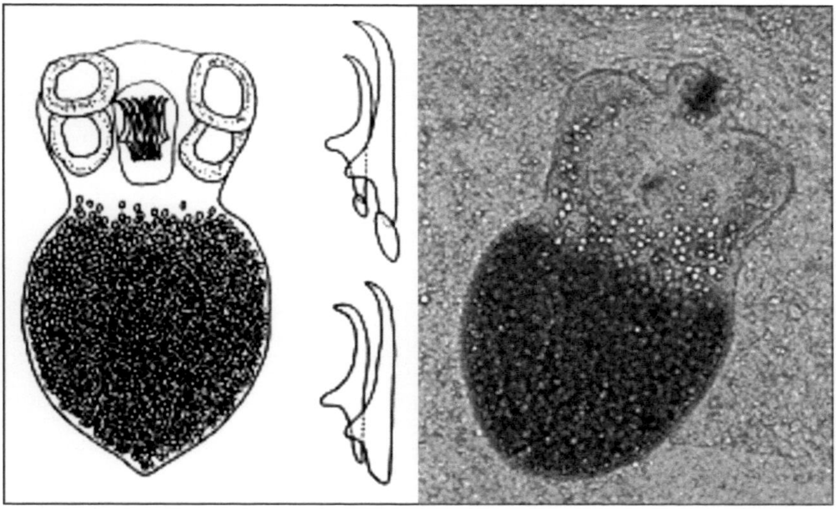

Abb. 109: *Neogryporhynchus cheilancristrotus* (Foto und Zeichnung: Th. Seifert).

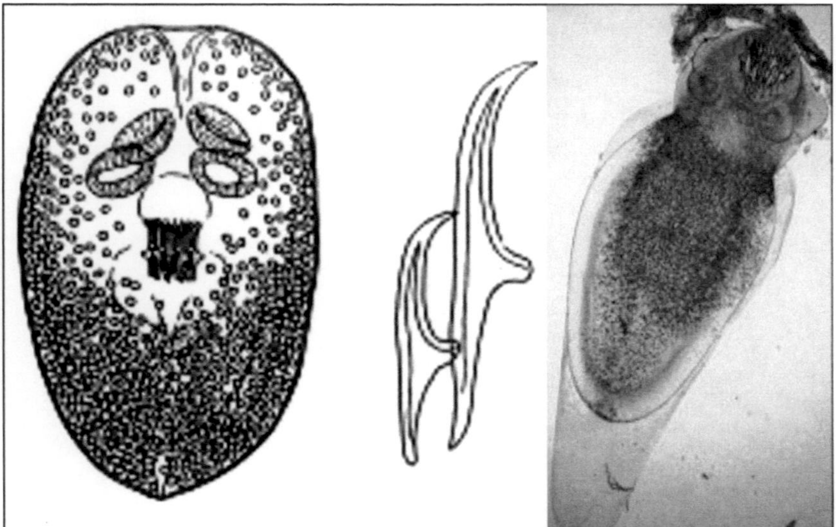

Abb. 110: *Paradilepis scolecina* (Foto und Zeichnung: Th. Seifert).

Die Lebenszyklen dieser drei Bandwurmarten verlaufen ähnlich. Aus freischwimmenden Coracidien entwickeln sich Cercoscolexlarven in Crustaceen (erster Zwischenwirt). Werden diese vom Karpfen oder anderen Fischarten (zweiter Zwischenwirt) gefressen, entsteht im Fisch die Plerocercuslarve. Endwirte des Parasiten sind Reiher und Kormoran. Beim Karpfen ist *V. campylancristrota* vor allem in der Gallenblase und im Vorderdarm, *N. cheilancristrotus* im Vorderdarm und *P. scolecina* in den serösen Häuten in der Umgebung von Gallenblase und Darm zu finden. Die Larven sind etwa 0,5mm groß. Das verstärkte Auftreten der Larven dieser Bandwürmer beim Karpfen dürfte mit der Zunahme der Populationen fischfressender Vögel in Zusammenhang stehen.

Befall mit *Philometroides lusiana*

Bei der zur Familie der Dracunculidae gehörenden Nematode *Ph. lusiana* handelt es sich um einen Parasiten, dessen ursprüngliche Heimat im Fernen Osten liegt. Die Art kommt nur beim Karpfen vor und ist heute bereits in weiten Gebieten Russlands verbreitet. Die durch diesen Fadenwurm verursachten wirtschaftlichen Schäden können beträchtlich sein. Besonders gefährdet sind offensichtlich Schuppenkarpfen.

Ph. lusiana ist zweigeschlechtlich. Die Weibchen erreichen eine Länge von 16cm und eine Breite von 1mm und sind rot gefärbt. Sie sitzen unter den Schuppen oder der Haut der Karpfen, meist in der vorderen Körperhälfte und im Bereich der Brustflossen. Das Hinterteil der Weibchen ragt aus dem Fisch heraus. Im Frühjahr, bei Wassertemperaturen über 17°C, entlassen die weiblichen Würmer kleine Larven, die von Copepoden aufgenommen werden und sich in deren Leibeshöhle weiterentwickeln. Wenn Karpfen invadierte Hüpferlinge gefressen haben, wandern die Parasiten durch die Darmwand der Fische in die Leibeshöhle. Hier erfolgt die geschlechtliche Differenzierung und auch die Befruchtung. Die kleineren Männchen (3 bis 4mm Länge) dringen in die Schwimmblase ein, wo sie mehrere Jahre leben bleiben können. Dabei kommt es insbesondere bei jüngeren Karpfen zu Zerstörungen der Schwimmblasenwand. 5 bis 9 männliche Parasiten können im ersten Sommer schon zum Tod führen. Die Weibchen erreichen ab Spätsommer ihren endgültigen Sitz unter den Schuppen bzw. der Haut, wo sie bis zum folgenden Frühjahr zu finden sind. Bei zweisömmerigen Karpfen können 30 Parasiten/Fisch zu Verlusten führen. Speisekarpfen mit Parasitenbefall sind nicht absetzbar.

Die Bekämpfung von *Ph. lusiana* ist schwierig. Grundsätzlich dürfen Karpfen unterschiedlichen Alters nicht gemeinsam aufgezogen werden. Fische, die äußerlich sichtbar befallen sind, müssen vernichtet werden, ehe die weiblichen Würmer die Larven absetzen können. An Laichkarpfen können auch geeignete Medikamente peroral verabreicht werden.

Befall mit *Neoechinorhynchus rutili*

N. rutili ist ein Kratzer (Acanthocephale), der neben anderen Fischarten auch den Karpfen befallen kann. Er parasitiert als geschlechtsreifer Wurm im Fischdarm. Die Männchen sind 0,5 bis 8mm, die Weibchen 0,5 bis 16mm lang. Der sehr kurze Rüssel weist 3 x 6 Haken auf, mit denen sich der Parasit festheftet. Primär kommt es dadurch zu Darmentzündungen, sekundär sind bakterielle Infektionen möglich. In zweisömmerigen Karpfen konnten über 100 Kratzer gezählt werden. Aus den Eiern von *N. rutili,* die mit dem Fischkot ins Wasser kommen, entwickeln sich Larven. Als Zwischenwirt fungiert die Schlammfliegenlarve *Sialis flavilatera.*

Die Bekämpfung des Kratzers kann durch Unterbrechung des Entwicklungszyklus (Vernichtung der *Sialis*-Larven im Teich) oder im Karpfen selbst mittels Anthelminthika erfolgen.

Befall mit Fischegeln

Nicht selten sind auf dem Karpfen Fischegel zu finden. Es handelt sich dabei üblicherweise um die Art *Piscicola geometra,* die auch andere Fische befallen kann (Abb. 93). Sie ist meist 1 bis 4cm lang und hat einen vorderen Saugnapf mit 4 und einen hinteren Saugnapf mit 14 Augenpunkten. Die Fortbewegung auf dem befallenen Fisch geschieht spannerraupenartig. Die Vermehrung erfolgt durch Eier, die in Kokons abgelegt werden. Die Lebensdauer des Wurmes wird mit 7 bis 10 Monaten angegeben. Einzelne Fischegel schädigen den größeren Karpfen nicht nennenswert. Starker Befall, insbesondere bei kleineren Fischen, führt zur Beunruhigung. Durch die Saugtätigkeit der Egel kann es zu Anämie kommen. Schließlich können die Würmer auch *Trypanosoma,* Bakterien oder Viren übertragen. Die Egel können mehrere Monate ohne Fische leben und hungern.

Starker Egelbefall weist auf schlechte sanitärhygienische Verhältnisse im Teich hin. Er lässt sich durch sorgfältige Trockenlegung im Herbst und Desinfektion (Vernichtung der Eikokons) reduzieren. Auf den Karpfen können die Egel durch ein Ätzkalkbad beseitigt werden.

Ätzkalkbad: 2kg frisch gebrannter Kalk auf $1m^3$ Wasser; Eintauchdauer: 5 Sek. (Tauchbad).

Auch die Anwendung von Kochsalz ist möglich.

Kochsalzbad: 5 bis 10kg NaCl, je nach Fischgröße, auf $1m^3$ Wasser; Badedauer: 60 Min.

14.5 Befall mit parasitären Krebsen

Befall mit Karpfenläusen

Die Karpfenläuse haben mit den menschlichen Läusen nichts zu tun. Sie sind als Ektoparasiten mit bloßem Auge leicht auf Haut und Flossen zu erkennen. In Deutschland kommen beim Karpfen zwei Arten vor: *Argulus foliaceus* und *A. pellucidus* (Abb. 111). Sie sind recht einfach an folgenden Merkmalen zu unterscheiden:

A. foliaceus: Paarige Hinterlappen der Schwanzflosse breit abgerundet, Carapax bedeckt das 4. Beinpaar nicht.

A. pellucidus: Paarige Hinterlappen der Schwanzflosse winklig zugeschnitten, Carapax bedeckt das 4. Beinpaar.

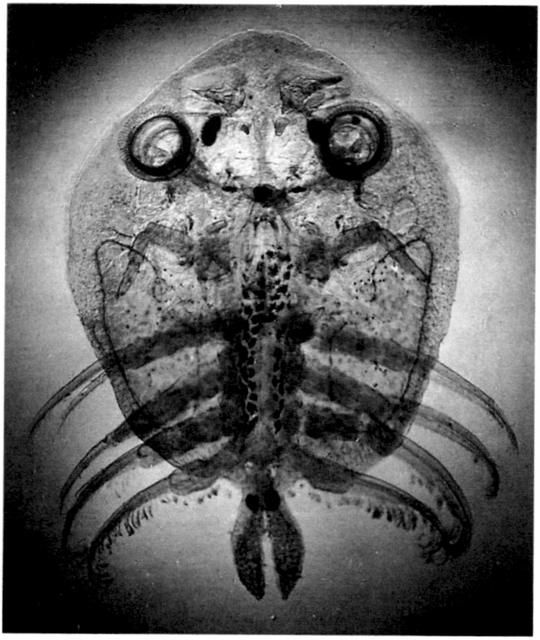

Abb. 111: Die Karpfenlaus *Argulus pellucidus* (Foto: W. STEFFENS).

Die Karpfenläuse werden 7 bis 8mm groß und tragen einen stark abgeflachten Panzer. Die vorderen Kieferfüße sind mit Saugnäpfen ausgestattet. Zwischen den Augen sitzt ein Giftstachel, mit dem die Fischhaut durchbohrt wird. Die Karpfenläuse ernähren sich von Blut und Gewebesaft. Sie vermehren sich durch Eier und durchlaufen verschiedene Larvenstadien. Umfangreiche Invasionen treten vor allem bei höheren Wassertemperaturen auf, die optimale Entwicklungstemperatur des Parasiten liegt zwischen 25 und 28°C. Kleine Karpfen können durch einen stärkeren *Argulus*-Befall erheblich geschädigt werden und daran eingehen. Für einsömmerige Fische sind eventuell schon 20 Parasiten tödlich. Größere Karpfen werden beunruhigt. Außerdem ist damit zu rechnen, dass die Karpfenläuse Überträger von Infektionskrankheiten sind.

Für die Bekämpfung der Karpfenläuse sind die gleichen Grundsätze und Maßnahmen anzuwenden, wie sie für die Vernichtung der Fischegel genannt wurden. Auch die Anwendung eines Kaliumpermanganatbades ist möglich.

Kaliumpermanganatbad: 10g $KmnO_4$ auf $1m^3$ Wasser; Badedauer:

30 bis 45 Min. (Kurzbad).

Befall mit *Lernaea elegans*

Bei diesem Schmarotzer handelt es sich um einen parasitären Copepoden. Die geschlechtsreifen Weibchen sind etwa 15mm lang und sitzen mit ihrem Vorderende in der Fischmuskulatur, während das Hinterende mit seinen 2 Eiersäckchen aus der Haut herausragt. Die Entwicklung verläuft ohne Wirtswechsel über verschiedene Larvenstadien. Die Männchen führen eine freie Lebensweise. Nach der Besamung der Weibchen im Cyclopoid-Stadium gehen sie ein, während sich die Weibchen am Fisch anheften. *L. elegans* ist besonders häufig in wärmeren Gebieten (> 23°C) und hat z.B. in israelischen Teichwirtschaften in früheren Jahren erhebliche Verluste verursacht. Bei 28°C dauert der gesamte Entwicklungszyklus nur 17 Tage.

14.6 Umwelt- und erbbedingte Erkrankungen

Schädigungen und Sterben durch Sauerstoffmangel

Wie jedes Lebewesen benötigt auch der Karpfen zur Atmung eine gewisse Menge Sauerstoff (vgl. Kapitel 5.5). Im Wasser herrschen insofern besondere Verhältnisse, als der Gehalt an gelöstem Sauerstoff mit zunehmender Temperatur abnimmt, der Sauerstoffbedarf des Fisches aber mit der Temperatur steigt. Enthält das Wasser weniger als 3,5mg/l Sauerstoff, so wird das Wohlbefinden der Karpfen gestört. Sie beginnen dabei zur Notatmung überzugehen, d.h., sie schnappen an der Wasseroberfläche nach Luft. Bei nur 0,5mg/l Sauerstoff sterben die Karpfen nach kurzer Zeit. Können sich die Karpfen aber langsam an niedrige Sauerstoffwerte gewöhnen, dann ist eine gewisse physiologische Anpassung an so niedrige Gehalte möglich, wie sie sonst bereits tödlich wären. Viele andere Fische (Forellen, Barsche, Hechte) sind im Vergleich zum Karpfen weit empfindlicher gegen sauerstoffarmes Wasser.

Zahlreiche Abwässer enthalten in reichem Maße fäulnisfähige Stoffe und sind daher stark sauerstoffzehrend (z.B. industrielle Abwässer aus Zuckerfabriken, Brauereien, Stärkefabriken, Zellstoffwerken, Molkereien sowie landwirtschaftliche und häusliche Abwässer). Sie können, wenn sie nicht ausreichend in Kläranlagen gereinigt worden sind, bei Einleitung in die Vorfluter Fischsterben verursachen und haben früher auch schon häufig in Teichwirtschaften größere Verluste an Karpfen hervorgerufen. Die Entwicklung der Fischeier wird durch Sauerstoffmangel ebenfalls beeinträchtigt.

Schädigungen durch zu niedrige oder zu hohe pH-Werte

Schädigungen der Kiemen (Blutungen, Koagulation) treten beim Karpfen auf, wenn der pH-Wert des Wassers unter 5,5 sinkt. Bei Vorkommen von Eisen kann der Tod schon bei Werten von über 5 eintreten, sonst dürfte die letale Grenze im sauren Bereich zwischen 5 und 4,5 liegen. Höhere pH-Werte, wie sie in intensiv bewirtschafteten Teichen häufig vorkommen, sind für den Karpfen ebenfalls gefährlich. Als tödlich im alkalischen Bereich wurde ein pH-Wert von 10,8 ermittelt. Aber bereits Werte von 9 und 10 rufen Veränderungen an Kiemen und Flossen hervor und führen zu Erkrankungen der Fische. Die Kiemen schwellen dabei zunächst an und sondern verstärkt Schleim ab, es kommt zu Hyperämie und Blutaustritt in das Gewebe (Extravasation). Die Kiemen werden fleckig, und schließlich sterben die Spitzenpartien der Kiemenblättchen ab, so dass sich das Bild der Kiemennekrose ergibt.

PH-Wert- und Ammoniak-bedingte Kiemennekrose

Die Kiemennekrose (Branchionekrose) tritt insbesondere während des Frühjahrs in Teichen auf, wurde aber auch nicht selten im Spätsommer beobachtet. Oftmals sind vor allem einsömmerige Satzkarpfen (K_{1-2}) betroffen (Schreckenbach et al. 1975, Steffens 1999). Die Kiemennekrose ist keine ansteckende Krankheit, sondern wird durch ungünstige Umweltbedingungen hervorgerufen. Ursache sind hohe pH-Werte in Verbindung mit hohen Ammoniak-Konzentrationen (NH_3) im Wasser.

Die Krankheit äußert sich bei akutem Verlauf in einer Hell- oder Dunkelfärbung, es kann auch zu einer fleckigen Marmorierung der gesamten Körperoberfläche kommen. Typisch für die chronische Form der Kiemennekrose sind verstärkte Schleimsekretion, Schwellungen und Blutungen sowie sich daraus ergebende Gewebezerstörungen an den Kiemen der Fische. Die Nekrose der Kiemen ist in der Regel an einer Weißfärbung erkennbar. Stark geschädigte Kiemenblättchen können dann abgestoßen werden (Abb. 112). Blutungen werden auch auf der Haut und an den Flossen beobachtet.

Die Fische sind häufig apathisch, konzentrieren sich an bestimmten Stellen im Teich und können bei länger andauernder Erkrankung erheblich abmagern. Im akuten Stadium treten auch Erhöhung der Atemfrequenz, krampfartige Zuckungen, Umherschießen und Störungen des Augendrehreflexes ein. Bei schweren Krankheitsfällen kann es zu hohen Verlusten von mehr als 50% des Bestandes kommen. Das wird oft erst sehr spät festgestellt, weil die Fische Bereiche des Teiches mit niedrigem pH-Wert aufsuchen. Wasseruntersuchungen bringen vielfach kein Resultat mehr, weil die Umstände, die zum Auftreten der Kiemennekrose geführt haben, bereits länger zurück liegen.

Da sich der prozentuale Gehalt an dem für Fische toxischen, undissoziierten (freien) NH_3 mit steigendem pH-Wert erhöht, ist ein bestimmter Ammoniumgehalt im Wasser um so gefährlicher, je höher der pH-Wert ist. Höhere pH-Werte und höhere Gehalte an freiem NH_3 im Wasser hemmen die NH_3-Diffusion aus dem Blut über die Kiemen in das Wasser und können sie schließlich vollständig blockieren oder den Diffusionsprozess sogar umkehren. Das führt zum Anstieg des NH_3-Gehaltes im Blut und löst die Kiemennekrose aus.

Abb. 112: Karpfen mit Symptomen der Kiemennekrose (Foto: K. SCHRECKENBACH).

Hohe pH-Werte von mehr als 9 und höhere Ammoniumgehalte treten vielfach im Frühjahr in Teichen auf, die nährstoffreiches Zuflusswasser erhalten und in denen es dann zu einer starken Phytoplanktonentwicklung kommt, wobei in erheblichem Umfang CO_2 verbraucht wird. Gut gepuffertes, kalkreiches Wasser kann einen gefährlichen Anstieg des pH-Wertes verhindern und damit der Kiemennekrose vorbeugen. Daher wird empfohlen, den Teichen vor oder während der Bespannung eine reichliche Grundkalkung (mindestens 1.000kg$CaCO_3$/ha) zu verabreichen und gegebenenfalls später noch häufiger portionsweise zu kalken (jeweils 100kg$CaCO_3$/ha). Auch das regelmäßige Entschlammen und Trockenlegen sind Maßnahmen, die zu einer Nährstoffentlastung beitragen können. Positive Auswirkungen haben unter Umständen die Belüftung der Teiche oder eine Verstärkung des Wasserzuflusses. Bei kritischen Umweltbedingungen sollte außerdem nur sehr vorsichtig gefüttert werden. In russischen und sächsischen Teichwirtschaften konnte in früheren Jahren eine Verlustsenkung durch Chlorkalkanwendung (dreimal/Woche 12kg/ha) konzentriert an den Futterstellen erreicht werden (MÜLLER & MERLA 1990).

Schädigungen durch Chlor

Leitungswasser, das freies Chlor enthält, kann sich insbesondere dann nachteilig auf Karpfen auswirken, wenn die Fische vorher in unbelastetem Wasser (Teich- oder Bachwasser) gelebt haben. Bei Temperaturen von 4 bis 5°C können 0,1 bis 0,2mg/l im Verlauf von mehreren Tagen zum Tod führen. Das Chlor lässt sich durch Zusatz von Natriumthiosulfat ($Na_2S_2O_5$) abbinden und damit für die Karpfen unschädlich machen. 100g Natriumthiosulfat sind ausreichend, um 5g freies Chlor schnell abzubinden.

Skelettmissbildungen

Nicht selten finden wir Karpfen mit Verkrüppelungen des Skeletts. Das kann eine Folge von früheren Erkrankungen oder Verletzungen sein, es kann sich aber auch um rachitische oder erblich bedingte Erscheinungen handeln. Besonders häufig sind Verkürzungen des Kiemendeckels, Verkrümmungen und Verkürzungen der Wirbelsäule (z.B. bei der Aischgründer Rasse) und Fehler am Flossenskelett, auf die bei Besprechung der verschiedenen Beschuppungsformen schon hingewiesen wurde. Auch Mopsköpfigkeit kann beobachtet werden.

15 Feinde des Karpfens

Säugetiere

Unter den Säugetieren muß der Fischotter (*Lutra lutra*) Erwähnung finden. Diese dem Leben am Wasser gut angepasste Marderart mit dem flachen stumpfen Kopf und dem glänzenden dunkelbraunen Fell kann bei starkem Auftreten in Teichwirtschaften erhebliche Verluste hervorrufen. Der Otter durchstreift größere Gebiete und kann vorzüglich schwimmen und tauchen. Seine Nahrung besteht aus Fischen, Krebsen und anderen Wassertieren. Oft verzehrt er nur Teile seiner Beute und lässt den Rest liegen.

Die Bisamratte (*Ondatra zibethica*) gehört an sich nicht in diese Aufstellung, denn sie ist in der Regel ein Pflanzenfresser und wird daher dem Karpfen nicht gefährlich, wenn auch gelegentlich bei einzelnen Bisamratten Fischreste im Verdauungskanal festgestellt werden konnten. 1905 wurde sie aus der Neuen Welt nach Böhmen eingeführt und hat sich seitdem schnell in Europa ausgebreitet. Für die Teichwirtschaft hat sie insofern unrühmliche Bedeutung erlangt, als sie ihre Röhren in Uferbauten anlegt und dadurch bei mangelnder Kontrolle zu Dammbrüchen Anlass geben kann. Gerät das Tier bei seinen Streifzügen im Wasser in Fischnetze, so werden diese bei den Befreiungsversuchen meist zerbissen.

Auch der Biber (*Castor fiber*) ist, wie die Bisamratte, ein Pflanzenfresser. Durch Wiedereinbürgerungs- und Fördermaßnahmen hat er sich in verschiedenen Gegenden Deutschlands, z.B. in Bayern, inzwischen so stark vermehrt und ausgebreitet, dass er in Teichgebieten schwere Schäden verursacht (Piwernetz 2002, 2003a, 2003b). Die Biber zerstören die Teichdämme dadurch, dass sie Röhren graben, und behindern den Zu- und Abfluss von Wasser durch ihre Dammbauten. Außerdem kommen die Karpfen in den Winterteichen durch die Schwimmaktivitäten des Bibers nicht zur Ruhe, was durch verstärkten Energieverbrauch zu Verlusten führen kann. Eine Ausbreitung des Bibers in Teichwirtschaftsgebieten muss daher aus Gründen des Landschaftsschutzes unbedingt vermieden werden.

Vögel

Graureiher (*Ardea cinerea*), Fischadler (*Pandion haliaetus*) und Gänsesäger (*Mergus merganser*) können vornehmlich in Teichwirtschaften bei starkem Auftreten schädlich werden. Die Reiher (Abb. 113) stehen oft stundenlang auf einer Stelle im seichten Wasser, um kleinere Karpfen und anderes Getier zu erbeuten, während der Fischadler im Sturzflug nach größeren Fischen in das Wasser taucht. Gänsesäger jagen die Karpfen im Teich vielfach in einem Verband unter Wasser. Die tägliche Nahrungsmenge des Graureihers liegt bei etwa 500g, die maximale Größe der aufgenommenen Fische beträgt 25cm und 300g (Creutz 1964). Wenn Graureiher und Gänsesäger ihre Beute nicht verschlingen können, da die Fische zu groß sind, führt das meist zu schwerwiegenden Verletzungen (Stichwunden und Hautschäden), die, wenn sie nicht den Tod zur Folge haben, die Fische schwächen und das Wachstum für längere Zeit beeinträchtigen. In natürlichen Gewässern fallen diese Vögel als Schädlinge weniger ins Gewicht.

Der Kormoran kommt in zwei Unterarten vor, *Phalacrocorax carbo carbo* lebt vor allem an Meeresküsten, während *Ph. carbo sinensis* die europäischen Binnengewässer bevorzugt. Für den Karpfen gefährlich ist in erster Linie die Festlandsform. Noch in der Mitte des 20. Jahrhunderts spielte der Kormoran

Abb. 113: Graureiher beim Verschlingen seiner Beute (Foto: H. Arnold).

im Binnenland praktisch keine Rolle. Erst aufgrund von Schutzmaßnahmen kam es nach 1980 zu einer geradezu explosionsartigen Erhöhung der Bestände und Ausbreitung in verschiedene Gebiete Europas, in denen der Vogel vorher überhaupt nicht vorkam. Nach Nestzählungen hat sich der Bestand in Europa bis 1990 auf etwa 53.000 Brutpaare und bis zum Jahr 2000 auf 107.000 Brutpaare erhöht. Von 1976 bis 1996 haben sich die Bestände mehr als verfünfzehnfacht, und heute kann in Europa mit einem Bestand von 2 Millionen Vögeln gerechnet werden (Steffens 2004a, 2005). Durch den Kormoran ist neben zahlreichen anderen Fischarten auch der Karpfen außerordentlich bedroht. Der Kormoran ist ein reiner Fischfresser und besitzt bei uns kaum natürliche Feinde. Die tägliche Nahrungsmenge beträgt etwa 500g. Die Vögel jagen gruppenweise unter Wasser, und insbesondere Karpfenteiche sind für sie ein optimales Jagdgebiet, aus dem die Beute nicht entkommen kann. Durch hohe Verluste bei ein- und zweisömmerigen Karpfen kann die Nutzung von Teichwirtschaften unrentabel werden und völlig zum Erliegen kommen. Zum Schutz der Fischbestände und der Fischerei wurden in zahlreichen Ländern der Bundesrepublik Deutschland Kormoranverordnungen erlassen, um übermäßige Schäden vermeiden zu können.

Fische

Unter den Fischen werden größere Barsche (*Perca fluviatilis*) und Zander (*Sander lucioperca*) den kleinen Karpfen gefährlich. Ältere Hechte (*Esox lucius*) und Welse (*Silurus glanis*) sind imstande, auch starke Fische zu bewältigen. Alle diese Raubfische haben natürlich in den Teichwirtschaften selten Gelegenheit, dem Karpfen nachzustellen.

Selbstverständlich ließe sich noch eine Vielzahl von Tierarten nennen, die in überwiegendem Maße oder gelegentlich Fische und daher auch Karpfen fressen. Vor allem die Brut ist vielen Gefahren ausgesetzt, ihr stellen sogar Wasserinsekten und ältere Artgenossen nach. In Vorstreckteichen machen unter anderem auch Frösche (z.B. *Rana esculenta*) erfolgreich Jagd auf Karpfenbrut. Im Magen eines Frosches sind nicht selten mehrere Stück Karpfenbrut zu finden. Wenn das natürliche Gleichgewicht nicht zu nachhaltig gestört ist, sorgt die starke Vermehrung des Karpfens aber im Allgemeinen dafür, dass genug Jungfische aufkommen, die die Erhaltung der Art sichern.

16 Literaturverzeichnis

Abdullajev, M. A. & B. **Chakberdiev** (1972): Karlikovyj sazan *Cyprinus carpio* L. ozer Chorezmskoj oblasti. – Vopr. Ichtiol. 12: 1114-1117.

Adumua-Bossmann, J. A. & G. **Keiz** (1971): Vergleichende Untersuchungen über Wachstum und morphologische Eigenschaften von reinrassigen Karpfen (*Cyprinus carpio* L.) und Goldgiebeln (*Carassius auratus gibelio* [Bloch]) sowie ihrer aus reziproken Kreuzungen hervorgegangenen Bastarde. – Veröff. Zool. Staatssamml. München 15: 203-307.

Ahne, W. (1980): *Rhabdovirus carpio*-Infektion beim Karpfen (*Cyprinus carpio*): Untersuchungen über die Reaktionen des Wirtsorganismus. – Fortschr. Veterinärmed. 30, 13. Kongressber.: 180-183.

Alami-Durante, H., N. **Charlon**, A.-M. **Escaffre** & P. **Bergot** (1991): Supplementation of artificial diets for common carp (*Cyprinus carpio*) larvae. – Aquaculture 93: 167-175.

Albrecht, M.-L. (1966): Das Hungervermögen des Karpfens (*Cyprinus carpio* L.). – Dtsch. Fischerei-Ztg. 13: 340-344.

Albrecht, M.-L. (1974): Untersuchungen zur Kälteadaptation von Warmwasserkarpfen (*Cyprinus carpio* L.). Z. Binnenfischerei DDR 21: 103-114.

Aliev, D. S. (1967): Morfologija segoletkov gibridov rastitel'nojadnych ryb. – Vopr. Ichtiol. 7: 191-194.

Alikunhi, K. H. (1966): Synopsis of biological data on common carp *Cyprinus carpio* (Linnaeus), 1758 (Asia and the Far East). – Rom, FAO Fish. Synopsis 31,1.

Anwand, K. (1973): Süßwasserfische als kalorienarme Kost. – Z. Binnenfischerei DDR 21: 23-26.

Arlinghaus, R. (2001): Anfüttern. – Carp Mirror Nr. 5: 38-42.

Arlinghaus, R. (2004): Angelfischerei in Deutschland – eine soziale und ökonomische Analyse. – Ber. Inst. für Gewässerökologie und Binnenfischerei 18: 1-160.

Arlinghaus, R. & T. **Mehner** (2001): Was unterscheidet auf Karpfen angelnde Boilieangler vom »Durchschnittsangler«? – Ergebnisse einer Befragung. – Carp Connect Nr. 9: 12-15, 64-67.

Arlinghaus, R. & T. **Mehner** (2003): Socio-economic characterisation of specialised common carp (*Cyprinus carpio* L.) anglers in Germany, and implications for inland fisheries management and eutrophication control. – Fisheries Res. 61: 19-33.

Arlinghaus, R. & J. **Meyer** (2000/2001): Wieso, Weshalb, Warum. Ein Bericht zur Nahrungsaufnahme, Ködergröße und Attraktivwirkung bei Karpfen. Teil 1-4. – Carp Connect Nr. 5: 25-29, Nr. 6: 15-19, Nr. 7: 45-49, Nr. 8: 51-56.

Arlinghaus, R. & M. **Niesar** (2005): Nutrient digestibility of angling groundbaits for carp (*Cyprinus carpio* L.) and implications of groundbaiting for recreational fisheries management. – Fisheries Management and Ecology 12: 91-97.

Askerov, T. A. (1975): Vyživaemost' i potreblenie kisloroda molod'ju kurinskogo sazana pri raznich usloviach soderžanija. – Gidrobiol. Ž. 11 (3): 76-77.

Bakos, J. (1973): Die Kreuzung des Karpfens mit pflanzenfressenden Fischen (ung.). – Halászad 1973 (4): 120-121.

Bakos, J., Z. **Krasznai** & T. **Márián** (1978): Cross-breeding experiments with carp, tench and Asian phytophagous cyprinids. – Aquacultura hungarica (Szarvas) 1: 51-57.

Ball, C., K. **Clifford** & T. **Paisley** (2000): A century of carp fishing. – Carptalk Enterprises, East Yorkshire, 336 S.

Balon, E. K. (1995): Origin and domestication of the wild carp, *Cyprinus carpio*: from Roman gourmets to the swimming flowers. – Aquaculture 129: 3-48.

Balon, E. K. (2004): About the oldest domesticates among fishes. – J. Fish Biol. 65 (Suppl. A): 1-27.

Bănărescu, P. (1960): Einige Fragen zur Herkunft und Verbreitung der Süßwasserfischfauna der europäisch-mediterranen Unterregion. – Arch. Hydrobiol. 57: 16-134.

Bănărescu, P., V. **Baruš** & M. **Peňáz** (2002): *Cyprinus* Linnaeus, 1758. In: **Bănărescu**, P. & H.-J. **Paepke** (Hrsg.): The Freshwater Fishes of Europe. Vol. 5/III, Cyprinidae 2, Part III and Gasterosteidae. – AULA-Verlag, Wiebelsheim: 79-83.

Baruš, V. M. **Peňáz** & K. **Kohlmann** (2002): *Cyprinus carpio* (**linnaeus**, 1758). In: **Bănărescu**, P. & H.-J. **Paepke** (Hrsg.): The Freshwater Fishes of Europe. Vol. 5/III, Cyprinidae 2, Part III and Gasterosteidae. – AULA-Verlag, Wiebelsheim: 85-179.

Bauer, **Ch.** (2002): Radiotelemetrische Untersuchungen am Zuchtkarpfen, *Cyprinus carpio carpio morpha domestica*, während der Winterung unter Berücksichtigung der Bewegungsaktivität der besenderten Karpfen, der biotelemetrischen Methode sowie deren Auswirkungen auf die Versuchsfische. – Dissertation Univ. Wien, 156 S.

Bauer, Ch. & G. **Schlott** (2004): Overwintering of farmed common carp (*Cyprinus carpio* L.) in the ponds of a central European aquaculture facility – measurements of activity by radio telemetry. – Aquaculture 241: 301-317.

Beamish, F. W. H. (1964): Respiration of fishes with special emphasis on standard oxygen consumption. II. Influence of weight and temperature on respiration of several species. – Can. J. Zool. 42: 177-188.

Bergmann, S. M., V. **Kaden** & M. **Biffar** (2004): Koi-Herpesvirus – Gegenwärtiger Kenntnisstand und wie weiter? – Fischer & Teichwirt 55: 747-749.

Bergot, F. (1981): Etude de l´utilisation digestive d´une cellulose purifiée chez la truite arc-en-ciel (*Salmo gairdneri*) et la carp commune (*Cyprinus carpio*). – Reprod. Nutr. Dévelop. 21 (1): 83-93.

Beukema, J. J. (1969): Angling experiments with carp (*Cyprinus carpio* L.). I. Differences between wild, domesticated and hybrid strains. – Netherl. J. Zool. 19: 596-609.

Billard, R. (1999): Carp: Biology and Culture. – Springer, Berlin, Heidelberg, New York, 342 S.

Bloch, M. E. (1783): Ökonomische Naturgeschichte der Fische Deutschlands. Vol. I. Hesse, Berlin, 332 S.

Bohl, M. (1999): Zucht und Produktion von Süßwasserfischen. 2. Aufl. – DLG-Verlag, Frankfurt am Main, 720 S.

Bräuer, G. (2004): Kleine Krankheitsfibel: Neue Nelkenkopfbandwürmer beim Karpfen. – Fischer und Angler in Sachsen 11: 117.

Bräuer, G. & J. **Herms** (1998): Bakterielle Kiemenerkrankung bei Satzkarpfen. – Krankheiten der aquatischen Organismen. VII. Tagung der Deutschen Sektion der European Assoc. of Fish Pathologists (EAFP), Schmallenberg-Grafschaft: 61-64.

Buchmann, K., P. B. **Jensen** & K. D. **Kruse** (2003): Effects of sodium percarbonate and garlic extract on *Ichthyophthirius multifiliis* theronts and tomocysts: In vitro experiments. – North American J. Aquaculture 65: 21-24.

Buchmann, K. & R. T. **Kristensson** (2003): Efficacy of sodium percarbonate and formaldehyde bath treatments against *Gyrodactylus derjavini* infestations of rainbow trout. – North American J. Aquaculture 65: 25-27.

Bursell, J. (1999): Specimen Hunting: Angeln auf kapitale Fried- und Raubfische. – Müller Rüschlikon, Cham, 288 S.

Cahu, C., J. **Zambonino infante**, A.-M. **Escaffre**, P. **Bergot** & S. **Kaushik** (1998): Preliminary results on sea bass (*Dicentrarchus labrax*) larvae rearing with compound diet from first feeding. Comparison with carp (*Cyprinus carpio*) larvae. – Aquaculture 169: 1-7.

Creutz, G. (1964): Ernährungsweise, Nahrungsauswahl und Abwehr des Graureihers (*Ardea cinerea* L.). – Zool. Abh. Mus. Tierk. Dresden 27 (3): 29-64.

Cristian, A., E. **Costea** & I. **Nichiteanu** (1965): Hibridări între babuşcă, văduviţă şi crap. – Bul. Inst. Cercet. Piscic. 24 (3-4): 94-104.

Crivelli, A. I. (1981): The biology of the common carp, *Cyprinus carpio* L. in the Camargue, southern France. – J. Fish Biol. 18: 271-290.

Crow, S. (2002): The monster carp of the world. In: **Paisley**, T. (Hrsg.): Carp. – Angling Books Ltd., Sheffield: 321-332.

Das, M. K. & D. P. **Haldar** (1987): Urceolariid ciliates of the genus *Tripartiella* invading gills of freshwater cultured carps in India. – Arch. Protistenkd. 134: 169-178.

Dönges, J. (1964): Der Lebenszyklus von *Posthodiplostomum cuticola* (V. **Nordmann** 1832) **Dubois** 1936 (Trematoda, Diplostomatidae). – Z. Parasitenkd. 24: 169-248.

Dulma, A. (1979): Hydrobiological outline of the Mongolian lakes. – Int. Rev. ges. Hydrobiol. 64: 709-736.

FAO (2005a): Yearbook of Fishery Statistics, Vol. 96/1. Capture Production 2003. – Rom, 665 S.

FAO (2005b): Yearbook of Fishery Statistics, Vol. 96/2. Aquaculture Production 2003. – Rom, 195 S.

Fijan, N. N. (1973): Carp erythrodermatitis (CE) – a review. – EIFAC Techn. Paper 17, Suppl. 2: 113-118.

Fijan, N. N. (1981): Vaccination of fish in European pond culture: prospects and constraints. – Proc. Int. Seminar Fish, Pathogens and Environment in European Polyculture, Szarvas, Hungary, June 23-27: 70-80.

Füllner, G., N. Langner & M. Pfeifer (2000): Ordnungsgemäße Teichbewirtschaftung im Freistaat Sachsen. – Sächs. Landesanst. für Landwirtschaft, Dresden, 66 S.

Gelnar, M. (1987): Experimental verification of the effect of the form (scaly or scaleless) of carp host (*C. carpio* L.) on the growth rate of micropopulations of *Gyrodactylus katharineri* Malmberg 1964 (Monogenea). – Folia Parasitol. 34: 305-309.

Gerasimova, T. T. & Ju. A. Privezencev (1972): Biochimičeskaja charakteristika spermy proizvoditelej češujčatogo karpa. – Doklady TSChA 185: 123-127.

Gervai, J., S. Péter, A. Nagy, L. Horváth & V. Csányi (1980): Induced triploidy in carp, *Cyprinus carpio* L. – J. Fish Biol. 17: 667-671.

Gesner, C. (1670): Vollkommenes Fisch-Buch. 1. Buch von den Thieren, so in den Wassern wohnen. – Wilhelm Serlins, Franckfurt am Mayn, 199 S.

Golovinskaja, K. A. (1940): Pleiotropic effect of scale genes in carp. – C. R. Acad. Sci. URSS 28: 533-536.

Golovinskaja, K. A. (1965): O selekcionnom značenii izmenčivosti plavatel'nogo puzyrja karpa. – Trudy VNIIPRCh 13: 97-103.

Gouveia, L., P. Rema, O. Pereira & J. Empis (2003): Colouring ornamental fish (*Cyprinus carpio* and *Carassius auratus*) with microalgal biomass. - Aquaculture Nutrition 9: 123-129.

Gromov, I. A. (1979): Razmernyj sostav oocitov i osobennosti ikrometanija amurskogo sazana *Cyprinus carpio haematopterus* Temm. et Schleg. – Vopr. Ichtiol. 19: 943-945.

Haenen, O. L. M., K. Way, S. M. Bergmann & E. Ariel (2004): The emergence of koi herpesvirus and its significance to European aquaculture. – Bull. Eur. Ass. Fish Pathol. 24: 293-307.

Hao-ren, Lin (1982): Polycultural system of freshwater fish in China. – Can. J. Fish. Aquat. Sci. 39: 143-150.

Hartstock, E. (2004): Teichwirtschaft in der Oberlausitz. – Lusatia Verlag, Bautzen 392 S.

Henrichfreise, G. & G. Dücker (1983): Vergleichende Untersuchungen zum Problem des serialen Umkehrlernens bei Fischen (*Carassius auratus* L., *Cyprinus carpio* L., *Salmo gairdneri* Richardson). – Zool. Anz. 211: 197-213.

Herms, J. & H. J. Schlotfeldt (1999): Die Krankheitssituation beim Karpfen und ihre rechtlichen Kontrollmöglichkeiten. – Arb. Dtsch. Fischerei-Verb. 76: 69-78.

Hilge, V. (1978): Unterschiedliche Wachstumsentwicklung der Gonaden beim Spiegelkarpfen (*Cyprinus carpio* L.). – Arch. Fischereiwiss. 29: 81-84.

Hilge, V. & C. Conrad (1975): Zum Laichvermögen eines hermaphroditen Karpfens (*Cyprinus carpio*). – Arch. Fischereiwiss. 26: 49-51.

Hoffmann, R. C. (1995): Environmental change and the culture of common carp in medieval Europe. – Guelph Ichthyol. Rev. 3: 57-85.

Hoffmann, R. W., W. Körting, T. Fischer-Scherl & W. Schäfer (1990): An outbreak of bucephalosis in fish of the Main river. – Angew. Parasitol. 31: 95-99.

Hoffmann, R., M. El-Matbouli & U. Wastlhuber (2004): Koi-Herpes-Virus – eine Gefahr für die Karpfenteichwirtschaft. - Fischer & Teichwirt 55: 525-526.

Hollebecq, M. G. & P. Haffray (1995): Genetic improvements. In: Billard, R. (Hrsg.): Carp: Biology and Culture. – Springer, Berlin, Heidelberg, New York: 101-123.

Hollebecq, M. G., F. Chambeyron & D. Chourrout (1988): Triploid common carp produced by heat shock. In: Breton, B. & Y. Zohar (Hrsg.): Reproduction in Fish – Basic and Applied Aspects in Endocrinology and Genetics. – Ed. INRA, Paris 44: 208-212.

Holmes, K. & T. Pitham (2003): Koi im Gartenteich, Anlage und Wartung. – Natur und Tier Verlag, München, 96 S.

Hughes, G. M. & M. Morgan (1973): The structure of the gills in relation to their respiratory function. – Biol. Rev. 48: 419-475.

Hulata, G., R. Moav & G. Wohlfarth (1982): Effects of crowding and availability of food on growth rate of fry in the European and Chinese races of the common carp. – J. Fish Biol. 20: 323-327.

Hume, D. J., A. R. Fletcher & A. K. Morison (1983): Interspecific hybridization between carp (*Cyprinus carpio* L.) and goldfish (*Carassius auratus* L.) from Victorian waters. – Austr. J. Mar. Freshw. Res. 34: 915-919.

Itazawa, Y. (1957): Gas content of the blood in response to that of medium water in fish. – Bull. Jap. Soc. Sci. Fisheries 23: 71-80.

Ivanova, N. S. (1971): O biologii nekotorych vidov Urceolariidae, Stein 1867. – Trudy VNIIPRCh 18: 76-80.

Iwahashi, M. & H. Waku (1976): Intensification of color of fancy carp with diet. – Bull. Jap. Soc. Sci. Fisheries 42: 1339-1344.

Janitzki, A. (2005): Karpfen. – Kosmos, Stuttgart, 190 S.

Jauncey, K. (1995): Advances in freshwater fish nutrition. In: From Feed to Food. Technological and nutritional aspects in safe feed production. – Victam International, Utrecht: 28. S.

Joseph, K. M. (1990): Freshwater aquaculture and integrated fish farming in China. – Asian Fisheries Soc., Indian Branch, Spec. Publ. No. 5, 33 S.

Kändler, R. (1971): Über Vorkommen und Häufigkeit der Zwischenmuskelgräten bei Fischen aus Süß- und Salzwasser. – Fischwirt 21: 97-111.

Kafuku, T. (1966): Morphological differences between domesticated common carp and wild one. – Bull. Freshwat. Fish. Lab. Tokyo 16: 71-82.

Kafuku, T. (1968): Studies on hybrids between carp and »Kawichi« crucian carp. I. Morphological analysis on F_1 hybrids. – Bull. Freshwat. Fish. Lab. Tokyo 18: 21-40.

Kafuku, T., & M. **Matsushima** (1968): Studies on hybrids between carp and »Kawichi« crucian carp. II. Spawning of F_1 reciprocal crosses. – Bull. Freshwat. Fish. Lab. Tokyo 18: 41-48.

Kakuta, I., K. **Nanba**, K. **Uematsu** & S. **Murachi** (1987): Annual properties of carp urine. – Nippon Suisan Gakkaishi 53: 573-579.

Kangmin, Li (1988): Rice-fish culture in China: a review. – Aquaculture 71: 173-186.

Karl, H. (2005): Rückstände in Fischen aus der Aquakultur und Binnengewässern. – Fischereiinformationen aus Baden-Württemberg Heft 3: 3-7.

Kaur, K. & H. S. **Toor** (1978): Effect of dissolved oxygen on the survival and hatching of eggs of scale carp. – Progr. Fish-Culturist 40: 35-37.

Kewalramini, H. G. (1971): Hybridization of mahseer and common carp. - FAO Aquac. Bull. 3(3): 4.

Kim, J. D., K. S. **Kim**, J. S. **Song**, J. Y. **Lee** & K. S. **Jeong** (1998): Optimum level of dietary monocalcium phosphate based on growth and phosphorus excretion of mirror carp, *Cyprinus carpio*. – Aquaculture 161: 337-344.

Kirchgessner, M., H. **Kürzinger** & F. J. **Schwarz** (1986): Digestibility of crude nutrients in different feeds and estimation of their energy content for carp (*Cyprinus carpio* L.). – Aquaculture 58: 185-194.

Kirpičnikov, v. S. (1937): Principal genes of scales in carp. – C. R. Ac. Sci. URSS 14: 39-44.

Kirpičnikov, V. S. (1967): Gomologičeskaja nasledstvennaja izmenčivost′ i ėvoljucija sazana (*Cyprinus carpio* L.). – Genetika 2: 34-47.

Kirpičnikov, V. S. (1987): Genetische Grundlagen der Fischzüchtung. – VEB Deutscher Landwirtschaftsverlag, Berlin, 432 S.

Kneis, P. & R. **Siegmund** (1976): Heart rate and locomotor activity in fish: Correlation and circadian and circannual differences in *Cyprinus carpio* L. – Experientia 32: 474-476.

Kölbl, O. (1980): Diagnose der Frühlingsvirämie der Karpfen und Versuche zur Immunisierung gegen diese Seuche. – IXth Conf. O.I.E. Regional Commission for Europe, Budapest, Hungary, Sept. 23-26, 1980, Rep. No. 208: 1-14.

Körting, W., R. **Hoffmann**, M. **Neukirch** & H. **Fuhrmann** (1984): Myxosporidien-bedingte Schwimmblasenentzündung bei Karpfenbrut. – Berl. Münch. Tierärztl. Wschr. 97(3): 99-104.

Kohlmann, K. (1987): Genetische Basis der wichtigsten Zuchtziele für Regenbogenforelle (*Salmo gairdneri*) und Karpfen (*Cyprinus carpio*). – Fortschr. Fisch.wiss. 5/6: 137-165.

Kohlmann, K. (1989): Methoden und Möglichkeiten der Züchtung von Karpfen (*Cyprinus carpio*). – Fortschr. Fisch.wiss. 8: 41-58.

Kohlmann, K. (1997): Genetische Charakterisierung von Karpfenherkünften. – Fortschr. Fisch.wiss. 13: 33-43.

Kohlmann, K. (2001): Die Bedeutung genetisch-züchterischer Methoden in der Karpfenproduktion. - Arb. Dtsch. Fischerei-Verb. 76: 79-104.

Kohlmann, K. & P. **Kersten** (1999): Genetic variability of German and foreign common carp (*Cyprinus carpio* L.) populations. – Aquaculture 173: 435-445.

Kohlmann, K., R. **Gross**, A. **Murakaeva** & P. **Kersten** (2003): Genetic variability and structure of common carp (*Cyprinus carpio*) populations throughout the distribution range inferred from allozyme, microsatellite and mitochondrial DNA markers. – Aquat. Living Resour. 16: 421-431.

Kouřil, J., J. **Hamáčkova**, P. **Kozák** & T. **Barth** (2003): Application of combined preparations containing analogue GnRH and dopaminergic inhibitor for hormonally induced artificial propagation of carp (*Cyprinus carpio*) and grass carp (*Ctenopharyngodon idella*) females. – Proc. of the 6th Czech Conference of Ichthyology, Prague, Czech Republic, Sept. 4-5, 2003: 35-40.

Kuroki, T. (1990): Manual to nishikigoi. – Shuji Fujita Press, Shimonoseki-city, 272 S.

Labat, R., R. **Hafez** & E. **Quillier** (1983): Cytogenetic studies in some species of cyprinid fishes. – Rocz. Nauk. Rolniczych, Ser. H 100(3): 89-93.

LECHLEITER, S. (2000): Mebendazol als Therapeutikum gegen Kiemen- und Hautsaugwürmer. – Fischkrankheiten. VIII. Tagung der Deutschen Sektion der European Assoc. of Fish Pathologists (EAFP), Potsdam: 207-209.

LECHLEITER, S. & D. W. KLEINGELD (2002): Krankheiten der Koi und anderen Gartenteichfische. 2. Aufl. – Eugen Ulmer, Stuttgart, 112 S.

LELEK, A. (1987): Notes on the reproductive ecology of the feral form of the common carp, *Cyprinus carpio carpio*, in the Rhine River. – Proc. V. Congr. Europ. Ichthyol., Stockholm 1985: 169-173.

LIEDER, U. (1957): Die Ergebnisse der im Jahre 1956 durchgeführten Karpfen-Karauschenkreuzungen. 1. Beitrag zur Anwendung der »entfernten« Hybridisation in der Fischzüchtung. – Z. Fischerei NF 6: 283-299.

LIEDER, U. Untersuchungsergebnisse über die Grätenzahlen bei 17 Süßwasser-Fischarten. – Z. Fischerei NF 10: 329-350.

LINHART, O., M. FLAJŠHANS & P. KVASNIČKA (1991): Induced triploidy in the common carp (*Cyprinus carpio* L.): a comparison of two methods. – Aquat. Living Resour. 4: 139-145.

LINHART, O., S. KUDO, R. BILLARD, V. ŠLECHTA & E. V. MIKODINA (1995): Morphology, composition and fertilization of carp eggs: a review. – Aquaculture 129: 75-93.

LITTLE, D. C., P. SURINTARASEREE & N. INNES-TAYLOR (1996): Fish culture in rainfed rice fields of northeast Thailand. – Aquaculture 140: 295-321.

LOM, J. & D. P. HALDAR (1977): Ciliates of the genera *Trichodinella, Tripartiella* and *Paratrichodina* (Peritricha, Mobilina) invading fish gills. – Folia Parasitol. 24: 193-210.

LUX, E. (1990): *Gyrodactylus procerus* nov. sp. (Gyrodactylidae: Pectobothrii = Monogenea) am Karpfen in der DDR. – Angew. Parasitol. 31: 69-72.

MADDOCKS, A. (1981): Carp fever. – Beekay Publishers, Beds, 304 S.

MAKEEVA, A. P. (1968): Gibridizacija sazana s rastitel'nojadnymi rybami. – Vopr. Ichtiol. 8: 371-374.

MAKEEVA, A. P. (1972): Gibridizacija pestrogo tolstolobika *Aristichthys nobilis* (RICH.) s sazanom (karpom) *Cyprinus carpio* L. – Vopr. Ichtiol. 12: 309-318.

MAKEEVA, A. P. & A. I. SUCHANOVA (1966): Razvitie gibridov rastitel'nojadnych ryb. – Vopr. Ichtiol. 6: 477-497.

MAKEEVA, A. P. & B. V. VERIGIN (1974): Gibrid karpa s belym tolstolobikom – Genetika 10(2): 73-80.

MARTISHEV, F. G., N. I. MASLOVA & JU. V. KUDRJASHOVA (1973): Fiziologičeskaja i biochimičeskaja ocenka spermy samcov karpa, vyraščennych pri različnom urovne pitanija. - Izvest. TSChA Nr. 5: 177-191.

MATLAK, J. & O. MATLAK (1976): The natural food of carp fry (*Cyprinus carpio* L.). – Acta Hydrobiol. 18(3): 203-228.

MATTHEIS, TH. (1969): Ansichten zur Ätiologie der Schwimmblasenentzündung des Karpfens (*Cyprinus carpio*). – Z. Fischerei NF 17: 263-268.

MATTHEIS, TH. & H.-J. GLÄSER (1970): *Gyrodactylus sprostonae* LING MO-EN als Krankheitserreger beim Karpfen (*Cyprinus carpio*). – Dtsch. Fischerei-Ztg. 17: 256-264.

MATTHEIS, TH. & R. SPANGENBERG (1974): *Khawia sinensis* HSÜ, 1935 als Parasit des Karpfens (*Cyprinus carpio*) in der DDR. – Z. Binnenfischerei DDR 21: 172-179.

MCLAREN, P. (1981): Is carp an established asset? – Fisheries, Bethesda 5(6): 31-32.

MESHNIN, F. I. (1979): O tel'cach Stanniusa ryb. – Vopr. Ichtiol. 19: 313-331.

MESKE, CH. (1983): Karpfen wachsen ohne Licht. - Inform. Fischwirtsch. 30: 206-208.

MIKOLAJCZYK, T., J. CHYB, M. SOKOLOWSKA-MIKOLAJCZYK, W. J. ENRIGHT, P. EPLER, M. FILIPIAK & B. BRETON (2003): Attempts to induce an LH surge and ovulation in common carp (*Cyprinus carpio*) by differential application of a potent GnRH analogue, azagly-nafarelin, under laboratory, commercial hatchery, and natural conditions. – Aquaculture 223: 141-157.

MOAV, R., G. HULATA & G. WOHLFARTH (1975): Genetic differences between the Chinese and European races of the common carp. I. Analysis of genotyp-environment interactions for growth rate. - Heredity 34: 323-340.

MOLNAR, K. (1976): To the knowledge of the Monogenea-fauna in Hungary. – Parasitol. Hung. 9(1): 31-33.

MÜLLER, W. & G. MERLA (1990): Erfahrungen mit der Anwendung von Chlorkalk in Karpfenteichen. – Arb. Dtsch. Fischerei-Verb. 50:87-95.

NELLEN, W. (1965): Beiträge zur Brackwasserökologie der Fische im Ostseeraum. – Kieler Meeresforsch. 21: 192-198.

NEUDECKER, TH. (1976): Die Embryonalentwicklung des Karpfens (*Cyprinus carpio* L.). – Arch. Fischereiwiss. 27: 25-35.

NIESAR, M. & R. ARLINGHAUS (2004): Einfluss von Angelfuttermitteln auf Fisch und Gewässer am Beispiel des Karpfens (*Cyprinus carpio* L.). – Ber. 2. Gewässerwarteseminar DAV, 29. März 2003, Berlin: 59-74.

Niesar, M., R. **Arlinghaus**, B. **Rennert** & T. **Mehner** (2004): Coupling insights from a carp (*Cyprinus carpio* L.) angler survey with feeding experiments to evaluate composition, quality, and phosphorus input of groundbait in coarse fishing. – Fisheries Management and Ecology 11: 225-235.

Nikoljukin, N. I. (1972): Otdalennaja gibridizacija osetrovych i kostistych ryb. – Piščevaja Prom., Moskau, 335 S.

Nikolski, G. W. (1957): Spezielle Fischkunde. – VEB Deutscher Verlag der Wissenschaften, Berlin, 632 S.

Nikolski, G. W. (1961): Ekologija ryb. – Moskau, 336 S.

Oberle, M., F. J. **Schwarz** & M. **Kirchgessner** (1997): Wachstum und Schlachtkörperqualität von Karpfen (*Cyprinus carpio* L.) bei Verfütterung von verschiedenen Getreidearten, Lupinen oder Zooplankton. – Arch. Anim. Nutr. 50: 75-86.

Oberle, M., L. v. **Lukowicz**, S. **Kantoci**, D. **Ranz** & W. A. **Rambeck** (2003): Jodanreicherung im Karpfen (*Cyprinus carpio*) durch Supplementierung mit jodhaltigen Meeresalgen. – Proc. Germ. Nutr. Soc. (Abstracts 40. Wiss. Kongr.) 5: V I-17.

Odening, K. (1987): *Sphaerospora renicola* (Myxosporidia), der Erreger der protozoären Schwimmblasenentzündung des Jungkarpfens (*renicola*-Sphaerosporose). – Angew. Parasitol. 28: 1-16.

Ogino, Ch. (1980): Requirements of carp and rainbow trout for essential amino acids. – Bull. Jap. Soc. Sci. Fisheries 46: 171-174.

Ohno, S., J. **Muramoto**, L. **Christian** & N. B. **Atkin** (1967): Diploid-tetraploid relationship among old-world members of the fish family Cyprinidae. – Chromosoma 23: 1-9.

Oikawa, S. & Y. **Itazawa** (1984): Relative growth of organs and parts of the carp, *Cyprinus carpio*, with special reference to the metabolism-size relationship. – Copeia 1984 (3): 800-803.

Ojima, Y. & S. **Hitotsumachi** (1967): Cytogenetic studies in lower vertebrates. IV. A note on the chromosomes of the carp (*Cyprinus carpio*) in comparison with those of the funa and the goldfish (*Carassius auratus*). – Jap. J. Gen. 42: 163-167.

Ojima, Y., S. **Hitotsumachi** & S. **Makino** (1966): Cytogenetic studies in lower vertebrates. I. A preliminary report on the chromosomes of the funa (*Carassius auratus*) and goldfish (A revised study). – Proc. Jap. Acad. 42: 62-66.

Okada, Y. (1960): Studies on freshwater fishes of Japan. – J. Fac. Fish. Univ. Mie 4: 267-588.

Ostroumova, I. N. (1986): Osobennosti rosta, fiziologii i piščevych potrebnostej karpa pri raznych temperaturach. – Sb. Naučn. Tr. GosNIORCh 246: 5-16.

Ostroumova, I. N., V. I. **Tureckij**, D. I. **Ivanov** & M. A. **Dement´eva** (1980): Polnocennyj startovyj korm dlja ličinok karpa v uslovijach teplych vod. – Rybnoe Chozjaistvo 6: 41-44.

Otis, J. K. & J. J. **Weber** (1982): Movement of carp in the Lake Winnebago system determined by radio telemetry. – Techn. Bull. Wisconsin Dep. Nat. Res. 134, 16 S.

Partmann, W. & H. **Schlaszus** (1973): Über die Muster ninhydrinpositiver Substanzen im Muskelgewebe von Knochenfischen. – Z. Lebensmittel-Unters.-Forsch. 152: 8-17.

Pelzer, M. & W.-B. **Wiemer** (2004): Karpfenangeln: Toptechniken, Taktiken und Köder. – Müller Rüschlikon, Cham, 176 S.

Pfeiffer, W. (1977): The distribution of fright reaction and alarm substance cells in fishes. – Copeia 4: 653-665.

Piwernetz, D. (2002): Der Biber wird zum ernsten Problem für den Menschen und die Kulturlandschaft. - Fischer & Teichwirt 53: 418-421.

Piwernetz, D. (2003a): Der Biber – eine Gefahr für die Hochwasserentlastung, den Straßenverkehr und die Fischwinterungen. - Fischer & Teichwirt 54: 3-7.

Piwernetz, D. (2003b): Biberschäden in der Teichwirtschaft bedürfen einer dringenden Lösung. – Fischer & Teichwirt 54: 164-165.

Plickat, W. (2004): Modernes Karpfenangeln. – Kosmos, Stuttgart, 159 S.

Pokorný, J., M. **Flajšhans**, P. **Hartvich**, P. **Kvasnička** & I. **Pružina** (1995): Atlas kaprů chovaných v České Republice. – Victoria Publishing, Praha, 69 S.

Privol´nev, T. I. (1964): Otnošenie presnovodnych i prochodnych ryb k različnoj selenosti vody. – Izv. GosNIORCh 58: 58-83.

Probst, E. (1937): Die künstliche Befruchtung bei Karpfen und Schleien, Bastardierungsversuche. – Fischereiztg. 40: 392-395, 404-409.

Probst, E. (1949): Der Bläuling-Karpfen. – Allg. Fischerei-Ztg. 74: 232-238.

Probst, E. (1953): Die Beschuppung des Karpfens. – Münch. Beitr. Abwasser-, Fischerei- und Flussbiol. 1: 150-227.

Proske, Ch. (1972): Das Futteraufnahmeverhalten einsömmeriger Karpfen unter den Bedingungen der Intensivhaltung. – Bayer. Landw. Jahrb. 49: 899-908.

PROSKE, CH. (1978): Über ein praxisgerechtes Verfahren der kontrollierten Vermehrung von Karpfen (*Cyprinus carpio*). – Fischer & Teichwirt 29: 25-28.

PRZYBYŁ, A., T. OSTASZEWSKA, A. WEGNER & J. MAZURKIEWICZ (2006): The effect of experimental starters on morphological changes in the intestine and liver of common carp (*Cyprinus carpio*) larvae reared under controlled conditions. - Arch. Pol. Fish. 14: 67-83.

RAAT, A. J. P. (1985): Analysis of angling vulnerability of common carp, *Cyprinus carpio* L., in catch-and-release angling in ponds. – Aquaculture and Fisheries Management 16: 171-187.

REIMER, L. W. (2004): Die Nelkenbandwürmer unserer Karpfenfische. – Fischer & Teichwirt 55: 728-729.

RHOUMA, A. (1975): L'elevage de la carpe en Tunisie. Quelques aspects de sa biologie. – Bull. Inst. Nat. Sci. Tech. Oceanogr. Pêche Salammbô 4(1): 97-113.

RJABOV, I. N. (1975): Osobennosti embrional'no-ličinočnogo razvitija gibridov karpa *Cyprinus carpio* L. i korejskoj vostrobrjužki *Hemiculter eigenmanni* (JORDAN & METZ). – Vopr. Ichtiol. 15: 490-503.

RJABOV, I. N. (1978): Osobennosti embrional'no-ličinočnogo razvitija gibrida *Cyprinus carpio* L. s ognennym puntiusom *Puntius conchonius* (HAM. & BUCH.). – Vopr. Ichtiol. 18: 660-672.

ROBERTS, R. J. & H.-J. SCHLOTFELDT (1985): Grundlagen der Fischpathologie. – Paul Parey, Berlin und Hamburg, 425 S.

ROSE, J. D. (2002): The neurobehavioral nature of fishes and the question of awareness and pain. – Rev. in Fisheries Sci. 10 (1): 1-38.

RUDZIŃSKI, E. (1961): Vergleichende Untersuchungen über den Wildkarpfen der Donau und den Teichkarpfen. – Z. Fischerei NF 10: 105-135.

SARIG, S. (1966): Synopsis of biological data on common carp *Cyprinus carpio* Linnaeus, 1758 (Near East and Europe). – Rom, FAO Fish. Synopsis 31,2.

SASSMANN, R. (1964): Einige Beobachtungen über das Auftreten der Metacercarien von *Diplostomum spathaceum* RUDOLPHI bei Karpfenbrut und einsömmerigen Karpfen. – Dtsch. Fischerei-Ztg. 11: 345-350.

SASSMANN, R. (1965): Der Verlauf und die Auswirkungen eines *Sanguinicola*-Befalls bei Karpfenbrut und einsömmerigen Karpfen. – Dtsch. Fischerei-Ztg. 12: 370-374.

SATOH, SH. (1991): Common carp, *Cyprinus carpio*. In: WILSON, R. P. (Hrsg.): Handbook of Nutrient Requirements of Finfish. – CRC Press, Boca Raton, Ann Arbor, Boston, London: 55-67.

SCHÄPERCLAUS, W. (1949): Bewirtschaftung von Binnenseen mit Karpfen. – Neumann Verlag, Radebeul, Berlin, 80 S.

SCHÄPERCLAUS, W. (1955): Die Bewertung des Karpfens bei der Zuchtauslese. – Z. Fischerei NF 4: 483-520.

SCHÄPERCLAUS, W. (1967): Erfolgreiche Bekämpfung der infektiösen Bauchwassersucht des Karpfens mit antibiotischen Mitteln in 11 Jahren. – Dtsch. Fischerei-Ztg. 14: 64-66.

SCHÄPERCLAUS, W. & M. v. LUKOWICZ (1998): Lehrbuch der Teichwirtschaft. 4. Aufl. – Parey Buchverlag, Berlin, 590 S.

SCHÄPERCLAUS, W., H. KULOW & K. SCHRECKENBACH (1990): Fischkrankheiten. 5. Aufl. – Akademie-Verlag, Berlin, 1123 S.

SCHLOTFELDT, H. J. (2004): Severe losses of common carp in Germany due to Koi herpesvirus (KHV). – Bull. Eur. Ass. Fish Pathol. 24: 216-217.

SCHRECKENBACH, K. (2003a): Schwimmblasenentzündung bei Karpfen. – Fischer & Teichwirt 54: 8-9.

SCHRECKENBACH, K. (2003b): Erkrankungskomplex der infektiösen Bauchwassersucht bei Karpfen. – Fischer & Teichwirt 54: 126-127.

SCHRECKENBACH, K., R. SPANGENBERG & S. KRUG (1975): Die Ursache der Kiemennekrose. - Z. Binnenfischerei DDR 22: 257-288.

SCHUBERT, G. H. (1966): The infective agent of carp pox. – Bull. Off. int. Épizoot. 65: 1011-1022.

SCHWARZ, F. J. (1995): Determination of mineral requirements of fish. – J. Appl. Ichthyol. 11: 164-174.

Schwarz, F. J. & M. KIRCHGESSNER (1982): Zur Bestimmung der Nährstoffverdaulichkeit beim Karpfen (*Cyprinus carpio* L.). 3. Mitt. Zum Einfluss unterschiedlicher Protein-, Fett- und Cellulosegehalte. – Bayer. Landw. Jahrb. 59: 434-440.

SCHWARZ, F. J. & M. KIRCHGESSNER (1988): Amino acid composition of carp (*Cyprinus carpio* L.) with varying protein and energy supplies. – Aquaculture 72: 307-317.

SEIFERT, TH., A. ENGE, J. HERMS, G. BRÄUER & A. KAPPE (2004): Erste Ergebnisse zur Verbreitung von Metacercarien der Familie der Dilepididae in Sachsen. – Poster, X. Gemeinschaftstagung der deutschen, der österreichischen und der Schweizer Sektion der EAFP zum Thema Fischkrankheiten, Stralsund, 8.-10. Sept. 2004.

SEROV, N. P. (1966): Gibrid serebrjanyi karas x sazan. – Tr. Inst. Ichtiol. Rybn. Choz. Alma-Ata 5: 352-353.

SOLLER, M., Y. SHCHORI, R. MOAV, G. WOHLFARTH & M. LAHMAN (1965): Carp growth in brackish waters. – Bamidgeh 17: 16-23.

SOPIŃSKA, A. (1983): Effect of physiological factors, stress, and disease on hematological parameters of carp, with a particular reference to leucocyte pattern. I. Variability of hematological indices of carp in relation to age and gonad maturity stage. – Acta Ichthyol. et Piscatoria, Szczecin 13 (2): 59-81.

SPICZAKOW, T. (1935): Zum Problem der Rasse und des Exterieurs beim Karpfen. – Z. Fischerei 33: 409-472.

STEFFENS, W. (1955): Der Einfluss von Umweltfaktoren auf die Höhe des Hämoglobingehaltes und die Erythrozytenzahl beim Karpfen. – Z. Fischerei NF 4: 161-188.

STEFFENS, W. (1964a): Die Überwinterung des Karpfens (*Cyprinus carpio*) als physiologisches Problem. – Z. Fischerei NF 12: 97-153.

STEFFENS, W. (1964b): Vergleichende anatomisch-physiologische Untersuchungen an Wild- und Teichkarpfen (*Cyprinus carpio* L.). Ein Beitrag zur Beurteilung der Zuchtleistungen beim Deutschen Teichkarpfen. – Z. Fischerei NF 12: 725-800.

STEFFENS, W. (1966): Die Beziehungen zwischen der Beschuppung und dem Wachstum sowie einigen meristischen Merkmalen beim Karpfen (*Cyprinus carpio* L.). – Biol. Zbl. 85: 273-288.

STEFFENS, W. (1967): Die Bedeutung guter Kondition für eine erfolgreiche Satzkarpfenaufzucht. – Dtsch. Fischerei-Ztg. 14: 226-230.

STEFFENS, W. (1970): Optimale tägliche Futtermengen für Karpfen unter intensiven Produktionsbedingungen. – Dtsch. Fischerei-Ztg. 17: 280-285.

STEFFENS, W. (1973): Geschlechtsbedingte Unterschiede im Wachstum dreisömmeriger Speisekarpfen (*Cyprinus carpio*). – Z. Binnenfischerei DDR 20: 154-157.

STEFFENS, W. (1974): Chemische Zusammensetzung und Nährwert des Karpfenfleisches. – Nahrung 18: 789-794.

STEFFENS, W. (1984): Gesteuerte Vermehrung von Süßwasser-Nutzfischen mit Hilfe von Hypophyseninjektionen. – Tag.-Ber. Akad. Landwirtsch.-Wiss. Berlin 218: 69-86.

STEFFENS, W. (1986): Binnenfischerei – Produktionsverfahren. – VEB Deutscher Landwirtschaftsverlag, Berlin, 376 S.

STEFFENS, W. (1989): Principles of Fish Nutrition. – Ellis Horwood Limited, Chichester, New York, Brisbane, Toronto, 384 S.

STEFFENS, W. (1990a): Interrelationships between natural food and supplementary feeds in pond culture. – Proc. FAO-EIFAC Symposium on Production Enhancement in Stillwater Pond Culture, Prague, 15-18 May 1990: 218-229.

STEFFENS, W. (1990b): Das Artenspektrum in der Binnenfischerei der DDR unter besonderer Berücksichtigung der Produktion pflanzenfressender Cypriniden. – Arb. Dtsch. Fischerei-Verb. 49: 1-30.

STEFFENS, W. (1991): Künstliche Besamung bei Nutzfischen des Süßwassers. In: BUSCH, W., K. LÖHLE & W. PETER (Hrsg.): Künstliche Besamung bei Nutztieren. – Gustav Fischer Verlag, Jena: 673-691.

STEFFENS, W. (1995): The tench (*Tinca tinca* L.), a neglected pond fish species. – Polskie Archiwum Hydrobiologii 42: 161-180.

STEFFENS, W. (1996a): Protein sparing effect and nutritive significance of lipid supplementation in carp diets. – Arch. Anim. Nutr. 49: 93-98.

STEFFENS, W. (1996b): Teichwirtschaft und Fischzucht in China. – Fischer & Teichwirt 47: 231-235.

STEFFENS, W. (1997): Effects of variation in essential fatty acids in fish feeds on nutritive value of freshwater fish for humans. – Aquaculture 151: 97-119.

STEFFENS, W. (1999): Die Kiemennekrose des Karpfens und Möglichkeiten ihrer Verhütung. – Fischer & Teichwirt 50: 130-131.

STEFFENS, W. (2001): Hundert Jahre technologische Entwicklung der Karpfenproduktion. – Arb. Dtsch. Fischerei-Verb. 76: 5-31.

STEFFENS, W. (2004a): Ergebnisse der Kormoranforschung: Bestände haben sich von 1990 bis 2000 verdoppelt. – Fischer & Teichwirt 55: 612-615.

STEFFENS, W. (2004b): Gegenwärtiger Stand und Möglichkeiten der europäischen Karpfenteichwirtschaft. – Fischer & Teichwirt 55: 894-896.

STEFFENS, W. (2005): Rückgang von Fischbeständen und Fischerei durch Kormoranfraß. – Fischer & Teichwirt 56: 414-417.

STEFFENS, W. & V. HILGE (2000): Tilapien sind wichtige Zuchtfische in den Tropen und Subtropen. – Fischer & Teichwirt 51: 191-193.

STEFFENS, W. & M. WIRTH (1995): Süßwasserfische als Quelle essentieller Fettsäuren für die menschliche Ernährung. – Arb. Dtsch. Fischerei-Verb. 62: 88-111.

STEFFENS, W. & M. WIRTH (2005): Freshwater fish – an important source of n-3 polyunsaturated fatty acids: a review. – Arch. Pol. Fish. 13: 5-16.

STEFFENS, W., B. RENNERT, H. GÜRTLER, E. RENNER, G. HILGENFELD & R. STOLZE (1988): Remarkable improvement of growth and feed conversion by means of mineral supplementation in the diets for carp (*Cyprinus carpio* L.). – Arch. Anim. Nutr. 38: 1119-1125.

STEINHAGEN, D., S. BUNNAJIRAKUL, I. KIESECKER, H. J. SCHUBERTH, J. SCHARSACK, U. HETZEL & W. KÖRTING (1998): Immunologische und histologische Untersuchungen an Karpfen mit Blutparasitenbefall. – Krankheiten der aquatischen Organismen. VII. Tagung der Deutschen Sektion der Europ. Assoc. of Fish Pathologists (EAFP), Schmallenberg-Grafschaft: 32-39.

ŠTERMAN, L. JA. (1964): Različija v osmoreguljacii u karpa i foreli. – Izv. GosNIORCh 58: 84-97.

SUGUITA, H., S. YAMADA, Y. KONAGAYA & Y. DEGUCHI (1999): Production of ß-N-acetylglucosaminidase and chitinase by *Aeromonas* species isolated from river fish. – Fish Sci. 65: 155-158.

ŠUSTA, J. (1888): Die Ernährung des Karpfen und seiner Teichgenossen. Neue Grundlagen der Teichwirthschaft. – Herrcke & Lebeling, Stettin, 252 S.

SVOBODOVA, Z. & A. KOCOVA (1975): Relativni hmotnost vnitrnich organu kapra v prubehu roku. - Bul. VURH 11 (4): 13-17.

SZEKY, P. (1974): Mit hall a ponty a viz alatt? – Halaszat 20: 118-119.

TAKEUCHI, T. & T. WATANABE (1977): Requirement of carp for essential fatty acids. – Bull. Jap. Soc. Sci. Fisheries 43: 541-551.

TAKEUCHI, T., K.-S. JEONG & T. WATANABE (1990): Availability of extruded carbohydrate ingredients to rainbow trout *Oncorhynchus mykiss* and carp *Cyprinus carpio*. – Nippon Suisan Gakkaishi 56: 1839-1845.

TANCK, M. W. T., H. C. A. BAARS, K. KOHLMANN, J. J. VAN DER POEL & J. KOMEN (2000): Genetic characterization of wild Dutch common carp (*Cyprinus carpio* L.). – Aquaculture Res. 31: 779-783.

TEICHFISCHER, B. (1984): Der schöne Teich im Garten. – Urania, Leipzig, Jena, Berlin, 128 S.

TEICHFISCHER, B. (1991): Farbkarpfen. 2. Aufl. – Urania, Leipzig, 152 S.

TEICHFISCHER, B. (2001): Nishikigoi – Faszinierendes Hobby Koi. 2. Aufl. – Dähne, Ettlingen, 156 S.

TESARČÍK, J., B. MACURA, L. DEDEK, L. VALÍČEK & B. ŠMÍD (1977): Isolation and electron microscopy of a *Rhabdovirus* from the acute form of infectious dropsy of carp (spring viraemia of carp). – Zbl. Vet. Med. 24: 340-343.

THIENEMANN, A. (1950): Verbreitungsgeschichte der Süßwassertierwelt Europas. – Binnengewässer, Bd. 18, E. Schweizerbart'sche Verlagsbuchhandlung, Stuttgart, 809 S.

TRÂŃ DINH-TRONG (1967): Materialy po vnutrividovoi izmenčivosti, biologii i rasprostraneniju karpov severnogo Vétnama (DRV). – Genetika 3 (2): 48-60.

VERIGIN, B. V. & A. P. MAKEEVA (1972): Gibridizacija karpa s pestrym tolstolobikom. – Genetika 8 (7): 55-64.

VIKTOROVSKIJ, R. M. (1966): Morfologičeskaja charakteristika gibridov meždu karpom (*Cyprinus carpio* L.) i linem (*Tinca tinca* L.). – Genetika 9: 92-98.

WIRTH, M. & W. STEFFENS (1996): Zum Fettstoffwechsel von Speisekarpfen bei der Aufzucht auf Naturnahrungsbasis und mit Getreidezufütterung. - Fischer & Teichwirt 47: 270-272.

WŁODEK, J. M. (1963): Der blaue Karpfen aus der Teichwirtschaft Landek. – Acta Hydrobiol. 5: 383-401.

WOHLFAHRT, G., R. MOAV & G. HULATA (1975): Genetic differences between the Chinese and European races of the common carp. II. Multi-character variation – a response to the diverse methods of fish cultivation in Europe and China. – Heredity 34: 341-350.

WOJNO, T., J. GUZIUR & S. MECHELEWSKI (1972): Badania wzrostu i przeżywalności sazana dunajskiego i karpia w drugim roku wychowu w stawach. - Roczn. Nauk Rolniczych 94-H3: 139-150.

WUNDER, W. (1949): Fortschrittliche Karpfenteichwirtschaft. – E. Schweizerbart'sche Verlagsbuchhandlung, Stuttgart, 385 S.

WUNDER, W. (1953): Untersuchungen über das Gewicht von Milch und Rogen bei süddeutschen Karpfenstämmen. – Z. Fischerei NF 2: 71-82.

WUNDER, W. (1971): Histologische Untersuchungen an der Darmschleimhaut des Karpfens (*Cyprinus carpio* L.). – Biol. Zbl. 90: 205-216.

ZOHAR, Y. & C. C. MYLONAS (2001): Endocrine manipulations of spawning in cultured fish: from hormones to genes. – Aquaculture 197: 99-136.

17 Register